工程建设理论与实践丛书

海绵城市系统化方案
编制方法及案例分析

HAIMIAN CHENGSHI XITONGHUA FANGAN
BIANZHI FANGFA JI ANLI FENXI

马 兰 刘耀勇 朱际明 陈松锦 主编

U0302903

华中科技大学出版社
http://press.hust.edu.cn
中国·武汉

图书在版编目(CIP)数据

海绵城市系统化方案编制方法及案例分析/马兰等主编.—武汉:华中科技大学出版社,
2023.12

ISBN 978-7-5772-0189-4

Ⅰ.①海… Ⅱ.①马… Ⅲ.①城市规划-研究-广州 Ⅳ.①TU984.265.1

中国国家版本馆 CIP 数据核字(2023)第 223083 号

海绵城市系统化方案编制方法及案例分析
Haimian Chengshi Xitonghua Fangan Bianzhi
Fangfa ji Anli Fenxi

马 兰 刘耀勇
朱际明 陈松锦
主编

策划编辑:周永华

责任编辑:陈 忠

封面设计:杨小勤

责任监印:朱 玢

出版发行:华中科技大学出版社(中国·武汉) 电话:(027)81321913
　　　　　武汉市东湖新技术开发区华工科技园 邮编:430223

录　　排:华中科技大学惠友文印中心

印　　刷:武汉科源印刷设计有限公司

开　　本:710mm×1000mm 1/16

印　　张:21.5

字　　数:386 千字

版　　次:2023 年 12 月第 1 版第 1 次印刷

定　　价:98.00 元

编　委　会

主　编　马　兰　中恩工程技术有限公司
　　　　　刘耀勇　中恩工程技术有限公司
　　　　　朱际明　中恩工程技术有限公司
　　　　　陈松锦　中恩工程技术有限公司

编　委　魏　臻　中恩工程技术有限公司
　　　　　陈育盛　中恩工程技术有限公司
　　　　　陈珊珊　中恩工程技术有限公司
　　　　　陈海辉　中恩工程技术有限公司
　　　　　关小健　中恩工程技术有限公司
　　　　　林伟雄　中恩工程技术有限公司
　　　　　胡汉文　中恩工程技术有限公司
　　　　　刘泽宇　中恩工程技术有限公司
　　　　　陈露舒　中恩工程技术有限公司
　　　　　周潇媚　中恩工程技术有限公司

前　　言

近些年来,我国城市出于快速发展的目的不断扩张,城市的规模越来越大,城市生态环境遭到不同程度的污染、破坏,城市绿地及周边林地等能够让雨水自然下渗的渗透性下垫面面积逐渐减少,被建设成为各类硬质铺装,对城市原本的水文循环过程的影响非常大,以至于不同情况和气候的城市出现了不同程度、不同方向的水系问题。我国提出海绵城市理念,尝试以新的研究与建设思路改善城市水系统现状问题。自 2013 年 12 月召开的中央城镇化工作会议上提出海绵城市这一理念,至 2021 年,已有 67 个城市和地区成为海绵城市建设试点城市。《中华人民共和国国民经济和社会发展第十四个五年规划和 2035 年远景目标纲要》中提出:"增强城市防洪排涝能力,建设海绵城市、韧性城市。"海绵城市是以城市雨洪管理和低影响开发技术手段为核心,推进灰绿设施建设,促进城市水资源循环利用和水环境的自我净化,实现城市"自然积存、自然渗透、自然净化"的功能。海绵城市是解决城市内涝及改善城市水生态环境的"绿色途径"。

自 2016 年国家层面下发了各种推进海绵城市规划建设的文件之后,各个城市根据城市需求和实际情况陆续展开了编制工作,但也在规划编制工作与工程建设的过程中出现了不同的问题,诸如规划编制前期对于城市现状认识不够清晰与深入、规划完成后难以落地实施、运营管理过程中存在权责不清等一系列问题。本书的研究目的是希望能够结合广州市海绵城市系统化方案的编制,清晰梳理海绵城市规划与管理的过程,构建相对完整、能够具体实施的系统化海绵城市规划方案,避免出现规划策略与规划落地过程脱节的问题,加强后续规划的落实。

本书包括 10 章,分别是海绵城市概述、海绵城市系统化方案概述、广州海绵城市系统化方案编制概述、广州海绵城市系统化方案编制准备、广州海绵城市系统化方案编制总体方案、广州海绵城市系统化实施方案、广州海绵城市分区系统化实施方案、广州海绵城市建设与运营维护指引、可达性分析与项目成效评估、广州海绵城市系统化方案编制保障体系。

　　本书在编写过程中，参阅了大量国内同行相关教材与著作，参考了相关城市的海绵城市建设系统化实施方案等文件，未一一列出，在此表示衷心的感谢。

　　由于编者水平有限，本书内容难免存在不足之处，敬请读者批评指正。

目　　录

第1章 海绵城市概述

1.1 海绵城市内涵

海绵城市是指城市能够像海绵一样,在适应环境变化和应对自然灾害等方面具有良好的"弹性",下雨时吸水、蓄水、渗水、净水,需要时将蓄存的水"释放"并加以利用。在各地新型城镇化建设过程中,通过海绵城市建设推广和应用低影响开发建设模式,加大城市径流雨水源头减排的刚性约束,优先利用自然排水系统,建设生态排水设施,充分发挥城市绿地、道路、水系等对雨水的吸纳、蓄渗和缓释作用,使城市开发建设后的水文特征接近开发前,有效缓解城市内涝、削减城市径流污染负荷、节约水资源、保护和改善城市生态环境。

长期以来,现代城市雨水处理的策略包括自然处理和人工工程建设两种,其中人工工程建设主要依靠明渠、暗沟、合流制或分流制地下管网和堤防、泵站、涵闸等一系列的"灰色"基础设施,以"快速排除"和"末端集中"控制为主要规划设计理念。但随着近十年来城市化进程加快,各类城市功能用地及硬化地表、建筑随着人口规模扩大而同步快速增长,不透水的地面取代了自然地表,改变了径流产生和汇聚的规律,直接导致了城市综合径流系数增加,传统城市的排水系统不堪重负,暴雨后受灾地区分布多、范围广,城市内涝灾害愈演愈烈,而暴雨内涝后由雨水冲刷带来的面源污染也使得城市水环境污染更加严重。由此,城市雨洪问题引起了社会广泛的关注。

城市雨洪管理实践在国际上已经有较为系统的研究体系,具有代表性的包括美国的最佳管理措施(Best Management Practices,简称 BMPs)、低影响开发(Low Impact Development,简称 LID),英国的可持续城市排水系统(Sustainable Urban Drainage Systems,简称 SUDS),澳大利亚的水敏感性城市设计(Water Sensitive Urban Design,简称 WSUD),新西兰的低影响城市设计和开发(Low Impact Urban Design and Development,简称 LIUDD)等,其基本理念均强调在城市建设过程中,要维持开发建设前的场地水循环及径流水平,但彼此之间也略有差异。如美国的最佳管理措施(BMPs)及由此衍生的低影响开发(LID)策略,强调最大限度地从分散化单独地块源头开始控制雨水、处理雨水，以此来减少径流总量和径流污染排放，达到恢复开发前的径流水平和生态水循环的目的；而澳大利亚的水敏感性城市设计（WSUD），提倡将雨水整合到城市设计体系中，强调雨水综合循环利用、将雨水作为替代水源以减少水需求量及提升城市整体生态环境质量等多重目标，更多考虑集约化的雨水综合利用模式；英国的可持续城市排水系统（SUDS）基于其城市密度大、基础设施发展较早的现状，其雨洪管理更倾向于与高密度环境结合的基础设施改造与生态功能补偿，在此基础上，实现城市综合环境改善和水质控制。总体来说，各国的城市雨洪管理名称和内容虽然略有差异，但基本理念是一致的，都重视城市生态环境的可持续发展。

依据城市雨洪管理实践的研究，从传统的灰色排水系统到灰绿结合的综合雨洪管理系统是社会和城市发展的必然选择。实现这一转变的重要因素便是城市中的各类绿色元素，也就是海绵城市建设中提及的绿色基础设施。所谓的绿色基础设施是一个相互联系的绿色空间网络，由各种开敞空间和自然区域组成，包括城市水系、城市绿地、城市绿道、城乡湿地、乡土植被等，这些要素组成一个相互联系、有机统一的网络系统。相较于传统的灰色基础设施，绿色基础设施是一种高效低碳的公共服务载体。从资源消耗上看，绿色基础设施因其建设手法遵循自然规律，建设材料简单，维护程序易操作，所以可以减少对于不可再生资源的依赖，节约建设和管理维护成本。更重要的是，绿色基础设施可以更好地提升城市的安全性和对气候变化的适应性，提供保护生态环境、削弱城市建设带来的影响、提升城市安全、消减城市自然灾害损失、保护生物多样性、促进粮食生产、适应气候变化等多样的生态服务，同时带来公共健康改善、社区价值提升、资产升值等综合社会经济效益。绿色基础设施—灰色基础设施—海绵城市概念关系如图1.1所示。

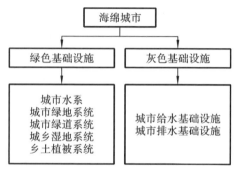

图 1.1　绿色基础设施—灰色基础设施—海绵城市概念关系

中国的海绵城市建设在传统的城市雨洪管理基础上,依据中国的国情、问题和目标,因地制宜地有了新内涵。内容涉及低影响开发设施建设、排水系统建设、污水系统建设、河湖生态水系建设、市政给水系统建设等多个方面,并由它们组成一个和谐运转的城市水系统。这个系统需要绿色基础设施与灰色基础设施相互结合,共同实现源头削减、过程转输、末端调蓄的全流程控制体系。

海绵城市建设的主要途径包括三个方面。一是对城市原有生态系统的保护:城市原有生态系统是城市径流雨水排放的重要通道、受纳体及调蓄空间,最大限度地保护原有的河流、湖泊、湿地、坑塘、沟渠等水生态敏感区,留有足够涵养水源,应对较大强度降雨的林地、草地、湖泊、湿地,维持城市开发前的自然水文特征,这是海绵城市建设的基本要求。二是生态恢复和修复:对传统粗放式城市建设模式下,已经受到破坏的水体和其他自然环境,运用生态的手段进行恢复和修复,并维持一定比例的生态空间。三是低影响开发:按照对城市生态环境影响最低的开发建设理念,合理控制开发强度,在城市中保留足够的生态用地,控制城市不透水层的面积比例,最大限度地减少对城市原有水生态环境的破坏,同时,根据需求适当开挖河湖沟渠、增加水域面积,促进雨水的积存、渗透和净化。

海绵城市建设应统筹低影响开发雨水系统、城市雨水管渠系统及超标雨水径流排放系统,三个系统并不是孤立的,也没有严格的界限,三者相互补充、相互依存,以上下游的关系相互关联、协同作用,且承担着不同的角色,都是海绵城市建设的重要基础元素。

①低影响开发雨水系统,主要针对中小降雨事件进行径流总量和污染物的控制,以年径流总量控制率和设计降雨量作为重要的控制目标和设计依据。核心是维持场地开发前后的水文特征,包括径流总量、峰值流量、峰值时间等。其中,从水文循环角度来看,要维持径流总量不变,就要采取渗透、储存等方式,实现开发后一定量的径流量不外排;要维持峰值流量不变,就要采取渗透、储存、调节等措施削减峰值、延缓峰值时间。

低影响开发雨水系统包括工程性措施和非工程性措施。工程性措施是指用于控制雨洪过程中出现的污染和洪涝问题的各种处理技术和设施,包括雨水花园、透水铺装、下沉式绿地、绿色屋顶、渗透塘等海绵设施;非工程性措施是指通过管理、制度或教育等非技术手段实现雨洪管理目标,尽量减少大型工程性措施的使用,包括科学规划绿地水系、合理布局建筑、合理选用建筑材料等。

②城市雨水管渠系统,主要用于控制1~10年重现期的暴雨径流,包括传统排水系统的管渠、泵站等灰色雨水设施,同时进一步结合GSI(Green Stormwater

Infrastructure,绿色雨水基础设施)、BMPs 等新型雨水基础设施,构建综合的蓄排系统,实现对雨水的综合控制,并结合低影响开发雨水系统来进一步提升排水能力。城市雨水管渠系统具有快速排水的功能,但在工程量、改造便捷性、能耗及提供综合服务等方面仍有欠缺。在实际建设中,往往需要结合雨水花园、植草沟、调蓄池、下渗区等绿色基础设施,在管网末端设置调蓄池,通过暂时存储原本要溢流的合流污水来简单有效地实现暴雨径流消减,构建综合的蓄排系统实现对雨水的综合控制,并根据地块内的源头低影响开发设施能力来进一步提升系统能力。

③超标雨水径流排放系统,针对 10～100 年重现期的暴雨径流,一般有自然或人工水体、道路和开放空间的行泄通道及大型调蓄设施等,并叠加低影响开发雨水系统与常规雨水径流蓄排系统,共同达到应对 20～50 年一遇的暴雨灾害甚至更高等级灾害的控制目标。

1.2 海绵城市建设的背景、意义及目标

1.2.1 海绵城市建设的背景和意义

近年来,我国城市持续高速发展,2023 年 2 月 28 日,国家统计局发布《中华人民共和国 2022 年国民经济和社会发展统计公报》,公报显示,2022 年年末全国常住人口城镇化率为 65.22%,比上年末提高 0.50 个百分点。并且,根据学者的预测,在未来的一定时期内,我国的城镇化仍将保持一个相对较快的增长速度。

城镇化是保持经济持续健康发展的强大引擎,也是促进社会全面进步的必然要求。我国的城市化进程不断加快,随之带来的城市化和各项灰色基础设施(如城市道路、住宅小区硬化)导致了城市整体的地表水与地下水联系中断,在很大程度上改变了原有径流汇流的水文条件,总体趋势呈现出汇流加剧,特别在发生大规模降水过程中,洪峰值变大,超出预期。近几十年来,城市不断缩河造地,盲目围垦湖泊、湿地等,导致全国湖泊面积减少了 20% 以上,在人口聚居的地方,内河、湿地公园等逐步退化,排水能力不断下降。同时,由于我国属于季风气候,气候变化的不确定性导致了暴雨、洪水频发,洪峰流量加大等风险,导致每年夏季成为内涝多发季节。

我国在快速城镇化的同时,不可避免地出现了一系列城市水问题,例如城市内涝频发、水环境恶化、水资源短缺等。为此,必须创新城镇化发展道路,实现可持续发展。党的十八大报告明确提出,"面对资源约束趋紧、环境污染严重、生态系统退化的严峻形势,必须树立尊重自然、顺应自然、保护自然的生态文明理念,把生态文明建设放在突出地位"。建设具有自然积存、自然渗透、自然净化功能的海绵城市是生态文明建设的重要内容,也是今后我国城市建设的重大任务。党的二十大报告提出,"中国式现代化是人与自然和谐共生的现代化""提升环境基础设施建设水平,推进乡人居环境整治"。推动海绵城市建设,对加快城市环境基础设施建设、提升城市品质、促进城市更新具有重要意义。

海绵城市建设应遵循生态优先等原则,将自然途径与人工措施相结合,在确保城市排水防涝安全的前提下,最大限度地实现雨水在城市区域的积存、渗透和净化,促进雨水资源的利用和生态环境保护。在海绵城市建设过程中,应统筹自然降水、地表水和地下水的系统性,协调给水、排水等水循环利用各环节,并考虑其复杂性和长期性。海绵城市建设将有利于解决城市涉水问题。

(1)海绵城市建设有利于解决城市水资源短缺问题

我国水资源匮乏,淡水资源总量为28000亿 m^3,占全球水资源的6%,人均水资源不足世界平均水平的1/4。城市快速发展对水资源需求大,城市开发建设过度硬化造成降雨形成径流外排,导致地下水补给不足;水体污染降低了水资源的质量和数量,也加重了水资源的紧缺程度。雨水污染程度轻,处理成本相对较低,是再生水的优质水源。在降雨时,利用自然水体和地下雨水调蓄池收集雨水,实现"蓄"的目的;再通过各类净化设施的处理和各级管网的输送,将处理达标的雨水回用于市政浇洒、景观水补充等用途,不但节省了大量的自来水,而且充分、有效地"用"雨水,实现水资源的"开源节流",节约了水资源,也降低了污水的排放。

(2)海绵城市建设有利于减少城市洪涝灾害

近年来城市内涝频发,无数的城市发生过不同程度的暴雨内涝,造成财产损失甚至人员伤亡。在城市开发过程中,大量的硬质铺装改变了原有的生态本底和水文特征,由于降雨不能及时下渗,形成地表径流,传统的城市排水体系难以适应强降雨时形成的径流量洪峰,产生城市内涝。

海绵城市建设的实质是控制径流,降低汇流是海绵城市控制的关键。建设方针中的"渗"是减少屋面、路面和地面的硬质铺装,充分采用渗透和绿地技术,从源头减少径流;"滞"是通过植草沟、滞留带等工程措施,降低雨水汇集速度,延

缓洪峰出现时间,降低排水强度,缓解降雨时的排水压力。通过各类绿色雨水基础设施的建设和多项措施联合作用,达到降低地表径流量、控制城市内涝的目的。

(3)海绵城市建设有利于改善城市生态环境

我国的地表水资源污染形势严峻,面源污染是其主要来源之一。面源污染自 20 世纪 70 年代被提出和证实以来,在水污染中所占比重呈上升趋势,城市面源污染是除了农业面源污染的第二大面源污染类型。城市面源污染主要由降雨径流的淋浴和冲刷作用产生。特别是在暴雨初期,降雨径流将地表的、沉积在下水管网的污染物,在短时间内突发性冲刷汇入受纳水体,从而引起水体污染。海绵城市建设六字方针中的"净",是通过人工湿地、生态滤池等措施过滤和降解汇流雨水中的污染物,达到净化水体、控制面源污染、保护城市水环境的目的。同时,雨水的"渗""滞"处理过程也能对大颗粒污染物起到截留和初步净化的作用。

自 2013 年国家提出海绵城市理念后,中央各部委多次下发相关政策及文件从各方面推动海绵城市的建设,并在 2015 年、2016 年两年间从全国筛选出了 30 个试点城市,从政策、财政、技术等全方面提供支持,以推动全国海绵城市的建设。海绵城市的提出反映了我国的城市建设者、决策者、研究学者等对于传统意义上的城市水系统构建模式的反思,扭转以往粗放式的"快排"雨洪管控思路,构建低影响的、拥有综合目标的城市水系统。

1.2.2 海绵城市建设的目标

为加快推进海绵城市建设,修复城市水生态、涵养水资源,增强城市防涝能力,扩大公共产品有效投资,提高新型城镇化质量,促进人与自然和谐发展,国务院办公厅在《国务院办公厅关于推进海绵城市建设的指导意见》(国办发〔2015〕75 号)中明确指出,通过海绵城市建设,综合采取"渗、滞、蓄、净、用、排"等措施,最大限度地减少城市开发建设对生态环境的影响,将 70% 的降雨就地消纳和利用。到 2020 年,城市建成区 20% 以上的面积达到目标要求;到 2030 年,城市建成区 80% 以上的面积达到目标要求,并整体实现"小雨不积水,大雨不内涝,水体不黑臭,热岛有缓解"的总体愿望。

海绵城市建设重在全流程管控,从规划、设计、建设到考核验收,每一个环节都严格把握,遵循相关标准规范。其中,在规划阶段应明确海绵城市建设的要求和相关指标,从而使整个城市规划体系能够系统性、综合性地体现和落实海绵城市规划建设的理念、原则、方法以及技术措施。在设计阶段,应将规划的主要相关控制量(如年径流控制率、内涝防治指标、径流污染控制指标等)通过不同的设计手法予以落实,并采取有效措施予以保障。在建设阶段,城市建设主管部门应通过"一书两证"(即城市规划行政主管部门核准发放的建设项目用地预审与选址意见书、建设用地规划许可证和建设工程规划许可证)等途径进行整体指标的控制,并在后续的管理中严格要求工程项目实施必须遵循海绵城市建设要求,完成规划设计的建设任务,并达到相关考核验收标准的要求。海绵城市的验收环节关系着考核是否达标以及绩效评估体系如何执行,是考核海绵城市建设运营成效的重要工具。

1.3　海绵城市建设的总体规划

1.3.1　海绵城市总体规划的目的

目前我国海绵城市建设存在碎片化、简单化的问题,许多城市普遍存在项目建设先于规划的情况,缺乏对海绵城市建设总体目标的管理和控制。

为了统筹解决这些问题,需要在海绵城市建设中充分发挥规划的引领作用。海绵城市总体规划属于规划体系中的专项规划层次,主要为了实现以下目的。

①确定海绵城市建设目标和具体指标,提出海绵城市建设的总体思路。

②提出海绵城市的自然生态空间格局,明确海绵城市建设策略,划定海绵城市建设分区,并提出建设指引。

③落实海绵城市建设管控要求,将雨水年径流总量控制率目标分解到管控单元。

④明确海绵城市近期建设重点。

1.3.2　海绵城市总体规划的编制原则

为实现海绵城市建设目标,转变城市发展理念,贯彻"节水优先、空间均衡、系统治理、两手发力"的治水思路,海绵城市总体规划编制确定了如下基本原则。

①保护优先。城市开发建设应优先保护河流、湖泊、湿地、坑塘、沟渠等水生态敏感区,优先利用自然排水系统与低影响开发设施。

②生态为本、自然循环。充分发挥山、水、林、田、湖等原始地形地貌对降雨

的积存作用,允分发挥植被、土壤等自然下垫面对雨水的渗透作用,充分发挥湿地、水体等对水质的自然净化作用,努力实现城市水体的自然循环。

③因地制宜。以城市水文气象、经济社会发展水平为基础,结合城市本地条件,因地制宜确定海绵城市建设目标和具体指标,根据城市降雨、土壤、地形地貌等因素,因地制宜地采取"渗、滞、蓄、净、用、排"等措施。

④统筹推进。长期规划与分步实施相结合,问题导向与目标导向相结合,统筹发挥自然生态功能和人工干预功能,实施源头减排、过程控制、系统治理,切实提高城市排水、防涝、防洪和防灾减灾能力。

1.3.3 海绵城市总体规划的编制思路

根据对海绵城市建设理念的理解,结合国家对海绵城市建设的相应要求,确定海绵城市总体规划思路如下。

①识基底,摸清现状。通过对现状城市的降雨特征、地表特征、用地特征、水环境、水生态、水安全、水资源等基础条件的分析,充分认识城市现状。

②辨问题,明确重点。通过对现状水资源、水环境、水生态、水安全等问题的分析,确定海绵城市建设需重点解决的问题,根据问题需求明确总体规划的重点内容。

③定目标,控制宏观。根据海绵城市建设所要解决的问题,有针对性地确定具体控制目标,从海绵城市总体规划层次对总体目标进行宏观控制。

④建格局,保障安全。在区域层次上,识别城市的山、水、林、田、湖等海绵基底及分布特征,构建区域海绵安全格局,保障区域自然海绵结构。

⑤构系统,分级层次。根据城市水系布局,规划以流域管理为基本原则,第一层次构建流域海绵系统,在流域层次的基础上构建子流域管理单元。流域及子流域的边界是在自然流域边界划分的基础上,结合用地分布及道路布局进行微调,子流域的划分充分衔接城市控规管理单元。

⑥分功能,突出特征。根据城市不同区域水环境状况、开发强度、用地性质、排水体制、建设状态等特征进行海绵功能划分,并对每个海绵功能区提出建设要求。

⑦选指标,针对问题。结合功能区中的主要问题,确定功能区具体的建设控制指标体系。

⑧寻空间,因地制宜。结合流域划分及功能区划,以城市建设现状为基础,以总体规划用地空间布局为依据,因地制宜确定有效空间进行海绵城市建设。

⑨布措施,系统规划。在确定的海绵建设空间中,结合其相应的特点及问题,合理布置海绵建设设施类型,从源头削减、中途转输、末端调蓄等多方面系统性构建规划方案,确保海绵设施发挥有效作用。

⑩核目标,管理单元。确定每个管理单元的年径流总量控制率控制目标,对总体控制目标进行分解和校核,确保总体目标制定的科学性和合理性。管理单元的划分要结合自然边界、用地布局、道路的要素,同时还要与控规管理单元相协调,便于有效管理。

1.4　海绵城市建设的发展现状与发展趋势

相较于国外,我国对海绵城市的建设起步较晚,在 20 世纪 80 年代才有关于城市雨洪管理的研究。我国自 2013 年提出海绵城市这一理念,2015 年至 2021 年间,已有 67 个城市和地区成为海绵城市试点城市;2021 年,财政部、住房和城乡建设部、水利部开展系统化全域推进海绵城市建设示范工作,经竞评,唐山市、长治市等 20 个城市确定为首批示范城市。

2021 年 10 月 25 日,住房和城乡建设部总经济师杨保军介绍称,近年来,住建部系统化全域推进海绵城市建设,印发《海绵城市建设技术指南》(建城函〔2014〕275 号),制定和修订了相关标准,加大财政支持。截至 2020 年底,全国共建成落实海绵城市建设理念的项目达到 4 万多个,实现雨水资源年利用量 3.5 亿 t。

1.4.1　我国海绵城市的建设成效

海绵城市建设以生态文明建设思想为指导,本质是为了实现生态资源环境的和谐发展。虽然我国对海绵城市的研究和实践尚处在起步阶段,但已有显著的成效,主要表现在以下几个方面。

1. 建立了相应的政策法规与制度

我国在海绵城市的建设过程中,为了有效推进海绵城市的建设,政府相继出台了相应的政策法规制度与技术标准。

2013 年,《国务院办公厅关于做好城市排水防涝设施建设工作的通知》(国办发〔2013〕23 号)提出我国应积极推行低影响开发建设模式;2014 年《关于开展

中央财政支持海绵城市建设试点工作的通知》(财建〔2014〕838 号)决定开展海绵城市建设试点工作;2015 年通过《国务院办公厅关于推进海绵城市建设的指导意见》(国办发〔2015〕75 号),确定了海绵城市建设包括工作目标、基本原则等十二个方面的总体要求;2018 年《海绵城市建设评价标准》(GB/T 51345—2018)明确了海绵城市建设评价标准、评价内容和评价方法;2020 年《住房和城乡建设部办公厅关于开展 2020 年度海绵城市建设评估工作的通知》(建办城函〔2020〕179 号)提出以排水分区为单元,对照评价标准进行自评,编制自评估报告等;2021 年 4 月 25 日,《国务院办公厅关于加强城市内涝治理的实施意见》(国办发〔2021〕11 号)指出将城市内涝治理领域符合条件的项目纳入政府债券支持范围;2021 年 4 月,财政部、住建部、水利部印发《关于开展系统化全域推进海绵城市建设示范工作的通知》(财办建〔2021〕35 号),决定开展系统化全域推进海绵城市建设示范工作;2022 年 4 月,住建部印发《关于进一步明确海绵城市建设工作有关要求的通知》(建办城〔2022〕17 号),强调问题导向,当前以缓解极端强降雨引发的城市内涝为重点,使城市在适应气候变化、抵御暴雨灾害等方面具有良好的弹性和韧性。

除了我国现行的政策法规制度,各地方也相继出台了本区域海绵城市建设的地方性法规。作为我国首批海绵城市试点建设的城市之一,2019 年 11 月 29 日,安徽省池州市颁发了《池州市海绵城市建设和管理条例》,并于 2020 年 1 月 1 日起施行。该条例填补了海绵城市建设管理领域的立法空白,"池州经验"也为全省及至全国提供了可复制、可推广的有效经验举措。

海绵城市的建设涉及市政、环保、园林、水利、交通等多个领域,由此需针对不同领域分别制定相应的制度和规范导则,并进一步进行细化和完善。

2. 因地制宜,打造城市示范项目

近年来,我国一些发达城市和地区都相继开展了海绵城市的建设。由于我国幅员辽阔,不同地区的气候地理条件及水环境差异大,海绵城市建设方案亦有所不同。而《海绵城市建设技术指南》(建城函〔2014〕275 号)仅提供了宏观的建设指导,还需根据每个城市的气候、地理特点进行细化。如我国北方及西部地区降雨量小,蒸发量大,建设海绵城市的关键在于如何对雨水进行有效的回收利用。南方城市降雨量大,雨水资源丰富,汛期易发生城市内涝,建设海绵城市的重点在于如何控制消减径流洪峰和水污染。如甘肃省庆阳市地处我国西北典型黄土发育区,城区没有河流等天然雨水受纳体,缺乏有效的暴雨控制措施,导致该区域内涝频发,引发严重水土流失。针对庆阳市等黄土塬城市湿陷性黄土等现实状况,在海绵城市的建设中提出了"源头削减、过程控制、末端蓄用"的区域性内涝整治措施,对西北地区具有借鉴意义。浙江省宁波市位于我国东部沿海地区,该区域径流丰富,存在台风、降雨影响,河道水体自净能力不足,土壤渗透性较差。在其试点区以系统化实施方案为技术指导,合理安排源头减排、过程控制、系统治理工程,经过三年的建设,试点区建设取得明显成效。

3. 技术水平的提升

低影响开发技术是海绵城市建设的关键技术措施。低影响开发技术相对于传统措施具有明显的优势,它是一种创新的理念,其主要技术措施包括:生物滞留池、草地渠道、植被覆盖和透水性路面等。在我国,低影响开发技术已有多年的研究与实践经验,冉阳等提出了一种改良型生物滞留池,经过改良后的新型生物滞留池可以提升对氮、磷污染物的去除效果;乔典福等以鹰潭市为例,对中老城区低影响开发技术与雨污排水系统改造技术的应用进行了研究,研究结果对当前中小城市老城区水环境治理具有一定的借鉴意义;王俊等基于海绵城市建设理念探讨了我国绿化屋顶技术的研究进展和建设方法,探讨了绿化屋顶技术的发展方向,提出了绿化屋顶技术研究的建议和趋势。除此之外,我国目前已研发出多种用于海绵城市建设的新设备与新材料,如集隔离、净化、排水等多个功能于一体的高性能透水铺装材料,可用于屋顶花园结构及绿色屋顶技术;淤泥、玻璃等废弃资源也可以通过技术方法处理,成为一种新型材料用于海绵城市的建设。

4. 水环境及生态环境的改善

我国自开展海绵城市建设以来,多个城市和地区成为海绵城市建设试点区域,经过多年的建设,水环境和生态环境已经有了较大的改善,城市热岛效应得到有效降低,河道水质得以净化,恢复了城市物质的多样性,城市品质得到提升。如江苏省宿迁市通过水环境治理的"五全理念"(即"污水全收集、雨污全分流、处理全达标、资源全利用、监管全智慧")进行全局规划,以河道综合整治和排水管网修复为切入点,开展相关规划的编制和项目可行性研究,全面提升河道的防涝排涝能力和生态稳定性,通过新建污水处理厂、改造现有的多处管网设施,构建出城镇污水处理的新格局。湖南省常德市是全国首批建设海绵城市的试点城市,水环境通过多年的治理,已经取得了明显的改善。常德市通过污染源控制、

治埋、水生态修复等多种技术措施并举,对黑臭水体展开了专项治理行动,至2017年,城区的主要黑臭水体已基本消除,城内各水体水质达Ⅳ类以上;穿紫河、白马湖等湿地及内河水系的水生态进一步优化,水质清澈,两岸绿树成荫,风景秀丽;还通过水上巴士、欢乐水世界等亲水娱乐项目带动了城市产业的发展。

1.4.2 我国海绵建设中存在的问题

1.海绵城市建设区域相对独立,没有形成系统

在我国海绵城市建设过程中,很重要的一点就是将不透水的城市硬化路面转化为透水路面,能够使城市恢复自然土壤表面对水分的消解能力。但是目前我国推行的试点政策将海绵城市建设区域划分为重点区域,新建或改造后的某一片区域具有海绵城市的功能,而其他地区则不具备相关功能,整体上呈碎片化分布,因此从小范围考量的角度来看,海绵城市建设取得较好的成效,而从城市整体角度来看,海绵城市建设率仍然较低,且建设区域没能形成互联互通的整体,在面对大范围长时间的降雨时,对雨水的吸收与消纳效果会受到影响。

2.在海绵城市建设过程中各部门缺乏联动机制

海绵城市建设是一项城市建设的综合工程,从初期设计、中期施工到后期维护等各个环节,涉及规划、市政、环保、水务、气象、园林、发改、财政等多个部门,虽然目前我国有相应的协作机制,但往往在建设推进过程中会出现各部门之间沟通联动困难,项目推进受到影响,在项目审批、施工等各个方面容易出现拖延、浪费等问题,使海绵城市建设的效果受到影响。

3.相关设施建成后日常维护管理责任不明确

海绵城市建设不仅仅是建成前的规划与施工,更重要的是相关设施建成后对于设施的维护和管理,而在我国目前的海绵城市建设中,存在着海绵城市建设以完工为止,相关设施建成后日常维护管理责任不明确,后期运行管理工作无人负责等现象,随着时间推移,会出现由于设备缺乏维护导致设备老化、损坏等问题,各种低影响设施的作用得不到有效发挥。在海绵城市建成初期验收时,相关设施能够取得较好的成效,但经过一段时间后,又出现城市内涝等问题,此时再去解决相关问题,造成了人力、物力的浪费。

4. 人们对于海绵城市建设的认识和重视程度不足

从 2015 年至今,我国对于海绵城市的建设实践已有 8 年,虽然相关行业也积累了一定的建设经验,但有关部门对于海绵城市建设的宣传不足,而海绵城市建设作为一种回报期较长的建设投资,其可能需要 5 至 10 年才能具有成效并且解决相应问题,居民对于海绵城市建设成效的感受并不是那么直观,导致人们对于建设海绵城市的认识相对薄弱,人民群众对于海绵城市建设带来的益处不够了解,有关建设部门的主观能动性不强,在建设过程中积极性不足,在建设工作中往往缺少创新精神。在某些设施中,也会出现居民因缺乏对海绵城市建设的了解,对设施的用途进行改变,许多海绵城市设施受公众影响而被损害,增加了运营维护成本,导致海绵城市建设效果受到影响。

5. 相关研究起步较晚,技术尚不成熟

我国对海绵城市建设的研究起步较晚,在近几年才成为热点课题,目前在我国还没有总结出成系统的发展模式进行推广,很多技术和模式只能借鉴外国的建设经验,而适宜我国的建设模式只能通过实践来总结经验,许多相关研究处在论证阶段,技术较为落后,相关方向的技术人才也较为缺乏,这对我国海绵城市建设造成了很大的阻碍。

1.4.3　我国海绵城市建设的发展趋势

目前中国海绵城市建设还在比较低级的阶段,并会在一段时间内继续处于探讨与试点建设的阶段。

随着全国各个海绵城市试点的逐步建设,各级政府和企业在海绵城市试点中总结方法与经验,取其精华,去其糟粕,将海绵城市建设普及化、规范化。准确把握和分析我国海绵城市建设的发展趋势,对继续开展改进海绵城市试点各项工作和进一步扩大与提高海绵城市在我国的建设规模与成熟度等具有重要意义。我国海绵城市建设的发展趋势总结为以下六点。

(1)海绵城市的智慧化发展

使用物联网、大数据等为核心的新时代信息技术来获取、计算和分析城市各项信息,对包括交通、环保、公共安全、城市服务等各种需求做出迅速、准确且智能的响应,为市民提供更加美好的生活环境。海绵城市的智慧化即在海绵城市的建设过程中融入智慧城市的理念,通过大量新型的信息技术手段,使各种绿色

能源设施和海绵城市建设设施能够协同工作,从而使海绵城市的建设与管理更加高效和智慧。海绵城市的智慧化遵循如下顺序;首先,由物联网传感器智能传感系统对收集到的信息进行监测、运输和处理,然后通过互联网将网络信息传输到服务器;其次,使用云计算等方法处理和分析接收到的信息,同时利用合适的模型进行数据模拟,对显示出的问题给出优化方案,并通过对解决方案的精准指挥和迅速执行来处理各种问题;最后,通过全面且合理的绩效评价制度,对数据运算成果进行反馈和修正。

(2)采用现代生态技术,实现高效集水

在城市的现代化建设中,由于长时间的过度使用地下水而忽视水体的自然循环过程和步骤,城市的地下水系统和生态系统均被严重破坏。这种忽视自然水体循环过程的城市建设方式是城市内涝灾害发生的主要原因。因此,在海绵城市建设中,应综合使用各种先进绿色设备,积极使用现代生态技术,实行生态化措施,可大幅度降低城市河道的径流峰值与径流总值,同时能有效减少径流污染,从而避免对附近自然环境造成有害影响,李睿喆、李冠杰等学者对于透水砖的研究正属于此行列。

(3)制定和完善海绵城市建设的相关法规制度

我国有关部门需要制定和完善关于建设海绵城市的规章制度和法律法规,为海绵城市建设提供法律支持与政策保护,同时要注意符合实施地区的自然环境和发展建设条件,使海绵城市能够更好更快地发展。目前,我国已经颁布的相关法律法规尚未形成系统,且在实际工作中因各个地区的自然环境差异程度较大,导致某些城市给排水管道铺设不科学的现象发生。随着我国的水问题形势越来越严峻,相关法规的出台与完善工作刻不容缓。

(4)落实海绵城市观念的宣传教育工作

海绵城市的理念不仅要在城市建设和发展中体现,更要将它融入国民的基本理念中,使其成为人人都具备的一种文化思维与习惯,能够让每位公民都能从心底接受这一理念,主动学习有关海绵城市的理念。利用互联网等媒体让更多的民众了解海绵城市的理念,鼓励他们主动加入建设海绵城市的工作中;同时,应进一步完善海绵城市相关制度的建设,使民众了解雨水利用的知识。为更好更快地实现美丽"中国梦"这一理想,我国应从国家政策支持、健全法律法规制度、鼓励技术创新等方面有所突破。

(5)着重提高海绵城市建设的相关技术

相比较于国外发达国家,我国开展建设海绵城市工作的时间较晚,大多数的理念、政策力度、技术、开展实际建设工作等方面还处在探索阶段。海绵城市建设中所涉及的领域相当广泛,例如绿色屋顶、海绵城市型地铁、透水铺装等,都是海绵城市建设中经常使用的技术措施。因此,在建设海绵城市的过程中,要有大量成熟且稳定的理论作为建设海绵城市的基础,将理论和实际相结合,促进海绵城市的高效建设与运行。支持这些理论的研究工作,有利于提高技术丰富度和成熟度,同时能在保证质量的前提下降低成本,使海绵城市能够又好又快地发展。

(6)海绵城市的商业化制度探索。

PPP(Public-Private-Partnership,即企业和当地政府在议定协议下共同投资建设和运行管理)模式是当前我国海绵城市建设主要采用的一种商业模式。但是建设海绵城市是一项持续时间长、消耗人力和物力巨大的工程,因此,如何选择适应不同城市发展水平的企业与政府间的合作模式,以及如何划定在海绵城市建成后企业和政府所承担的责任和费用支出,都需要我们进一步探索和实践。

第 2 章　海绵城市系统化方案概述

2.1　系统化全域推进海绵城市建设

海绵城市作为一项新兴的城市发展方式和开发建设理念,对系统解决城市水资源紧缺、水环境污染、水生态恶化、洪涝灾害频发等突出问题具有重要意义。2015 年以来,通过开展中央财政支持海绵城市建设试点工作,经过 67 个试点城市的探索实践,海绵城市理念得到快速推广,城市生态环境得到显著改善。推进海绵城市建设在取得试点经验的同时,也存在一些不足,一是城市管理体制不适应海绵城市建设要求,规划、建设、管理以及其他专业之间条块分割,试点期结束后,若没有强有力的制度约束,难以持续;二是部分城市的体系化不强,仅在试点区域内推进,没有在全域系统化实施,容易造成海绵城市建设的项目化、碎片化,海绵城市连片效应不明显。为进一步落实《中华人民共和国国民经济和社会发展第十四个五年规划和 2035 年远景目标纲要》关于建设海绵城市的要求,2021年 4 月,财政部、住房和城乡建设部及水利部启动了新一轮的海绵城市建设示范工作,明确了"十四五"期间系统化全域推进海绵城市建设。

2.1.1　系统化全域建设内涵

海绵城市是城市生态文明和绿色发展的新方式、新理念,其实质是通过加强城市规划建设管理,充分发挥建筑、道路和绿地、水系等生态系统对雨水的吸纳、蓄渗和缓释作用,实现雨水的自然积存、自然渗透、自然净化,尽可能减少城市开发建设对自然水循环的不利影响,维系本底水文特征的原真性。

系统化实施海绵城市建设包含三个层面。一是推进体系系统化,通过建立健全涵盖机制体制、规划设计、技术标准、过程管控、运营维护、监测评估的全过程推进体系,形成海绵城市建设长效、有序的制度保障。二是实施方案系统化,坚持系统思维,应从"末端治理"向"源头减排、过程控制、系统治理"转变,从以工程措施为主,向生态措施与工程措施相融合转变;在水环境提升方面,按照"源一网—厂—河"思路,分区制定系统化的污染雨水治理方案;在城市内涝治理方面,坚持"蓝绿灰"相结合,聚焦解决雨水导致的城市水安全问题,着力构建"源头减排、管网排放、蓄排并举、超标应急"的全过程排水防涝体系;在项目实施方面,应制定覆盖"区域流域、城市、设施体系、社区"全统筹的建设项目库,以期综合解决城市雨水径流消纳和调控问题,打破碎片化工程壁垒。三是协同推进系统化,时间上,覆盖建设项目从规划、设计、建设到验收、运维的全生命周期;空间上,覆盖市、县、区(新区)全域;类型上,坚持海绵城市建设与黑臭水体治理、排水防涝补短板、老旧小区改造、城市更新、新片区开发、生态保护修复等城市治理工作协同推进,互相融合。

建立全域系统化规划管控机制、编制海绵城市专项规划和重点片区系统化实施方案是影响海绵城市系统化全域推进实施成效的关键环节。

2.1.2　系统化全域推进海绵城市建设的长效管控机制

海绵城市是我国城市发展理念和建设方式转型的重要标志,也是生态文明背景下解决城市涉水问题的重要手段。各地在推进海绵城市建设过程中,基本都面临着如何管、在哪个环节管、管什么等问题。2019 年,住房和城乡建设部开展了全国海绵城市建设效果试点绩效评价,形成了评估报告,发现多数城市存在海绵城市规划建设管控制度可行性不高、海绵城市项目的建设管控不严等问题,导致项目建设标准不高、海绵城市管控指标未能有效落实、海绵城市建设推进速度慢等。

与此同时,国家开始推行"放管服"改革和"行政审批制度"改革,要求既要进一步做好简政放权的"减法",又要善于做加强管控的"加法"。在这样的背景下,如何把握政策机遇,将海绵城市建设管控融入城市规划建设管控制度中,形成常态化的管控,是城市人民政府实现持续、稳步推进海绵城市建设的当务之急。

1. 总体思路

1)管控体制和模式

根据我国现有的行政管理体制,结合相关部门的职能分工,海绵城市建设管控采用"条块管理"相结合的模式。

住房和城乡建设部负责管控各省海绵城市建设工作,并对海绵城市建设推进情况进行抽查;省级住房和城乡建设主管部门负责各地市的海绵城市建设管

控工作；城市人民政府作为责任主体，定期考核市相关部门、各区级政府及相关单位的海绵城市建设情况。城市人民政府是海绵城市建设的责任主体，须建立海绵城市建设管理和协调工作机制，明确发改、财政、住建、自然资源、生态环境、水利、城管、交通、园林等相关部门的职责分工和工作安排，协同推进海绵城市建设。

2）管控目标和抓手

根据海绵城市的内涵和建设要求，分别从宏观尺度、中观尺度、微观尺度研究并明确海绵城市管控目标和抓手。

①宏观尺度：以规划为抓手，实现自然生态要素管控。海绵城市是一种理念。根据《海绵城市建设技术指南——低影响开发雨水系统构建（试行）》，海绵城市建设要求尽可能地减少人为建设活动对大自然的干扰，最大限度地维持城市开发前的自然水文特征。以规划为龙头，在城市相关规划中落实海绵城市理念、明确保护范围和保护要求，是实现自然生态要素管控的前提和手段。因此，海绵城市建设管控机制中首要任务是相关规划的管控。

②中观尺度：结合分区规划建设，强化海绵连片效应。海绵城市不是单个的项目，更不是单个的设施，而是一个系统。海绵城市应基于低影响开发雨水系统、城市雨水管渠系统及超标雨水径流排放系统进行建设，三者相互补充、相互依存。建设过程中须注意连片效应，否则很难实现从量变到质变的飞跃。只有结合城市分区规划建设，系统化谋划海绵城市建设方案，形成以城市分区或汇水分区为单位的"源头减排—过程控制—系统治理"城市雨洪管理体系，才能有效实现海绵城市建设目标。因此，分区建设管控也是海绵城市建设管控的重要内容。

③微观尺度：依托现有管控制度，确保海绵理念落地。海绵城市重在落实。无论是自然生态要素管控还是分区海绵城市建设，都是由单个项目组成的。具体到新建、改建、扩建项目中，如何在基于国家"放管服"改革的总体要求下，依托现有的管控制度，融入海绵城市的管控内容，实现从项目前期、建设施工、验收移交、运营管理等全流程管控是确保海绵理念落地的根本。

2. 管控要点

1）相关规划管控

在编制海绵城市专项规划时，应提升生态性、注重系统性、落实可达性，做好本底调查,科学确定目标,在空间与竖向管控、建设控制指标、设施布局和规模、项目建设四个方面提出明确、可行的措施和要求,并应将有关要求和内容落实、协调到各相关专项规划中,且在下一层的详细规划中作为用地和工程建设的规划设计前提条件。

海绵城市专项规划须与国土空间规划以及相关专项规划进行协调衔接,除规划方案、措施、指标等内容不存在冲突外,须在空间上保持一致和协调,实现"多规合一"。编制或修编城市国土空间规划时,应全面贯彻海绵城市建设理念,将海绵城市专项规划中的生态本底、建设分区及地块开发、竖向布局等管控要求作为空间管制和土地开发利用的约束条件,并将海绵城市专项规划中确定的城市河湖水系、绿地、湿地、坑塘、沟渠、低洼地等天然海绵体的保护范围和要求作为城市"三区四线"("三区"是指禁建区、限建区、适建区,"四线"是指绿线、蓝线、紫线、黄线)的划定依据。海绵城市专项规划的审批,应按原报批程序,征求相关单位、专家、社会公众意见修改完善之后报同级人民政府批准。

2)分区建设管控

分区建设管控的抓手是基于详细规划层面的海绵城市建设实施方案或系统方案(以下简称"分区海绵方案")。因此,城市建设分区、重点功能区在推进海绵城市建设时,宜编制分区海绵方案。

在分区海绵方案中,应针对建设分区的特征和存在的主要问题,提出针对性的海绵城市规划管控策略;根据原始地形地貌和水文特征构建系统连续的城市竖向格局,明确地块和道路的竖向标高管控要求;低洼区和潜在湿地区域等水生态敏感区应当被列入禁建区或限建区进行管控,并进一步分解落实海绵城市建设各类指标。

建设分区内建设项目用地批复时,须确保不能与分区海绵方案中确定的河湖水系、绿地、湿地、坑塘、沟渠、低洼地等水生态敏感区的保护范围产生矛盾,最大限度地保护自然调蓄空间。分区内进行地块开发和建设市政道路时,须确保满足分区海绵方案中的竖向控制要求。市政道路跨越溢洪道、排涝河道、沟渠时,其高程应满足过水设施防洪排涝标准的净空高度。

3)项目建设管控

按照常规的项目管控流程,将项目建设管控分为项目前期、施工建设、验收移交、运营管理 4 个阶段。为保障海绵城市理念在项目建设阶段得到有效落实,结合试点城市的推进经验,总结出各阶段的管控流程、责任部门和管控要点,如

图 2.1 所示。

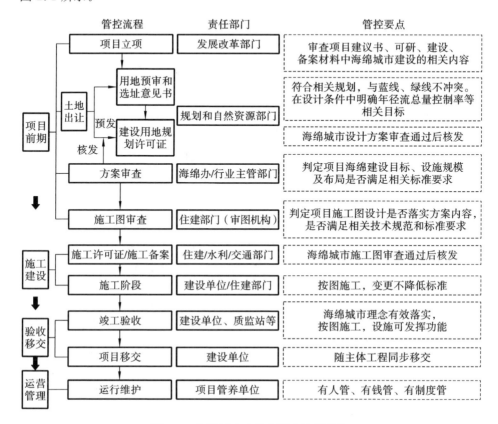

图 2.1　海绵城市建设项目全流程管控

（1）项目前期阶段

为有效落实海绵城市的建设理念，需在项目立项、土地出让、方案审查、施工图审查等环节对海绵城市建设进行管控。

①项目立项环节。政府投资类项目在审查项目建议书、可行性研究报告和项目初步设计时，应当对海绵设施的技术合理性和投资可行性进行审查，并在批复中予以载明。社会投资类项目按照立项备案的程序，应备案海绵城市建设目标、年径流总量控制率、海绵设施建设内容和投资概算等。

②土地出让环节。规划和自然资源部门应核查新建项目的海绵城市约束性指标，融入出具建设用地规划设计条件、颁发"一书两证"等审批环节。已出让或划拨的建设项目，宜依法通过设计变更、协商激励等方式，落实海绵城市建设的相关内容和要求。

③方案审查环节。建设工程方案设计审查应按照并联审批的原则，将海绵

城市专项技术审查的相关内容融入现有审批环节,加强对海绵城市方案设计的专项技术审查。通过方案审查和初步设计核查,确认达到规划设计条件后,建设单位方可签订国有建设用地使用权出让合同,规划和自然资源部门向建设单位核发"建设用地规划许可证"。

④施工图审查环节。规划和自然资源部门应强化施工图设计文件中海绵城市相关内容审查,对于不满足相关技术标准要求的,不予核发"建设工程规划许可证"。确需变更施工图设计文件中海绵城市相关内容的,不得降低原海绵城市设计目标。

(2)项目建设阶段

施工许可环节:城建主管部门出具施工图审查意见时应重点审查海绵城市相关的工程措施,依照载明海绵城市审查结论的施工图设计文件审查合格证书核发"建设工程施工许可证"。水利、交通运输等相关部门应进行施工备案。

施工建设环节:建设单位、勘察设计单位、施工单位、监理单位、质量安全监督单位等应各司其职,参与施工过程并保存过程管理材料。

(3)移交验收阶段

专项验收的依据是设计、施工、监理各方确认的竣工图。验收认为不符合海绵城市建设要求的,应要求项目建设单位限期整改。未按批准图纸施工、未按要求组织施工,以及限期内整改不到位的不得通过验收。备案机关要求,工程竣工验收报告中应包含海绵设施的建设落实情况。海绵设施验收合格后,应随主体工程同步移交。

(4)运营管理阶段

市海绵城市建设工作领导小组及办公室或海绵城市建设牵头部门负责组织制定海绵设施运行维护相关技术标准,组织建立海绵设施的维护管理制度和操作规程。政府投资类海绵项目(市政设施、公园绿地、道路广场等公共项目)由相关行业的管理部门和单位负责维护管理。社会投资类海绵项目(部分公共建筑、住宅小区等房地产开发项目)由产权单位或委托方负责维护管理。其他类海绵项目,遵循"谁建设,谁管理"的原则进行维护管理。

4)其他层面管控

其他层面的管控主要包括绩效考核、技术推广等方面。绩效考核是促进相关部门落实海绵城市建设职责的重要手段。考虑到海绵城市建设考虑内容较为繁杂,一般由海绵城市建设工作领导小组按年度对海绵城市规划建设进行绩效考核,并将考核结果纳入政府绩效考核体系和生态文明建设考核体系。发展改

革部门应制定海绵城市建设的激励政策,鼓励相关科学研究和先进适用技术、设备和材料的推广使用。

海绵城市建设中管控是否到位、是否有效会直接影响其整体推进情况和建设成效,只有建立一套可以实现全方位管控、全流程管控、常态化管控的模式,才能为系统化全域推进海绵城市建设提供坚实的保障。

海绵城市建设管控应注重"条块管理"相结合。住房和城乡建设部负责管控各省海绵城市建设工作,省级住房城乡建设主管部门负责各地市的海绵城市建设管控工作,城市人民政府作为海绵城市建设的责任主体,将海绵城市建设情况纳入部门的年度绩效考核指标。

城市人民政府在推进海绵城市建设过程中,应从相关规划、分区建设、项目建设三个尺度,建立从宏观到中观到微观的全方位管控模式。以相关规划管控为抓手,实现水生态敏感区保护和保留;在分区建设中,构建城市雨洪管理体系,实现"连片效应";在项目建设中,构建全流程管控模式,确保海绵理念落地。

在新建、改建、扩建项目中,应依托现有管控制度,将海绵城市建设管控要求融入项目前期、建设管控、验收移交、运营管理等环节,实现全流程系统化管控。

2.2 海绵城市系统化方案的定位与特点

海绵城市建设是城市发展方式的重要理念转变,面对新的要求,目前海绵城市系统化方案编制存在传统上规划注重宏观把控、欠缺落地分析,设计注重设施工艺、欠缺总体统筹的问题。一方面会导致设计与规划不够协调衔接,影响整体建设的系统性;另一方面缺乏总体统筹会对设施建设效果是否能满足建设要求产生影响。为了提高城市涉水基础设施建设的系统性和科学性,破解海绵城市建设中显现出的建设目的不清、缺乏统筹、碎片化建设、项目混乱等问题,需要创新规划设计的方法和模式,为顺利推进海绵城市建设提供科学有效的技术支撑。因此,为了落实海绵城市建设的系统性全域建设思路,要做好海绵城市系统化方案的编制工作,对现有规划、设计进行协调衔接,从而使海绵城市的各项目统筹协同,以达到建设效果。

2.2.1 系统化方案的定位

在思路转变的基础上,海绵城市系统化方案的编制可以对现有规划设计体系进行优化：在规划设计之间增加系统化方案，可以实现规划的细化落实和设计的综合统筹，构建措施与效果之间的桥梁，实现规划到设计的指导目的。海绵城市的建设涉及城市建设的方方面面，涉及城市建设领域的各个部门，涉及城市建设相关的多个专业，具有建设周期长、建设部门多、建设时序复杂的特点。在具体建设中不可能一次规划到底，也不可能将所有项目整体打包进行建设，需要通过海绵城市建设系统化方案将项目与效果之间的关系梳理清晰，明确到底需要建设哪些项目，将项目与项目之间的关系梳理清晰，明确项目建设的具体要求，从而将项目有机结合在一起，实现综合统筹，防止系统的碎片化或项目的过度工程化。

因此，系统化方案是搭接规划和设计的桥梁，是现行规划设计体系重要的补充。

2.2.2　系统化方案的特点

国家海绵城市试点城市建设初期，技术层面上指导海绵城市建设基本以海绵城市专项规划、海绵城市详细规划为主。随着试点工作的推进，出现部分项目难以落地、建设方案系统性不强、近期目标难实现等问题，试点区海绵城市建设系统化方案的编制有效解决了以上问题。系统化方案主要具有以下特点。

①整体性。从流域（水系统）整体而不是单个项目的角度制订方案。

②导向性。按需求优先的原则，以问题或目标为导向编制方案，提出的建设项目或者非工程性措施都与需求紧密相连。

③系统性。海绵城市建设包括水环境改善、水安全保障、水生态提升、雨水资源利用等目标。系统化实施方案以建设目标为根本出发点，坚持老城区问题导向、新区目标导向的基本原则，以汇水分区为基本单元，构建"源头减排－过程控制－综合治理"的系统化方案，综合统筹多个目标确定最优化实施方案。

④协调性。方案整合水利、景观、排水、道路等多个专业，实现功能与景观、功能与功能之间的协调。

⑤可操作性和可实施性。海绵城市建设专项规划或详细规划一般以城市总体规划或控制性详细规划的规划管控用地为编制基础，由于城市发展涉及土地出让、土地开发建设、资金保障等多个条件，在试点期间，很难按照规划管控用地全部落实，因此以规划管控用地为基础确定的海绵城市建设项目短时间内很难全部落地实施。系统化方案则以现状用地为基础，充分衔接近期规划管控用地，在此基础上根据海绵城市建设目标，确定可实施、可落地的建设方案，保障海绵

城市建设目标的可达性,这也是系统化方案能够有效指导试点区海绵城市建设的重要基础。

⑥动态调整性。国家海绵城市试点区试点建设三年,第一年基本处于政策制度设计和顶层技术设计阶段,第二年和第三年主要为制度完善阶段和项目实施阶段。在项目实施过程中,经常会遇到因土地问题、政策处理问题等导致项目无法按照原计划实施的情况,系统化方案结合具体问题,动态调整实施方案,在保障建设目标不变的前提下,动态调整可落地、可实施的项目,从而保障试点工作顺利推进。

2.3 海绵城市系统化方案的主要内容

基于海绵城市的系统性、综合性特征,其系统化方案应以流域为单元,衔接上位规划要求,从解决问题及需求的角度出发,首先自上而下定格局、留洼地、疏通道、控标高,确保流域大排水安全;其次联合统筹"水环境、水安全、水生态、水资源"四大系统,以"源头减排、过程控制、系统治理"为抓手,将污染负荷削减、水安全风险配置等规划任务逐级细化落实到大、中、小海绵体的方案中,并采用模拟校核进一步验证效果,确保解决流域问题及需求;最后从四大系统中梳理工程项目体系及其各专业功能要求,为指导下一步项目的细化设计奠定基础。

海绵城市系统化方案的主要内容可以用"定项目"三个字来概括。具体步骤如下。

(1)分析现状主要存在问题或者建设需求

从水生态、水环境、水安全、水资源等方面,对于建成区重点分析现状存在的问题,对于新建区重点分析海绵城市管控的需求,并分析问题和需求的主次。

(2)因地制宜制定海绵城市建设目标

以海绵城市总体规划和详细规划为指导,分析海绵城市的可实施性,以问题为导向,充分考虑项目的可实施性,确定实施期内科学合理的海绵城市建设目标。

(3)综合进行经济性、可实施性和实施效果比选

采用"灰绿结合"的方式,构建"源头-过程-系统治理"相结合的工程体系,提出近期实施工程项目库。项目库应包括项目名称、建设内容、实施主体、工程规模和投资估算等内容。还应评估实施区域、实施期内海绵城市建设目标可达性,并通过多目标统筹,将海绵城市建设目标和内容分类、分项地分解落实至具体工程项目中。

（4）确定实施方式和保障措施

按项目实施主体进行分类，明确项目与项目之间、主体与主体之间的关系，厘清责任边界，提出项目建设组织形式和实施方式，制订配套的考核标准和非工程性保障措施，为实现绩效考核的科学性和可操作性提供依据。

针对老城区与新城区，海绵城市系统化方案的侧重点也有所区分。老城区以问题为导向，重点解决历史遗留的雨污水系统不完善、河道水体黑臭、城区及村庄内涝等典型的老城问题。新城区则以目标为长期导向，兼顾近期问题修复，严格管控山水格局、场地竖向布局、排水管网、地块与道路的径流总量及其污染等，并于近期针对现状水问题提出解决方案及相配套的工程性与非工程性措施。

第3章 广州海绵城市系统化方案编制概述

3.1 编制的背景

3.1.1 国家政策环境

海绵城市系统化方案是衔接海绵城市建设专项规划和工程建设管理体系的重要技术支撑,能够指导海绵城市近期建设实施,保障海绵城市建设片区达标,促进系统化推进海绵城市建设。根据《海绵城市系统方案编制技术导则》(T/CECS 865—2021)的要求,海绵城市系统化方案是介于海绵城市建设专项规划和单体工程设计之间的规划设计环节,从流域或排水分区尺度,分析城市涉水问题及成因,提出的海绵城市建设系统工程方案,在规划建设体系中起承上启下的作用。海绵城市系统化方案发挥了指导海绵城市近期建设的作用,包括对规划目标的阶段性分解和近期指标的落实,成为海绵城市近期建设目标、发展布局、主要工程项目等实施的重要依据,同时指导工程落地,并系统评估各类项目实施后海绵城市近期建设目标可达性。

2013年12月,习近平总书记在中央城镇化工作会议上发表讲话强调:"在提升城市排水系统时要优先考虑把有限的雨水留下来,优先考虑更多利用自然力量排水,建设自然积存、自然渗透、自然净化的海绵城市。"习近平总书记的讲话第一次提出了建设海绵城市的要求,为全国解决城市水问题指明了方向。

2014年10月,为贯彻落实习近平总书记讲话及中央城镇化工作会议精神,大力推进建设自然积存、自然渗透、自然净化的海绵城市,节约水资源,保护和改善城市生态环境,促进生态文明建设,依据国家法规政策,并与国家标准规范有效衔接,住房和城乡建设部组织编制了《海绵城市建设技术指南——低影响开发雨水系统构建(试行)》(建城函〔2014〕275号)。

2015年10月,国务院发布《国务院办公厅关于推进海绵城市建设的指导意见》(国办发〔2015〕75号),为有序推进海绵城市建设提出指导意见。该文件对海绵城市建设工作的系统性提出了明确要求,同时对于规划的编制也提出了如下要求。

①科学编制规划。编制城市总体规划、控制性详细规划以及道路、绿地、水等相关专项规划时,要将雨水年径流总量控制率作为其刚性控制指标。划定城市蓝线时,要充分考虑自然生态空间格局。应建立区域雨水排放管理制度,明确区域排放总量,不得违规超排。

②严格实施规划。将建筑与小区雨水收集利用、可渗透面积、蓝线划定与保护等海绵城市建设要求作为城市规划许可和项目建设的前置条件,保持雨水径流特征在城市开发建设前后大体一致。在建设工程施工图审查、施工许可等环节,要将海绵城市相关工程措施作为重点审查内容;工程竣工验收报告中,应当写明海绵城市相关工程措施的落实情况,提交备案机关。

③完善标准规范。抓紧修订完善与海绵城市建设相关的标准规范,突出海绵城市建设的关键性内容和技术性要求。要结合海绵城市建设的目标和要求编制相关工程建设标准图集和技术导则,指导海绵城市建设。

2016 年 3 月,住建部印发关于《海绵城市专项规划编制暂行规定》(建规〔2016〕50 号)(以下简称《规定》)的通知,《规定》要求各地结合实际,抓紧编制海绵城市专项规划。《规定》明确,编制海绵城市专项规划,应坚持保护优先、生态为本、自然循环、因地制宜、统筹推进的原则,最大限度地减小城市开发建设对自然和生态环境的影响;编制海绵城市专项规划,应根据城市降雨、土壤、地形地貌等因素和经济社会发展条件,综合考虑水资源、水环境、水生态、水安全等方面的现状问题和建设需求,坚持问题导向与目标导向相结合,因地制宜地采取"渗、滞、蓄、净、用、排"等措施。

2017 年 3 月 5 日,中华人民共和国第十二届全国人民代表大会第五次会议上,李克强总理在政府工作报告中提到:统筹城市地上地下建设,再开工建设城市地下综合管廊 2000 公里以上,启动消除城区重点易涝区段三年行动,推进海绵城市建设,使城市既有"面子",更有"里子"。

2021 年 4 月,根据《国务院办公厅关于加强城市内涝治理的实施意见》(国办发〔2021〕11 号),到 2025 年,各城市因地制宜基本形成"源头减排、管网排放、蓄排并举、超标应急"的城市排水防涝工程体系,排水防涝能力显著提升,内涝治理工作取得明显成效;有效应对城市内涝防治标准内的降雨,老城区雨停后能够及时排干积水,低洼地区防洪排涝能力大幅提升,历史上严重影响生产生活秩序的易涝积水点全面消除,新城区不再出现"城市看海"现象;在超出城市内涝防治标准的降雨条件下,城市生命线工程等重要市政基础设施功能不丧失,基本保障城市安全运行;有条件的地方积极推进海绵城市建设。到 2035 年,各城市排水防涝工程体系进一步完善,排水防涝能力与建设海绵城市、韧性城市要求更加匹配,总体消除防治标准内降雨条件下的城市内涝现象。

2021 年 4 月,根据财政部办公厅、住房和城乡建设部办公厅、水利部办公厅三部门发布的《关于开展系统化全域推进海绵城市建设示范工作的通知》(财办建〔2021〕35 号),"十四五"期间,财政部、住房和城乡建设部、水利部通过竞争性选拔,确定部分基础条件好、积极性高、特色突出的城市开展典型示范,系统化全域推进海绵城市建设,中央财政对示范城市给予定额补助。示范城市应充分运用国家海绵城市试点工作经验和成果,制定全域开展海绵城市建设工作方案,建立与系统化全域推进海绵城市建设相适应的长效机制,统筹使用中央和地方资金,完善法规制度、规划标准、投融资机制及相关配套政策,结合开展城市防洪排涝设施建设、地下空间建设、老旧小区改造等,全域系统化建设海绵城市。力争通过 3 年集中建设,示范城市防洪排涝能力及地下空间建设水平明显提升,河湖空间严格管控,生态环境显著改善,海绵城市理念得到全面、有效落实,为建设宜居、绿色、韧性、智慧、人文城市创造条件,推动全国海绵城市建设迈上新台阶。2021—2023 年,财政部、住房和城乡建设部、水利部通过竞争性选拔确定部分示范城市,第一批确定 20 个示范城市。

2022 年 4 月,住房和城乡建设部办公厅印发《关于进一步明确海绵城市建设工作有关要求的通知》(建办城〔2022〕17 号)(以下简称《通知》),该《通知》进一步明晰了海绵城市的内涵和特征,海绵城市具有以下 6 个明显的特征。

①聚焦雨水问题。《通知》明确,海绵城市建设通过综合措施,提升城市蓄水、渗水和涵养水的能力,实现雨水的自然积存、自然渗透、自然净化。此前的海绵城市建设中,部分城市将海绵城市建设过分扩大,将城市污水收集处理、排水、水环境治理甚至供水都纳入海绵城市建设的范畴。此次《通知》明确提出,海绵城市建设应聚焦在城市雨水相关问题上。在城市地区,和雨水相关的问题包括城市内涝、水资源短缺、雨水径流污染和合流制溢流污染等,这些问题是海绵城市建设应重点解决或者缓解的问题。在这些和雨水相关的问题中,城市内涝是海绵城市建设最应该重点关注的内容。

②源头减排优先。海绵城市区别于传统城市排水一个明显的特征在于,海绵城市建设中,要优先从源头控制雨水径流,优先在绿地、建筑和道路的建设中,因地制宜采用雨水花园、绿色屋顶、透水铺装、湿地等措施,实现对雨水径流总量

和峰值流量的削减,以尽可能减少城市开发建设对水文过程的影响。

③绿色设施优先。海绵城市建设首先要保护和利用自然山体、河湖湿地、耕地、林地、草地等自然生态空间,其次是要修复受损的自然生态系统,此外还要在城市开发建设中控制不透水面积,充分利用城市绿地、绿色屋顶等对雨水径流进行削减。利用这些天然的、修复的和人工建设的绿色基础设施,实现对雨水的自然积存、自然渗透、自然净化。优先、充分利用绿色基础设施,是海绵城市区别于传统城市排水的另一个基本特征。

④"蓝绿灰"相结合。海绵城市对于解决城市内涝具有重要意义,但是只有源头减排措施,显然无法应对城市内涝。海绵城市建设必须"蓝绿灰"相结合。首先是要充分利用好"蓝色空间",要充分保护好自然水系脉络,避免开山造地、填埋河汊、占用河湖水系空间等行为,以充分发挥河湖水系对雨水的调蓄作用;其次是要充分利用自然生态空间和拟自然生态措施等"绿色设施",来实现对雨水径流的消纳、滞蓄和净化;最后,海绵城市建设还离不开必要的"灰色设施",排水管网、泵站、调蓄池等必要的灰色设施对解决城市内涝问题至关重要。只有将"蓝绿灰"设施进行充分融合,才能解决设防标准以内的城市内涝问题。《通知》也明确提出,不能从一个极端走向另一个极端。不能有了海绵城市,就只强调生态措施和源头减排,而忽视了必要的灰色设施。

⑤系统治理。《通知》明确规定,海绵城市建设应从"末端治理"向"源头减排、过程控制、系统治理"转变。系统治理的思路融合在《通知》的全文中,这种思路体现在要采取"渗、滞、蓄、净、用、排"等综合措施来应对雨水问题,体现在从雨水产汇流到排放过程再到排入受纳水体的全过程管控,也体现在"蓝绿灰"设施的结合,还体现在从规划编制、项目谋划、工程设计和建设以及运行维护全流程都提出了海绵城市建设应该做什么和不应该做什么。

⑥问题导向和目标导向相结合。《通知》明确提出,海绵城市建设应对的首要问题是城市内涝,其次还有水资源缺乏和降雨径流污染等。海绵城市建设的主要目标是缓解城市内涝,通过综合措施有效应对内涝设防重现期以内的强降雨,增强城市在应对气候变化和抵御暴雨灾害等方面的"韧性",促进形成生态、安全、健康、可持续的城市水循环系统。

3.1.2　广州政策环境

为推进广州市海绵城市建设,2017 年 3 月,广州市住房和城乡建设委员会、广州市水务局、广州市国土资源和规划委员会、广州市林业和园林局关于印发

《广州市海绵城市规划建设管理暂行办法》的通知,提出要结合广州市"山城田海"自然山水格局,综合采取"渗、滞、蓄、净、用、排"等措施,构建低影响开发雨水系统,使70%以上的降雨就地消纳和利用,到2020年,城市建成区20%以上的面积达到目标要求;到2030年,城市建成区80%以上的面积达到目标要求。《广州市海绵城市规划建设管理暂行办法》同时强调了编制海绵城市专项规划的重要性,编制专项规划是城市规划的重要组成部分,是指导海绵城市建设的重要依据。2017年4月7日,广州市政府第十五届九次常务会议审议通过了《广州市海绵城市专项规划》,确定了广州市海绵城市建设总体目标——打造高密度建设地区海绵城市建设典范,建设山水共生的岭南生态城市和宜居都市。到2030年,城市建成区80%以上的面积建成海绵城市。在建设过程中,一是以低影响开发理念为核心,在保护现有河道水系的基础上,统筹地区生态环保、修复与建设,合理布局道路、绿地与广场等海绵设施,强化海绵型园林绿地相关技术与景观的融合,通过透水路面、透水铺装、下沉式绿地、植被缓冲带、生物滞留池、植草沟、雨水花园、绿色屋顶、雨水湿地的建设,实现雨水的"渗、滞、蓄、净、用、排",统筹考虑内涝防治,打造广州海绵城市示范区。二是改造提升滨水绿地环境,通过截污纳管、生物过滤等方法恢复水体水质。完善雨污分流体系,对黄埔涌周边污水管网进行截污治理,通过智能控制河涌闸口,引入珠江水,增强水体流动性。

此外,《广州市建设项目雨水径流控制办法》《广州市黑臭河涌整治工作任务书》《广州市35条黑臭河涌整治工作意见》(2016年6月)等一系列水生态文明建设政策指引,及《广州市流域综合规划(2010—2030)》《广州市中心城区河涌水系规划》《广州市中心城区排水(雨水)防涝综合规划(2012—2030年)》《广州市防洪(潮)排涝规划(2010—2020)》《广州市中心城区排水系统控制性详细规划(2015—2030)》等相关专项规划,均从不同层面提出了水安全、水环境、水资源、水生态、水文化的相关政策措施,为广州开展海绵城市建设奠定了前期基础。

2020年12月30日,广州市人民政府办公厅印发《广州市海绵城市建设管理办法》(穗府办规〔2020〕27号),明确了广州市以河长制、湖长制为抓手,通过项目海绵城市建设全流程管控,在规划、设计、施工、验收、运行维护等环节落实海绵城市建设理念,全域推进海绵城市建设。

2021年4月,根据《广州市海绵城市建设领导小组办公室关于印发广州市海绵城市建设实施方案(2021—2025年)的通知》(穗海绵办〔2021〕7号)的要求,在"十四五"海绵城市建设期间,应打造示范典型。结合重点片区计划,编制重点片区海绵城市建设系统化方案,打造一批高质量的海绵城市建设示范区。

2021 年 6 月,广州市已成功申报全国首批"系统化全域推进海绵城市建设示范城市"。根据市政府批准的《广州市系统化全域推进海绵城市建设示范工作方案》《海绵城市建设示范城市绩效目标表》《2022 年广州市海绵城市建设任务书》等文件的要求,示范期内广州市海绵城市建设需具有整体性、系统性,在规划建设管理全过程中落实海绵城市建设理念,在流域区域、城市、社区、设施等各层面之间充分衔接,具有系统化的考虑和安排。示范城市建设期内,新建项目全面落实海绵城市建设理念,城市更新、防洪排涝设施建设、地下空间建设、老旧小区改造等工作与海绵城市建设充分结合,防洪与排涝统筹、地上与地下统筹、蓝绿融合、绿灰结合、排涝和治污统筹,系统化全域推进海绵城市建设。

3.2　编制的必要性与目的

3.2.1　编制必要性

海绵城市建设要综合统筹"源头减排、过程控制、系统治理"等措施之间的关系,协调好水生态、水安全、水环境、水资源系统间的关系,要从解决问题的角度出发,明确工程措施和效果之间的关系,要从目标导向出发,明确自然本底保护和规划管控的要求,这就需要在规划设计中突出系统性、综合性。

目前规划设计体系是按照传统工程建设的思路进行的,按照不同专业分别编制专项规划,彼此之间缺乏联系和统筹,同时规划过于偏重宏观,缺乏定量的工程指导,落地实施性较差;设计更是按照专业进行切分、细化,各自着眼本专业,彼此之间没有很好的统筹协调;同时设计过于偏重微观,缺乏系统性,只关注具体项目,而不关注整体效果的达成。这些会导致如下方面的问题。首先,只关注本专业,而不是关注整体实施效果,不会关注整体能否满足内涝防治的要求。其次,具体项目建设只关注项目本身,而不是从流域角度进行思考,合理统筹各系统、各项目之间的关系。再次,针对具体项目的设计简单套用规范要求,不从解决问题的角度思考,合理确定不同项目的建设要求,对最终是否能够系统整体达标缺乏分析。最后,专业之间不协调,导致项目"要么有功能没景观,要么有景观没功能",使得项目落地性和老百姓认可程度均不高。

广州市海绵城市建设中,片区海绵城市建设系统化方案编制存在以下难题。

（1）达标情况难以验证

目前,海绵城市建设建成区达标面积的数据统计来源于各区海绵办每月上报的数据。通过下沉到各区开展海绵城市建设自评估培训,并要求每月上报建成区达标面积和达标排水分区图则来推进海绵城市建设工作,但是缺少上位的统筹,缺少相关依据,造成达标认定缺少抓手。每月报送的建成区达标面积难以验证。

（2）难以形成连片达标片区

大部分在建、拟建项目分布零散,未能系统性分析并统筹片区海绵城市建设。由于建设范围红线限制,建筑小区、公园绿地、道路工程、水务工程等各类型项目难以突破项目红线壁垒,项目间难以相互连通,形成连片达标片区。

（3）考核目标缺乏抓手

广州市已成功申报国家海绵城市示范城市,至 2023 年示范期末需实现海绵城市建成区达标面积 40% 以上,至 2025 年需实现海绵城市建成区达标面积 45% 以上。但目前广州市缺乏相关系统化方案作为抓手,仅依靠各区现有上报的在建海绵项目,没有评判依据确保示范期间广州市完成海绵城市建设任务。

因此,编制海绵城市建设片区系统化方案时,有必要转变思维模式,转为系统性思维,从以单个项目为核心到以整体效果为核心,由工程导向转变为需求导向,系统化推进海绵城市建设。

3.2.2　编制目的

（1）完善顶层设计,保障建设效果

海绵城市建设系统化方案是统筹广州市系统化全域推进海绵城市建设工作重要的一环。通过指导各区开展海绵城市建设系统化方案编制,落实重点片区各项目建设计划和指标要求,既是对现有顶层设计的完善,又是搭建海绵城市规划和项目设计之间沟通的桥梁,使各项目之间、各项目与系统之间建立联动效应,评估掌握各工程对系统的影响,以达到规划预期的海绵城市建设效果,以便能更好地发挥海绵城市建设的作用。

（2）指导完成示范城市考核目标

为系统梳理广州市现状海绵城市建设达标情况,评估广州市现状与"十四五"期间建设任务的差距,达到国家海绵城市示范城市建设考核要求,实现《广州市海绵城市建设实施方案（2021—2025 年）》的建设目标,需通过系统化方案落实各区海绵城市达标区面积及具体项目建设计划。

（3）精细化统筹解决水问题

片区系统化方案应严格按照四大原则制定。一是以统筹建设、系统治理为原则,立足流域或排水分区,加强工程项目之间的衔接,统筹优化工程方案,突出建设的连片效应,避免碎片化,系统构建源头减排、过程控制、系统治理的全过程工程体系,并对规划管控制定有效的保障体系。二是以因地制宜、科学决策为原则,考虑编制区域的自然和本底条件,兼顾海绵城市建设和城市发展,结合城市水问题和发展需求,对新、老城区分别施策。老城区应以问题为导向,科学结合城市更新各项工程,系统解决城市现状涉水问题。新城区宜以目标为导向,多角度、多维度管控地块开发,强化各项指标落实。三是以可行性、落地实施性为原则,考虑实际条件,制定可行性强、可实施性强、落地性强的工程体系。四是以生态优先、灰绿结合为原则,优先利用自然水体、土壤和低洼地等进行雨水调蓄,正确处理河湖水系自然生态功能同建设项目的关系,充分发挥山、水、林、田、湖、草对雨水的滞蓄作用。

（4）定位精准,系统化推进海绵城市建设

我国海绵城市建设经历了 2015 年和 2016 年两批国家海绵城市建设试点,已形成了一定的建设经验,试点城市已有很多现有的海绵城市相关的规划和方案,但可落地性仍有不足。广州市作为 2021 年系统化全域推进海绵城市建设示范城市,目前虽已有广州市海绵城市专项规划和各区的海绵城市专项规划,但可实施性仍然不足,因此,要吸取试点城市建设经验,结合广州市的城市特色,开展海绵城市建设片区系统化方案的编制,为广州市海绵城市建设提供扎实的基础。片区系统化方案作为专项规划与项目海绵方案的桥梁,贴合现状实际和地块指标,在继承专项规划指标目标的前提下,细化、优化各分区管控指标,统筹片区各项建设工程,将片区达标计划精确到年度,达标地块精确到具体项目,确定指标完成路径,确定年度完成任务,确定地块类具体建设项目的具体指标。

3.3 编制的原则与依据

3.3.1 编制原则

（1）生态优先,保护本底

方案应树立尊重自然、顺应自然、保护自然的理念,充分发挥山、水、林、田、

湖等原始地形地貌对降雨的自然积存、自然渗透、自然净化作用,恢复和保护城市原有自然生态本底和水文特征,最大限度减少城市开发建设对生态环境的影响。

(2)因地制宜,量体裁衣

充分结合岭南地区气象、水文、地质等特点,确定符合自身需要的海绵城市建设目标,创新建设和管理模式,合理选择低影响开发模式及相关技术,科学确定生态基础设施的功能布局,提高对建设实施的指导作用。

(3)多规融合,加强衔接

按照海绵城市建设理念和要求,与各相关规划做好协调衔接。充分协调城市道路系统规划、城市绿地系统规划、城市水系统规划等专项规划的相关控制要求。

(4)灰绿结合,分类实施

按照不同区域建设难易程度,合理统筹自然途径与人工设施构建,有序推进全区范围内海绵城市建设进程。城市新区、各类园区、成片开发区要全面落实海绵城市建设要求。老城区要结合城市更新改造(达标单元建设,小区微改造,城中村改造),重点解决城市内涝、雨水收集利用、水环境治理,改善区域整体的水生态环境。

3.3.2　编制依据

1. 相关法律、法规及规章

①《国务院办公厅关于推进海绵城市建设的指导意见》(国办发〔2015〕75号)。

②《海绵城市建设技术指南——低影响开发雨水系统构建(试行)》(建城函〔2014〕275号)。

③《海绵城市建设绩效评价与考核办法(试行)》(建办城函〔2015〕635号)。

④《海绵城市专项规划编制暂行规定》(建规〔2016〕50号)。

⑤《广东省人民政府办公厅关于推进海绵城市建设的实施意见》(粤府办〔2016〕53号)。

⑥《广东省人民政府关于加快推进城市基础设施建设的实施意见》(粤府〔2015〕56号)。

⑦《广东省住房和城乡建设厅广东省海绵城市建设实施和考核细则》。

⑧《广东省海绵城市建设管理与评价细则》(粤建城〔2017〕103号)。

⑨《广州市海绵城市规划建设管理暂行办法》(穗建规字〔2017〕6 号)。

⑩《广州市老旧小区微改造设计导则》(穗建环境函〔2019〕1492 号)。

⑪《广州市水务局、广州市住房和城乡建设委员会、广州市国土资源和规划委员会、广州市林业和园林局关于印发广州市海绵城市建设指标体系(试行)的通知》(穗水〔2017〕16 号)。

2. 相关标准规范

①《城市给水工程规划规范》(GB 50282—2016)。

②《城市排水工程规划规范》(GB 50318—2017)。

③《室外给水设计标准》(GB 50013—2018)。

④《室外排水设计标准》(GB 50014—2021)。

⑤《堤防工程设计规范》(GB 50286—2013)。

⑥《地表水环境质量标准》(GB 3838—2002)。

⑦《生活饮用水水源水质标准》(CJ/T 3020—1993)。

⑧《生活饮用水卫生标准》(GB 5749—2022)。

⑨《污水综合排放标准》(GB 8978—1996)。

⑩《城镇污水处理厂污染物排放标准》(GB 18918—2002)。

⑪《污水排入城镇下水道水质标准》(GB/T 31962—2015)。

⑫《防洪标准》(GB 50201—2014)。

⑬《海绵城市建设评价标准》(GB/T 51345—2018)。

⑭《海绵城市建设技术指南——低影响开发雨水系统构建(试行)》(建城函〔2014〕275 号)。

⑮《广州市海绵型道路建设技术指引(试行)》(穗交运函〔2019〕2363 号)。

⑯《广州市海绵城市工程施工与质量验收标准(道路工程)(试行)》(穗交运函〔2019〕2363 号)。

⑰《广州市水务工程项目海绵城市建设技术指引》。

⑱《广州海绵城市建设工程施工与质量验收指引(园林绿化)》。

⑲《广州市房屋建筑工程海绵设施建设指引(试行)》。

⑳《广州市海绵城市绿地建设指引修编》。

㉑《广州市建设项目雨水径流控制办法》(2014 年 9 月 12 日广州市人民政府令第 107 号公布,根据 2015 年 9 月 30 日广州市人民政府令第 132 号第一次修订,根据 2019 年 11 月 14 日广州市人民政府令第 168 号第二次修订)。

㉒《广州市建设项目海绵城市建设管控指标分类指引(试行)》。

㉓《广州市城市开发建设项目海绵城市建设——洪涝安全评估技术指引(试行)》。

㉔《广州市建设工程项目海绵城市建设效果评估》(穗水河湖〔2021〕9 号)。

3. 相关规划

①《广州市城市环境总体规划(2014—2030 年)》。

②《广州市国土空间总体规划(2018—2035 年)》。

③《广州市流域综合规划(2010—2030 年)》。

④《广州市中心城区排水系统控制性详细规划(2015—2030)》。

⑤《广州市水生态环境保护"十四五"规划(2021—2025 年)》(征求意见稿)。

⑥《广州市河涌水系规划(2017—2035)》。

⑦《广州市海绵城市专项规划(2016—2030 年)》。

⑧《广州市雨水系统总体规划(2018—2035 年)》(在编)。

⑨《广州市防洪(潮)排涝规划(2021—2035 年)》(在编)。

⑩《广州市雨水系统总体规划(2018—2035 年)》(在编)。

⑪《广州市污水系统总体规划(2018—2035 年)》(在编)。

⑫《广州市城市绿地系统海绵城市专项规划(2016—2030)》。

⑬《广州市碧道建设总体规划(2019—2035 年)》。

⑭《广州市生态廊道总体规划与生态廊道建设指引》。

⑮《广州市中心城区利用再生水生态补水工程规划(2019—2035 年)》。

⑯《广州市荔湾区防洪排涝排水规划》。

⑰《荔湾区碧道建设专项规划》。

⑱《广州市荔湾河区海绵城市专项规划》。

⑲《立白综合科技园地块(控规修正)》。

⑳《广州市海珠区共和围排涝工程规划》。

㉑《广州市海珠生态城功能片区土地利用总体规划(2013—2020 年)》。

㉒《广州市海珠区海绵城市专项规划及实施方案(2019—2030 年)》。

㉓《琶洲地区发展规划(2019—2035 年)》。

㉔《海珠区城市生态控制线图则编制项目》。

㉕《海珠区河涌水系整治规划研究及控制性详细规划修改项目》。

㉖《海珠区综合交通规划及近期实施建议方案》。

㉗《海珠区河涌水系规划深化实施方案》。

㉘《广州市海珠区琶洲互联网核心区海绵城市建设系统化实施方案》。

㉙《广州市天河区生态廊道建设方案(2016—2020 年)》。

㉚《广东省广州市天河区林业生态红线划定工作成果报告》。

㉛《天河区深涌流域空间规划》;天河区面向《天河区深涌流域空间规划》编制的区发展大纲。

㉜《广州市天河区海绵城市专项规划》。

㉝《黄埔区海绵城市专项规划》。

㉞《广州市黄埔区发展战略大纲(2018—2035)》。

㉟《黄埔区给排水系统专项规划(2019—2035)》。

㊱《黄埔区水系规划(2019—2035)》。

㊲《黄埔区城市更新专项总体规划》。

㊳《黄埔防洪(潮)及内涝防治规划(2021—2035 年)》(征求意见稿)。

㊴其他相关的法律法规、标准、规范、政府文件、规划成果等。

3.4　编制的思路

3.4.1　技术路线

按照国家、省、市关于海绵城市建设的要求,梳理城市生态本底情况,识别片区存在问题,提出海绵城市建设目标,制定编制片区系统化实施方案。从编制区整体角度出发,统筹城市河湖水系大海绵、雨水管渠中海绵和地块小海绵的布局与引导,落实自然生态空间格局的保护,蓝线、绿线的划定,生态保护红线的划定及城市公共海绵空间的布局和地块源头海绵城市建设的要求。提出对相关规划的反馈内容、近期建设区域及重点项目建设计划及保障海绵城市建设的实施建议和措施。

海绵城市系统化方案编制的技术路线如图 3.1 所示。

首先,结合编制片区降雨径流、下垫面条件、自然水系等生态基底与社会经济分析,明确水安全、水环境、水资源、水生态等方面的海绵城市建设需求。在国家政策宏观要求和总体发展定位的基础上,提出片区海绵城市建设总体的目标。

其次,在总体目标的指引下,通过借鉴已有的海绵城市建设成功经验,根据

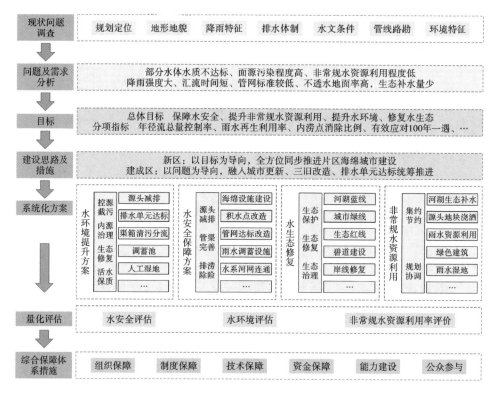

图 3.1 技术路线

编制片区的具体建设条件,提出片区系统化实施方案,并借助模型工具,辅助系统化方案的制定,提高实施方案的科学性和可视性。

再次,在片区系统化方案的指导下,以雨水径流控制为抓手,明确需保护的自然空间格局、城市公共海绵空间(河湖水系大海绵)及恢复原有管渠雨水通道(片区中海绵)。提出建设分区管控(地块小海绵)要求,参考排水分区及控规单元的界线,划分建设分区,提出规划管控和建设路径。

然后,与相关规划相衔接。将本系统化方案中海绵城市建设内容反馈至城市总体规划、控制性详细规划,以及综合交通、绿地系统、给水、排水防涝、防洪等相关规划中。

最后,明确近期建设重点。按照编制片区的海绵城市建设要求,结合建设规划、实施方案及年度城建计划,明确近期海绵城市建设重点区域,提出分期建设要求,以项目为载体,落实海绵城市建设的目标和管控措施,同时提出规划保障措施和实施建议。

3.4.2 建设策略

(1)源头管控,实现源头减排

城市区域内,旱季污水系统截流城市区域生活污水,雨季混接与合流系统中的雨污混合水直接排入河道,造成严重污染。

经过国内海绵城市试点,以及吸取国外同类型城市经验,老旧城区的合流制改造难度极高,近期实施合流制溢流的控制措施势在必行。经过长年的建设、改造工作跟踪,实施低影响开发能够进行源头拆分,尽可能避免源头地块雨水径流流入合流系统,降低污水浓度,减小雨水总量和部分小重现期峰值,通过源头海绵设施的建设,实现"小雨不积水、大雨不内涝"的建设目标。

结合达标单元创建工程、微改造工程、片区开发等区域改造和重建、应急防涝改造,以及老城区道路改造,可同步实施低影响开发建设与改造,削减源头径流进入排水管网。

(2)管渠调蓄,打通海绵通道

开展"洗井""洗管",加强灰色设施管理维护。"洗管"即对排水管网的属性及运行情况进行调查,判别是否存在结构性和功能性缺陷、运行水位高等问题,并对存在的问题进行整改,恢复其正常排水功能。"洗井"即对排水检查井的属性、接驳状况和淤积情况进行调查,找出存在的错乱接、淤积及排水不畅等问题,采取措施修复,恢复其正常功能,使排水系统健康、安全运转。

实施"清污分离",着力整治合流箱涵。对合流箱涵的运行现状、排放口情况进行摸查,按照"河涌排放口—排水管渠—排水户"的逆向顺序,溯源至排水户,摸清污水来源;对合流箱涵污水直排口进行截污整治;对积存多年的暗渠进行疏浚;拆除合流箱涵出口截污堰/闸,杜绝山泉水进入、河湖水倒灌,实现"上游清水河中淌,两岸污水管中流",达到源头污水减量、河道减污的目标。

结合末端河湖水系、合流渠箱空间大的特点,对既有箱涵进行彻底摸排后,实施一部分改造工作,可减少调蓄设施建设体量,充分利用既有的地下资源,打通海绵通道,提升雨水管、渠等灰色设施对雨水的调蓄能力,同步实现面源污染的削减。

(3)绿色调蓄设施,改善水环境

密集城区雨洪系统综合管理改造过程中能够与系统衔接的开放空间,如果能够汇集周边雨水、对合流制存在问题进行集中解决,往往能够发挥重要的综合效果,且性价比高,展示度强。通过建设片区碧道,充分利用沿河绿色空间,结合地面绿色改造汇集周边雨水,容易实施且减少征地拆迁困难。在有条件的地区,构建植被缓冲带、人工湿地、生态湿地等,进一步改善河涌水质。通过雨水管网、净化绿地、净化湿地、植被截污带等设施的相互配合,建立完善的雨水管理模式,逐级削减径流产生的面源污染。

如图 3.2 所示的滨河空间改造示意图,可以有效降低河涌水位(降低后水深在 0.3~0.5 m),避免河水倒灌排水口,为雨水腾出调蓄空间,同时让阳光能透进河床,有利于沉水植物生长,促进河体生态恢复。

图 3.2　滨河空间改造示意图

(4)洪涝应急,保障水安全

根据室外排水规范相关要求,城市雨水管渠系统排水能力应达到 3~5 年一遇,编制流域 100 年一遇暴雨条件下不发生内涝事件。

采用临时性泵站、应急管理等方式,能够以最快速度了解受灾程度,提前制定预案,腾空调蓄容积和排放途径,迅速降低灾害风险。

同时根据现状有低洼绿地、水体的地块,可根据实际情况分散构建小型海绵设施,缓解排水系统压力。充分利用现状河道周边绿地、低洼地、坑塘、湿地等,识别河道两侧淹没区,改造为下沉式绿地、滞蓄湿地等,将绿地及湿地连接成片,形成连续的滞蓄网络,充分利用河道周边绿地及湿地中的调蓄容积,将其作为海绵体,就地分散滞蓄雨洪,减轻河道行洪压力与管网泵站的排水压力。

（5）分质补水、局部改造，提升水生态

考虑通过污水厂尾水补水、回补河水以及日常冲洗等方法，增加河道活水水源，短期内提升水质。长期结合开放空间湿地以及砂滤等设施处理尾水，进一步提升后回补河道。

河道周边绿地空间较为单调，亲水性不足，未能在满足行洪能力的基础上，发挥城市水道提升城市生态价值的功能。城市公园设施相对比较老旧，建设氛围与周边居民的空间活动结合仍需更加紧密。

结合原有水塘、低洼地、碧道建设、公园更新改造，形成具有适应现代市民活动要求的综合公园，体现项目蓝绿结合形成的生态效益。①灰绿设施结合策略：将城市绿地系统纳入城市基础设施体系中，高效利用城市资源，保障城市水安全，同时提升环境品质。②驳岸提升策略：构建多功能多样的滨河空间，导入城市对滨水空间的需求，从而激活空间。③生态策略：发挥城市生态廊道功能，将自然带入城市，同时恢复区域河流自净能力。④活力复兴策略：以水兴起的老城区新生活方式将引导区域人口的流动。城市景观及水系统综合提升策略见图 3.3。

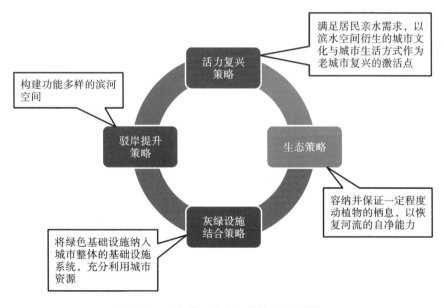

图 3.3　城市景观及水系统综合提升策略

3.4.3　分级管控

排水分区划定是开展海绵城市系统化方案编制的重要工作内容，是开展源

41

头雨水径流控制、制定工程建设方案、明确竖向管控要求、开展海绵城市监测和评估的基础工作。对现状建成区和规划新建区域，排水分区划分有所不同，这里提出了排水分区划分时应遵守的一些基本原则，以更好地支撑海绵城市系统化方案的编制。有上位海绵城市建设专项规划的，应尽量与规划中的排水分区保持一致。

海绵城市系统化方案编制的研究范围，重点集中在城市建设区域，排水分区边界往往不能与河流水系等天然流域分区完全保持一致，应综合现状和规划排水系统的服务范围进行确定，并兼顾海绵城市建设管理需求，与城市水系、城市道路和用地布局结合，因地制宜确定边界。例如，一些城市雨水径流排放往往受到铁路、高速公路、调水工程、地铁站、高架快速路等重大设施的切割，排水分区边界与自然汇水区域存在一定的差异。再如，部分平原城市雨水径流汇水不明显，从方便管理的角度，往往以道路作为边界，确定排水分区边界。

广州市排水分区主要划分为一级流域分区、二级排水分区、三级项目服务区3个层级，通过系统化方案编制上位海绵城市专项规划，划定排水分区，衔接雨水总体规划，收集统计片区内在建、拟建项目，以片区达标为依据，核算派发各项目海绵城市建设指标要求，形成片区建设项目海绵城市建设管控目标表，便于统筹推进项目建设。

第4章 广州海绵城市系统化方案编制准备

4.1 现状及本底条件分析

现状及本底条件分析作为片区系统化方案中基础工作的一部分,亦十分关键,如其中包含的区位条件分析,起到划定编制片区边界的作用。自然条件分析中的坡度分析与高程分析,为研究该编制片区行洪安全奠定基础。现状及本底条件分析是开展方案编制的基础性工作和先决条件,是对本片区的海绵城市建设相关情况做详细调研与深入分析,对片区情况有充分及全面的了解,确保后续在制定实施方案时能充分考虑各项因素,因地制宜、因区施策地制定可行性强、可实施性强、落地性强的实施方案。

现状及本底条件分析包括但不限于对区位条件、自然条件、社会经济概况、用地情况、建设情况、水生态现状、水环境现状、水安全现状和水资源现状的分析,各子项的分析是否充分既是重点也是难点。现状及本底条件分析的基本内容列举如下。

(1)区位条件分析

区位条件分析基本内容包括分析编制范围的位置、四至、面积等基础信息,还包括分析其所在的流域位置与上下游的关系,与主要山体、水体的关系。有上位海绵城市专项规划的,还需分析编制范围在海绵城市专项规划管控分区中的位置。

(2)自然条件分析

自然条件分析包括分析降雨、蒸发、河流水系、地形地貌、土壤下渗、地下水位和多年平均径流深等内容。可具体分为三大类:气象条件分析、地质条件分析以及水文条件分析。

①气象条件分析。

气象条件分析应包括编制片区的气候分析、气温分析、风速风向分析、日照蒸发分析、降雨分析等。

气候分析主要是分析气候类型以及不同季节的气候基本特征。气温分析主

要是分析不同季节季均及年均气温,以及极端气温等。风速风向分析主要是分析不同季节季均及年均风速、主要风向及出现频率等。日照蒸发分析主要是分析不同季节季均及年均蒸发量,以及最大、最小年、月、日蒸发量等。降雨分析主要是分析降雨特征、丰平枯年份的降雨量、降雨日数、暴雨日数,以及历史暴雨情况;年径流总量控制率与雨量对应曲线和降雨频次与雨量对应曲线。

②地质条件分析。

地质条件分析应包括地形地貌分析、地质情况分析、土壤特征分析,若还有其他特殊的地质条件,亦需进行分析。

地形地貌分析主要是分析高程、坡度、坡向等。地质情况分析主要是分析地震断裂带情况、水文地质特别是地下水埋深情况。土壤特征分析主要是分析土壤类型、主要特点(对建设海绵城市的要求)以及土壤渗透性情况。

③水文条件分析。

水文条件分析应包括河道水系分析、主要水体分析。

河道水系分析主要是分析现状主要河道情况及特点,包括起终点、长度、流域面积、年均径流量、主要支流情况,特别是在本方案编制区域内的以上信息,是否属于黑臭水体等基本情况,以及配套主要水利设施情况等。主要水体分析主要是分析现状水库等水体的基本情况,包括面积、库容、功能、水质等。

(3)社会经济概况分析

社会经济概况分析包括分析行政区划、人口规模、生产总值、产业结构及发展概况等内容。

(4)用地情况分析

用地情况分析分为现状用地情况分析和规划用地情况分析两大类。

①现状用地情况分析。

现状用地情况分析主要是利用遥感影像结合实际现场踏勘,明确用地类型,分析各类型用地占比;利用不同年代的遥感图或用地图,分析历史用地变化情况。

②规划用地情况分析。

规划用地情况分析主要是根据最新控制性详细规划,分析各类型用地占比。

(5)建设情况分析

建设情况分析主要体现为下垫面分析,依据遥感影像分析结合现场踏勘情况,利用 ArcGIS［GIS 全称是 Geographic Information System,即地理信息系统;ArcGIS 是美国环境系统研究所公司(全名为 Environmental Systems Research

Institute,Inc.,简称 ESRI)推出的一款软件,我国目前很多地理信息系统都在这一软件平台上进行开发。简单地讲,它就是一款用来管理各种地图数据的软件平台]空间分析模块对试点区的下垫面情况进行计算,得出各类型下垫面类型的面积及相应占比。

(6)水生态现状分析

水生态现状分析主要是分析地表水生态情况、地下水生态情况、径流排放现状。

①地表水生态情况分析包括河道断面及两侧用地情况分析、水体内动植物生态情况分析、河道生态补水情况分析。

②地下水生态情况分析主要是分析地下水埋深及分布,是否存在由于地下水埋深过深造成的海水入侵等情况。

③径流排放现状分析主要利用综合径流系数法和模型软件进行。

(7)水环境现状分析

水环境现状分析主要是分析水体水质情况、区域排水情况以及其他可能影响水环境的现状情况。

①水体水质情况分析主要包括片区内水体水质情况分析、上游来水水质水量分析。

片区内水体水质情况分析主要依据水质监测数据进行,并分析河道上游来水的水量和水质情况,以及上游来水对本区域造成的影响。

②区域排水情况分析主要包括污水产生量估算、排口情况分析、市政排水设施现状分析、小区排水体制分析、区域排水体制分析、工业企业排放情况分析。

污水产生量估算主要根据用水量情况,分析方案区域污水产生量及分布情况。排口情况分析主要通过图纸和现场踏勘情况,确定排口数量,明确所需监测的排口,再判断排口类型(直排、雨水、合流制溢流、混接等)。市政排水设施现状分析包括分析雨水收集和排放设施的运行情况(包括管网、泵站等)及污水收集和处理设施的运行情况(包括管网、污水处理设施、泵站等)。小区排水体制分析主要是通过测绘图纸梳理和现场踏勘,确定现状小区的排水体制。区域排水体制分析主要是根据排口情况、市政排水设施调研以及小区排水体制,分析排口对应的上游流域范围及体制。工业企业排放情况分析主要是根据区域内工业企业的用水情况以及排污情况,对比企业用水量与排污量,分析企业是否存在偷排情况。

③其他可能影响水环境的现状情况分析包括区域农业、养殖业情况分析,以

及河道淤积和河道内垃圾堆放情况分析。

区域内农业、养殖业情况分析主要是调查区域内是否产生农业面源污染,养殖业是否有污染物排放。河道淤积和河道内垃圾堆放情况分析主要是分析河道淤积位置、深度、主要释放污染物、现状村庄垃圾收集处置情况,特别是沿河村庄情况以及河道内垃圾主要堆放点和堆放量。

(8)水安全现状分析

水安全现状分析主要是分析历史积水情况、防涝设施情况、小区内涝情况等。

①历史积水情况分析。

历史积水情况分析主要通过资料收集梳理历史积水情况。

②防涝设施情况分析。

防涝设施情况分析包括分析河道、外海、防洪水闸、排涝泵站、管网、雨水箅子等的情况。

河道分析包括外河、内河现状分析,常水位、现状堤防情况、现状防洪标准、设计洪水位、历史洪水情况等的分析。外海分析包括现状外海堤防情况、不同重现期潮位、历史高潮位、致灾高潮位及对应的暴雨情况等的分析。防洪水闸、排涝泵站分析包括分析其现状是否达到防洪(潮)标准要求。管网分析包括调查管网设计标准、管道淤积情况、整体运行情况等。雨水箅子分析包括调查小区雨水箅子现状是否堵塞。

③小区内涝情况分析。

小区内涝情况分析主要是通过现场踏勘,梳理存在内涝问题的小区。

(9)水资源现状分析

水资源现状分析主要包括水资源平衡情况、非常规水资源利用设施建设及运行情况分析。

①水资源平衡情况分析。

水资源平衡情况分析主要分析方案编制区域所在的大区域现状水资源供需平衡情况,特别是生态用水量及比例。

②非常规水资源利用设施建设及运行情况分析。

非常规水资源利用设施建设及运行情况分析主要分析方案编制区域内及相关的再生水和雨水利用设施现状及运行情况(包括雨水资源和再生水资源利用率)。

4.2　汇、排水分区划分与模型构建

4.2.1　汇、排水分区划分

1. 汇水分区划分

（1）划分原则

海绵城市管控分区的划分原则主要如下：

①汇水分区以自然地形为基础，参考现状与规划雨水管网、河流水系，进行调整与细化；

②排水分区以社会属性为特征，沿排水口上溯，以管网排水边界为依据；

③建设片区以路网划分、区域建设情况为边界，根据区内地形高低、现状雨水管网、规划雨水管网等因素具体细分各分区。

（2）划分过程

按照住建部相关要求并结合《广州市海绵城市专项规划》《广州市中心城区排水系统控制性详细规划（2015—2030）》等上位规划及编制片区海绵城市建设的实际情况，在进行高程分析、坡度分析的基础上，结合雨水管渠现状、雨水管渠规划、道路竖向现状、道路竖向规划的相关成果，从汇水分区、排水分区两个层次进行分区划定，作为海绵城市管控分区，以便在后续规划建设管理时使用。海绵城市管控分区应充分保护城市原始地形地貌，不能因城市建设发展而随意改变。应根据汇水路径进行盆域分析来划分各汇水分区。

（3）划分结果

流域划分是通过 DEM 模型（Digital Elevation Model，数字高程模型，简称 DEM 模型）计算、处理得到的自然区域。流域水文分析需首先基于地形数据，获取研究区域的 DEM 模型，计算编制区域水流方向，获取地表汇流路径结果；然后通过对编制区域的地形水流方向进行分析，计算获取区域自然汇水单元；最后分析得到编制区域内海绵城市建设分区。

2. 排水分区划分

（1）划分原则

排水分区的划分沿排水口上溯、以管网排水边界为依据，同时考虑以路网划

分、区域建设情况为边界,根据区域内地形高低、现状雨水管网及规划雨水管网等因素具体细分各分区。根据上位海绵城市专项规划,结合市级管控单元的划分,对现状情况相近的管控单元进行合并,最终形成编制区的排水分区。

(2)划分过程

在汇水分区的基础上再次划分排水分区,作为基本的海绵城市建设和管理单元。根据片区海绵城市专项规划中海绵管控单元的划分,结合雨水管渠分布、市级管控单元边界进行局部调整,结合实际片区在建、拟建情况,进行编制区排水分区的具体划分。

4.2.2 模型构建

1. 模型简介及选择

海绵城市建设中需要的模型一般为水文计算的产汇流模型、水质模型、海绵设施模型、水力学计算模型等。在住建部提出的试点城市模型应用要求中,实际工作中可采用模型进行模拟,目前常用的模型和软件如下。

①在城市地表径流模拟方面,有美国国家环境保护局(U. S. Environmental Protection Agency,简称 EPA 或 USEPA)的 SWMM(Storm Water Management Model,雨水管理模型)(共享),美国陆军工程兵团工程水文中心(Hydrologic Engineering Center)开发的 HEC-系列(共享),澳大利亚的 XP-SWMM(商业),丹麦水力系统 MIKE 系列软件(商业),英国的 Infoworks ICM(Infoworks Integrated Catchment Management,城市综合流域排水模型)(商业),国内基于 SWMM 模型开发的 Digital Water、鸿业 SWMM 等模型。

②在城市河湖水体模拟方面,有美国 EPA 的 EFDC(Environmental Fluid Dynamics Code,环境流体动力学模型)(共享)、QUAL-2K(或简称 Q2K,河流综合水质模型,是 QUAL 模型系列中的一个)(共享)和 WASP(The Water Quality Analysis Simulation Program,水质分析模拟程序)(共享),丹麦水力系统 MIKE 系列软件(商业),英国的 Infoworks ICM(商业),以及荷兰的 Delft3D(商业)等模型,中国还有每个省市当地的水文、水力学、水质计算方法、经验公式、计算模型等。

城市内涝研究实质是为了弄清雨水从产生到径流再到积水淹没的整体过程,其重点在于城市雨洪模型的研究。城市雨洪模型主要分为水文模型及水动力学模型,水文模型主要是采用系统分析的方式,在汇水区的概化过程中,将汇水区水量的时空分布建立输入与输出的关系。水动力学模型是基于二维浅水方程及一维圣维南方程组,建立汇水区(即划分后的网格)与节点之间的水量交换方程。为研究地表和地下水量之间的影响、转化和反馈机制,将水动力学模型分为一维排水模型、二维水动力学模型及双层耦合排水模型。

(1)一维排水模型

在城市雨洪模拟中,一维排水模型是基于一维圣维南方程组对地下管网系统进行求解,从而得到地表一维的溢流数据,SWMM 即常用的一维排水模型。对于城市防洪而言,仅得到城市一维地表的管网溢流数据难以表达出现实情况下城市实际淹没深度和淹没范围。简单地说,单纯应用一种模型对城市雨洪问题进行分析计算,不能反映积水淹没点的积水范围和淹没时间,导致城市雨洪管理预警不够全面。

(2)二维水动力学模型

二维水动力学模型模拟精度高,常用于二维流动特性较明显的区域,如道路与道路之间的交汇处、广场与路面的交汇处等。常用的二维水动力学模型如 Mike21、Delft3D 等。水动力学模型对雨洪行进过程的分析及评估是其他水文模型无法比拟的,但水动力学模型对研究区的计算配置数据精度要求很高。二维模型的提出,实现了对地表积水的双向流动计算,在模拟精度和过程描述方面具有明显的优势,但其信息处理和求解时间有所增加,限制了其在城市雨洪管理中预警预报和应急评估方面的应用。

(3)双层耦合排水模型

传统的雨水系统规划设计,将雨水管达到满流状态作为最大设计雨水量,并没有考虑特大暴雨情景下漫流出地面的雨水,然而这部分雨水会进入非溢流状态下的雨水检查井,重新流入雨水排水系统。同时,处于满流状态下的雨水检查井也会向附近相对地势较低的地面输送雨水,从而在低洼处形成严重的洪涝灾害。双层耦合排水模型是基于"双排水"理念,在地下一维模型的基础上,扩展地上水流模拟功能,将地表空间简化为一系列洼陷区和汇水通路,通过一维元件简化模拟二维的地表流动。

城市排水管网模拟系统(Digital Water Simulation)是基于 SWMM 和 GIS 技术的可视化建模与动态模拟评估工具,支持一维管网与二维地表的动态耦合模拟计算,可完整反映排水管网整体运行负荷变化规律和城市内涝风险。鉴于其优越性,广州市海绵城市系统化方案编制区的雨洪模拟分析拟采用城市排水管网模拟系统。

根据编制区海绵城市建设的基础条件和应用需求,应遵循先易后难的原则,循序渐进地选择和构建有关的模型和软件,应用层次主要包括规划设计、状态评估与运行调度、水质模拟等。不同简化程度(最小管径)的管网模型应满足不同层面的应用需求。针对不同的数据基础和应用需求,建立不同简化程度、不同精度等级的管网模型。有条件的可一步到位建设一个高精度的模型,可同时满足规划设计、状态评估、运行调度和水质模拟等应用需求。

2. 径流总量控制率评估

(1)模型选择

EPA 开发的 SWMM 是一个动态降雨-径流模拟模型,主要用于城市某单一降水事件或长期的水量和水质模拟。其径流模块部分综合处理各子流域所发生的降水、径流和污染负荷。其汇流模块部分则通过管网、渠道、蓄水和处理设施、水泵、调节闸等进行水量传输。该模型可以跟踪模拟不同时间步长、任意时刻每个子流域所产生径流的水质和水量,以及每个管道和河道中水的流量、水深及水质等情况。

SWMM 最初开发于 1971 年,此后经历了几次重要升级。它一直在世界范围内广泛应用,用于城市地区雨水径流、合流管道、污水管道和其他排水系统的规划、分析和设计;非城市区域也有一些应用。当前版本 SWMM 5 完全重新改写了以前的版本。SWMM 在世界范围内广泛应用于城市地区的暴雨洪水、合流式下水道、排污管道以及其他排水系统的规划、分析和设计,是一个综合性的Fortran 程序,可以模拟城市降雨径流的完整过程,包括地表径流和排水管道水流、管路中的蓄水池、径流处理设施及受纳水体的污染物含量,依据雨量过程线和系统特性来模拟暴雨径流的水质过程。

本书根据编制区海绵城市专项规划,选择 EPA SWMM 建立有关海绵建设的数字化模型,帮助定量分析海绵城市详细规划方案中的有关海绵设施和指标。此处模型模拟的主要指标为年径流总量控制率大小。利用 EPA SWMM 软件,基于地块、道路、海绵设施和规划管网构建水文水力模型进行模拟,计算管控单元年径流总量控制率是否可以达到初步设定的值。根据计算结果,结合技术经济分析,依据总体最优化的原则调整地块和道路建设控制指标,直至达到采用最少的设施满足编制区规划目标的目的。

(2)基础数据输入

通过将现状地形地貌及管网信息细化为汇水分区,对各汇水分区的下垫面

进行解析,采用 SWMM 模型评估编制流域年径流总量控制率。模型技术路线
如图 4.1 所示。

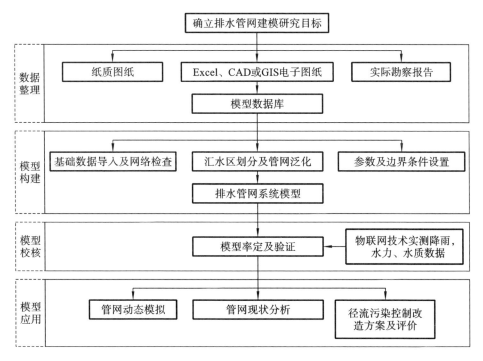

图 4.1 模型技术路线图

(3)主要参数选择

主要参数包括曼宁系数、洼地蓄水表面粗糙系数等,须逐个论证参数率定过
程及结果。相关模拟参数的取值参见表 4.1。

表 4.1 相关模拟参数的取值

参　　数	范　　围	初　始　值
不透水地面曼宁系数	0.006～0.5	0.012
透水地面曼宁系数	0.08～0.5	0.15
不透水地面洼地蓄水表面粗糙系数	0.2～5	2.5
透水地面洼地蓄水表面粗糙系数	2～10	5
K 值	25～75	25.4
初始值	0～10	5
衰减率/(％)	2～7	4

3. 管网系统能力评估

（1）模型选择

在年径流总量控制模型的基础上，加载编制片区的管网信息，评估片区的管网系统在不同降雨重现期下的运行状况。

（2）基础数据输入

主要数据：管道数据（雨水和合流管道）。

拓扑关系检查与修正：检查出现的拓扑错误以及对拓扑错误的修正。

（3）主要参数与边界条件选择

管网的主要参数取值如表 4.2 所示，本次模拟过程中设置自动出流处理。

表 4.2　管道相关系数取值

参　　数	范　　围	初　始　值
不透水地面曼宁系数	0.006～0.5	0.012
透水地面曼宁系数	0.08～0.5	0.15
管道曼宁系数	0.011～0.24	0.013
不透水地面洼地蓄水表面粗糙系数	0.2～5	2.5
透水地面洼地蓄水表面粗糙系数	2～10	5

（4）降雨设定

分别选取 1、3、5 年一遇 2 h 模拟。

4. 区域内涝风险评估

面对日益突出的洪涝灾害问题，如何准确地模拟洪水来为城市防洪减灾、城镇化建设提供技术支撑，是一直以来的研究课题。由丹麦水资源及水环境研究所（DHI，全称 Danish Hydraulic Institute）研发的 MIKE 系列软件是目前国际上广泛使用的商业洪水模拟软件，集降雨径流、地下水、河湖海洋、水体污染物及生物模拟功能于一体，在水文水资源、水环境保护、水利工程规划和设计等领域有广泛的应用。

本次研究利用 MIKE URBAN 对城市地下排水系统建模，模拟雨水在管道中的流动情况，以评估管道的排水能力。通过构建 MIKE21 二维城市地表模型对研究区地表淹没情况进行模拟。最后发挥 MIKE FLOOD 模块功能的优势，将一、二维模型连接起来，弥补单一模型运行的不足，更真实地反映水流的交换过程,多角度、多视图、动态进行城市内涝分析。

接下来,以海珠区琶洲岛片区为例,对城市地下排水系统建模。

(1)一维管网模型

采用 MIKE URBAN 进行管网模型构建。MIKE URBAN 是一套完整的城市水模拟系统,其基于 ArcGIS 软件开发,应用界面与 ArcGIS 类似,涵盖了排水管网系统 CS 和给水管网系统 WD。

该模型可基于 GIS 地理信息系统进行初步的管网方案数据化、地面特征模拟。运用 GIS 地理信息系统,利用城市排水管网数据提取管道的长度、管径、管道起点和终点的埋深,检查井的地面高程、管道的起始点和终止点编号等属性信息。对于汇水区的土地利用情况,通过将汇水区图层与土地利用现状图进行 GIS 相交运算得到,以便计算汇水区的不透水区比例。利用 GIS 中的栅格数据统计分析功能,对城市 DEM 数据进行分析统计,计算各个汇水区中地面坡度的平均值(汇水区的平均坡度将影响模型模拟过程中汇水区地面漫流的水力学特征)。

以海珠区琶洲岛片区为例,海珠区琶洲岛片区管网模型范围为流域内的主干管道及渠箱,模拟管道总长度为 91675.5 m,管径范围为 0.2~2.0 m,模拟箱涵总长度为 4460.7 m,箱涵宽为 0.3~4.5 m,管网模型示意图见图 4.2。

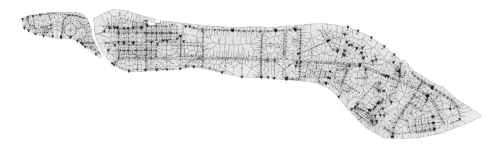

图 4.2　管网模型示意图

(2)一维河道模型

采用 MIKE11 进行一维模型构建,模型范围包括赤岗涌、黄埔涌、园艺场涌、磨碟沙涌、琶洲涌、石磻桥涌、东围大涌、黄基涌、黄埔北涌、黄基支涌、南城河涌、新洲涌、黄埔南涌、黄埔村涌。一维模型河道总长 9396.4 m,总断面数为 488 个,断面间距为 20~50 m,模型示意图见图 4.3。

(3)二维地表模型

基于 MIKE21 以海珠区琶洲岛片区流域分界线为边界构建地表径流二维

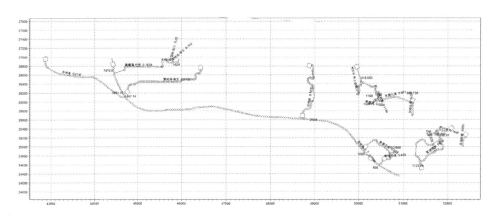

图 4.3　一维模型平面示意图(单位:m)

模型,二维模型模拟面积约为 10.9 km²,网格单元尺寸为 3~10 m,其中道路网格尺度为 4 m(单车道宽度),总网格数约为 26 万个。

(4)多维耦合模型

为模拟河道水位对管网的顶托影响、管网超载后地面淹没情况及河湖水位漫堤后两岸淹没情况,本次通过 MIKE FLOOD 将以上一维管网模型、一维河道模型及地表二维模型耦合起来进行联合计算,以精确模拟内涝情景。根据演算结果,可得到河湖水位、管网水流、地表淹没等动态结果,基于以上结果,可针对整个排水系统进行全方位的排水能力分析及内涝成因分析,并可对工程方案进行复核验算,提高工程方案的可靠性和有效性。耦合模型示意图见图 4.4。

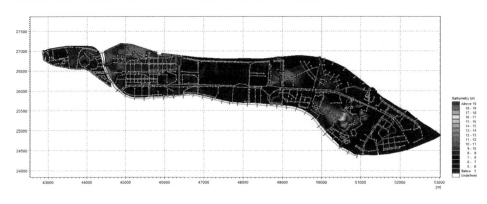

图 4.4　多维耦合模型平面示意图(单位:m)

(5)内涝风险等级划分

根据《城镇内涝防治技术规范》(GB 51222—2017)(见表 4.3),广州作为超大城市,内涝防治设计重现期应取 100 年一遇。其中,发生城市内涝的判别标准为居民住宅或工商业建筑物的底层发生进水事故,或城市道路路段积水深度超过 15 cm。

表 4.3　内涝防治设计重现期

城镇类型	重现期/年	地面积水设计标准
超大城市	100	1. 居民住宅和工商业建筑物的底层不进水;
特大城市	50~100	
大城市	30~50	2. 道路中一条车道的积水深度不超过 15 cm
中等城市和小城市	20~30	

根据《城市防洪应急预案编制导则》(SL 754—2017)附录 C,城市内涝风险根据淹没水深划分为低、中、高三个等级(见表 4.4)。

表 4.4　内涝积水对人的影响危险性指标及等级划分

内涝风险等级	内涝积水对人的影响	指标
低	对部分人(老人、孩子等)的行动有威胁	$0.3 \leq h < 0.5$
中	对大部分人的行动有威胁	$0.5 \leq h < 1.0$
高	对所有人的行动均有威胁	$h \geq 1.0$

注:h 指水深,单位为 m。

根据《广州市城镇内涝等级划分标准(2020 年版)(试行)》,广州市城镇内涝等级划分的原则:积水深度为第一影响因子,第二影响因子为积水时间,再考虑积水范围。相应内涝等级划分标准见表 4.5。

表 4.5　广州市城镇内涝等级划分标准

典型区域	等级	轻度内涝	中度内涝	重度内涝
城镇主次干道	积水深度/cm	15~30	30~50	>50
	积水时间/h	>1	>1	>2
下凹桥区	积水深度/cm	27~35	35~45	>45
	积水时间/h	>0.5	>0.5	>1
居住区、工商业区 (含街坊)	积水深度/cm	10~25	25~40	>40
	积水范围/hm²	<1	1~100	>100

本次基于管网-地表二维耦合内涝模型计算结果,根据以上内涝发生判别标准及内涝风险等级划分标准,对海珠区琶洲岛片区流域在 100 年一遇暴雨工况下产生的内涝问题进行研究分析。由于海珠区琶洲岛片区流域面积较大,管网

数量庞大且复杂,本次模型概化中管网模型主要包含主干管道部分。由于主干管道无法起到有效收水的作用,故模型无法精确计算内涝积水的退水时间。考虑到模型计算结果按统一标准进行统计等因素,本次模型计算结果依据《城市防洪应急预案编制导则》(SL 754—2017)中按淹没水深进行内涝风险等级划分的方法进行统计分析。

5. 城市污染排放情况评估

(1)模型选择

基于年径流总量控制率模型和管网系统能力评估模型,搭建海绵设施,在不同的组合下采用SWMM模型模拟城市污染排放情况。

(2)主要参数与边界条件选择

相关模拟参数的取值如表4.1所示。饱和函数地表污染物累计模型参数如表4.6所示。指数函数冲刷模型参数如表4.7所示。透水铺装面层及垫层、复杂生物滞留设施面层及介质土换填层在SWMM软件模型模拟的操作界面情况,如图4.5、图4.6所示。

表4.6　饱和函数地表污染物累计模型参数

土地类型	模型参数	总悬浮固体 (TSS)	有机污染物 (COD)	总氮 (TN)	总磷 (TP)
道路与 铺装	最大累计量/ (kg/hm²)	270	200	6	0.2
	半饱和累计 时间/d	10	10	10	10
屋面	最大累计量/ (kg/hm²)	170	100	4	0.2
	半饱和累计 时间/d	10	10	10	10
绿地	最大累计量/ (kg/hm²)	60	40	10	0.6
	半饱和累计 时间/d	10	10	10	10

表 4.7　指数函数冲刷模型参数

土地类型	模型参数	TSS	COD	TN	TP
交通道路	冲刷系数	0.1	0.1	0.1	0.1
	冲刷指数	1.3	1.3	1.3	1.3
	清扫去除/(%)	70	70	70	70
屋面	冲刷系数	0.1	0.1	0.1	0.1
	冲刷指数	1.3	1.3	1.3	1.3
	清扫去除/(%)	0	0	0	0
绿地	冲刷系数	0.05	0.05	0.05	0.05
	冲刷指数	1.2	1.2	1.2	1.2
	清扫去除/(%)	0	0	0	0

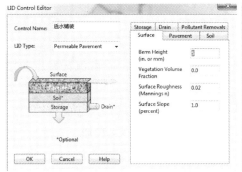

图 4.5　透水铺装面层及垫层在 SWMM 软件模型模拟的操作界面

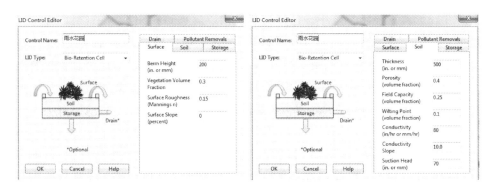

图 4.6　复杂生物滞留设施面层及介质土换填层在 SWMM 软件模型模拟的操作界面

4.3　现状问题分析

本节以《海珠区琶洲岛片区海绵城市系统化方案》为例来说明如何对海绵城市系统化方案编制区的水生态、水环境、水安全、水资源的现状问题进行分析。

4.3.1　水生态问题

1.生态空间保护问题

琶洲岛片区的河涌生态脆弱。由于城市建设、围垦、淤积等原因,河道、河涌断面变窄,部分河涌被覆盖、改道甚至被切断、被填埋,河涌生态和景观功能丧失,水生态系统脆弱。如黄埔南涌河道断面变窄、改道、被覆盖。

2.生态岸线问题

根据现场踏勘资料,滨水区开发强度大,且生态用地少,因需保证城市防洪行洪安全、衡量用地情况等条件,琶洲岛片区现状驳岸主要采用生态驳岸,部分采用生态驳岸＋硬质驳岸的形式,为排水安全,现状黄基涌仍为"三面光"河道。黄基涌、东围大涌旁侧局部河段在临水控制线范围内存在停车场所。

3.径流控制情况

随着城市的开发建设,现状农林用地变为建设用地,不透水地面比例的增加使得年径流总量控制率减小。琶洲岛片区内以屋面道路用地为主,整体绿地率较低,不利于雨水的滞蓄下渗,但 HZ1302 分区已增设调蓄措施,在 2021 年已达标,现状评估年径流总量控制率约为 70%。琶洲岛片区现状年径流总量控制率约为 64%。根据《广州市海珠区海绵城市专项规划及实施方案》,琶洲岛片区年径流总量控制率目标为 73%,对应的设计降雨量为 28.77 mm,目前仍有很大的提升空间。

根据排水分区划分,采用 2014 年典型年降雨对编制流域进行模拟,得到编制片区现状各排水分区年径流总量控制率,加权后琶洲岛片区年径流总量控制率约为 64%。年径流总量控制率模拟结果表如表 4.8 所示。

表 4.8 年径流总量控制率模拟结果表

排水分区	市级管控单元	分区面积/hm²	现状本底年径流总量控制率	管控分区现状年径流总量控制率
HZ1201 分区	AH0302-2	62.9	54%	57%
	AH0303	64.41	60%	
	AH0307-2	12.87	61%	
HZ1202 分区	AH0403	42.74	52%	69%
	AH0401	116.37	73%	
	AH0402	80.69	73%	
HZ1301 分区	AH0404	59.27	62%	52%
	AH0405	118.89	51%	
	AH0406	50.39	56%	
	AH0407	71.14	42%	
HZ1302 分区	AH0408-1	49.4	70%	70%
	AH0409-1	96.72	70%	
	AH0410	37.46	70%	
HZ1401 分区	AH0411-1	115.37	75%	66%
	AH0412	72.64	52%	
HZ1402 分区	AH0411-2	0.79	97%	69%
	AH0413-1	45.33	93%	
	AH0414-1	123.48	77%	
	AH0415	115.21	52%	
HZ1403 分区	AH0416-1	111.3	57%	64%
	AH0417-1	85.3	72%	
琶洲岛片区	/	1532.67	64%	64%

4.3.2 水环境问题

2019 年 9 月 3 日,广州市印发实施《广州市全面攻坚排水单元达标工作方案》。2019年9月6日,广州市印发《市总河长令》(第4号),部署"排水单元达标"攻坚行动,整合各部门力量,通过对全市排水单元实施达标创建,从源头真正实现雨污分流。同时以合流渠箱为重点,实施清污分流改造工作,还原雨水、山洪水通道,同时解决雨季溢流和排水不畅的问题。2020年,市第一总河长张硕辅书记、市总河长温国辉市长签发《市总河长令》(第9号),全面部署开展443条合流渠箱整治任务。目前,广州市治水工作取得了显著进展,点源污染得到了有效遏制,区域水环境质量显著提升。

1. 污染物入河量分析

(1)城市非建成区面源污染

琶洲岛片区范围内部分河涌沿岸存在农田和林地,河道隔离措施不到位,雨天田间使用的农药、化肥残留物经地表径流和水土流失进入河道,对水质产生较大影响。

采用排污系数法对农业面源污染进行量化,计算公式如下:

$$W_农 = W_{农p} \times \beta_1 \times \gamma_1 \tag{4.1}$$

式中:$W_农$为农田污染物入河量;$W_{农p}$为农田污染物排放量;β_1为农田入河系数(取值为0.1~0.3);γ_1为修正系数。

$$W_{农p} = M \times \alpha_1 \tag{4.2}$$

式中:M为耕地面积;α_1为农田排污系数;COD取10千克/亩·年,氨氮取2千克/亩·年,总磷取0.5千克/亩·年。

琶洲岛片区现状耕地面积约为52.51 hm²,根据《广州市农业面源污染概况及特征分析》,农田入河系数取0.2,修正系数取1.3,估算琶洲岛片区农田面源现状入河量为:COD 2.05 t/年,氨氮0.41 t/年,总磷0.10 t/年。

(2)城市建成区面源污染

由于城市建设开发活动,初期雨水中污染物浓度较高,降雨将产生大量面源污染,随着片区建设的持续建设,下垫面硬质化现象日益加剧,因降雨产生的污染所占比例逐年升高。

根据广东省生态环境与土壤研究所的相关研究成果,广州市建成区暴雨径流单位面积污染负荷为COD 89.92 t/(km²·a),TN 5.75 t/(km²·a),TP 0.56 t/(km²·a),近年来通过逐步实现城镇污水截污、加强主干道路和商业区等重点区域垃圾清扫与冲洗等措施,广州市城区环境得到了极大改善,相应的城市面源污染负荷也大幅降低,本次编制方案借鉴其他类似地区近几年研究成果,采用的 COD 暴雨径流单位面积污染负荷为 36.38 t/(km² · a),TN 暴雨径流单位面积污染负荷为 1.97 t/(km² · a),TP 暴雨径流单位面积污染负荷为 0.30 t/(km² · a)。根据暴雨径流单位面积污染负荷成果,计算雨水径流污染物入河量如表 4.9 所示。

表 4.9　面源污染测算表

排水分区名称	建成区面积/hm²	COD/(t/a)	TN/(t/a)	TP/(t/a)
HZ1201 分区	127.47	46.4	2.5	0.4
HZ1202 分区	247.46	90.0	4.9	0.7
HZ1301 分区	291.12	105.9	5.7	0.9
HZ1302 分区	166.54	60.6	3.3	0.5
HZ1401 分区	124.40	45.3	2.5	0.4
HZ1402 分区	130.29	47.4	2.6	0.4
HZ1403 分区	63.52	23.1	1.3	0.2

(3)内源污染

方案范围内主要内河涌共计 12 条,存在不同程度的底泥淤积情况,释放污染物进入水体,造成水体污染,根据"十一五"水专项《城市轻度污染景观河湖多元生态水质改善与功能提升关键技术研究与工程示范》中的研究成果以及城市轻度污染景观水体底泥污染释放规律,COD Mn(高锰酸盐指数)负荷释放率在 45.96~46.24 mg/(m² · d)、氨氮交换速率在 10~100 mg/(m² · d)、TP 负荷释放率在 36.78~36.96 mg/(m² · d)。

根据现场踏勘的情况,现状黄埔北涌、东围大涌等河涌河道内淤泥淤积较多,其余河涌现状淤泥淤积情况良好,结合现状情况后估算各汇水分区河道的内源污染负荷,如表 4.10 所示。

表 4.10　内源污染测算表

河涌名称	规划长度/m	面积/m²	COD/(t/a)	氨氮/(t/a)	总磷/(t/a)
黄埔涌	7780	736000	12.35	2.69	9.88
赤岗涌	2150	32250	0.54	0.12	0.43
磨碟沙涌	2240	44877.8	0.75	0.16	0.60
琶洲北涌	1160	29101.4	0.49	0.11	0.39

河涌名称	规划长度/m	面积/m²	COD/(t/a)	氨氮/(t/a)	总磷/(t/a)
琶洲南涌	560	8300	0.14	0.03	0.11
黄基涌	230	2800	0.05	0.01	0.04
黄基支涌 （含南城河）	1360	11200	0.19	0.04	0.15
黄埔北涌	320	5400	0.09	0.18	0.07
新洲涌	1650	24800	0.42	0.09	0.33
石磷桥涌	1300	19200	0.32	0.63	0.26
东围大涌	960	14600	0.25	0.48	0.20
黄埔南涌	1030	14700	0.25	0.48	0.20

2. 水环境容量

采用完全混合模型对编制区内地表水环境容量进行估算。水环境容量是在水资源利用水域内，在给定的水质目标、设计流量和水质条件的情况下，水体所能容纳污染物的最大数量。按照污染物降解机理，水环境容量 W 可划分为稀释容量和自净容量两部分，即：

$$W = W_{稀释} + W_{自净} \tag{4.3}$$

稀释容量是指在给定水域的来水污染物浓度低于出水水质目标时，依靠稀释作用达到水质目标所能承纳的污染物量。自净容量是指由于沉降、生化、吸附等物理、化学和生物作用，给定水域达到水质目标所能自净的污染物量。此次计算只针对末端受纳水体珠江。目前现状水质与目标水质相同，因此认为现状稀释容量为零，河流所具有的自净容量即为河流的环境容量。

自净容量的计算公式为：

$$W_{自净} = KVC_s \tag{4.4}$$

式中：K 为综合降解系数（d^{-1}），对于 COD 参考值取 0.12，对于氨氮取 0.10，对于总磷取 0.08；V 为水体体积（m^3）；C_s 为水环境质量目标（mg/L）。编制区河流的水质保护目标达到《地表水环境质量标准》（GB 3838—2002）Ⅳ类标准，即COD 为 30 mg/L、氨氮为 1.5 mg/L、总磷为 0.3 mg/L。各控制因子降解系数如表 4.11 所示。

表 4.11　各控制因子降解系数(20℃)(单位:d^{-1})

控制因子	降解系数
COD	0.12
氨氮	0.10
总磷	0.08

　　为方便琶洲岛片区各条河涌水环境容量的计算,需统计出各河涌的规模,具体河涌规模参考《广州市海珠区海绵城市专项规划及实施方案》确定。琶洲岛片区河道规模如表 4.12 所示。

表 4.12　琶洲岛片区河道规模一览表

序号	河道名称	河道长度/m	河道宽度/m	河涌面积/m²
1	黄埔涌	7780	75	736000
2	赤岗涌	2150	15	32250
3	磨碟沙涌	2240	20	44878
4	琶洲北涌	1160	25	29101
5	琶洲南涌	560	10	8300
6	黄基涌	230	8	2800
7	黄基支涌(含南城河)	1360	8	11200
8	黄埔北涌	320	15	5400
9	新洲涌	1650	14	24800
10	石磷桥涌	1300	16	19200
11	东围大涌	960	17	14600
12	黄埔南涌	1030	18	14700

　　经计算,确定编制区中各水系的水环境容量,具体如表 4.13 所示。

表 4.13　各汇水分区和河涌水环境容量统计表

河涌名称	水环境容量/(g/s)		
	氨氮	总磷	COD
黄埔涌	0.844	0.160	3.994
赤岗涌	0.037	0.007	0.175
磨碟沙涌	0.051	0.010	0.244

河涌名称	水环境容量/(g/s)		
	氨氮	总磷	COD
琶洲北涌	0.033	0.006	0.158
琶洲南涌	0.010	0.002	0.045
黄基涌	0.003	0.001	0.015
黄基支涌(含南城河)	0.013	0.002	0.061
黄埔北涌	0.006	0.001	0.029
新洲涌	0.028	0.005	0.135
石磷桥涌	0.022	0.004	0.104
东围大涌	0.017	0.003	0.079
黄埔南涌	0.017	0.003	0.080

3. 小结

综上,通过对编制区内各汇水分区内的河道污染源和环境容量进行分析,片区内河涌的污染负荷超过其水环境容量,其中各汇水分区内超标污染物主要为COD、氨氮及总磷。这主要是因为编制区内面源污染占比较大。造成河道水环境污染的最主要原因是污染负荷排放量大,而污染负荷主要来源于面源污染。

4.3.3　水安全问题

琶洲西区的园艺场涌为历史水系,后因片区建设暂时覆盖不作使用,规划在后期建设中恢复园艺场涌。目前园艺场涌尚未建设,区域雨水无法通过内涌快速汇集排出,导致片区排涝能力不足,给管网系统带来较大压力。

随着区块开发建设强度的提高,自然蓄排条件被削弱,下垫面不透水区域比例增加,导致汇流速度加快,径流峰值流量增加,客观增加了暴雨期间的防汛除涝压力。编制片区部分现状雨水管网建设标准为不大于1年设计暴雨重现期,另外还有部分片区为尚待开发,区域内无管网,该部分雨水管网须在排水系统中统筹考虑,有待完善。

由于片区正在施工,部分雨水管道被破坏,新建管网尚未完成,室外地形尚未平整,雨天易排水不畅,积水成涝,造成安全隐患。

洪水季节潮汐顶托使江河水位提高,增加洪患。枯水期有咸水倒灌。河道受潮汐影响,属感潮流态,潮型为不规则半日混合潮。

1. 雨水管网排水能力复核

从控制水浸的角度出发,需充分利用雨水管道承压流运行时所带来的超过设计流量的过流能力,本次控制性详细规划对现状雨水管道以 5 年重现期(雨水不溢出地面)标准进行评估。本次通过管网模型分别按照 1 年、2 年、3 年、5 年一遇的标准(非承压满管流)且按照雨水管道承压流运行时雨水不浸出地面为标准进行复核。本次复核的市政主干管渠总长为 91.68 km,1 年一遇达标管段长度为 53.98 km,达标率为 58.89%;2 年一遇达标管段长度为 52.06 km,达标率为 56.79%;3 年一遇达标管段长度为 48.14 km,达标率为 52.51%;5 年一遇达标管段长度为 45.95 km,达标率为 50.12%。各重现期的达标管网统计见表4.14。

表 4.14　海珠区琶洲岛片区雨水管渠排水能力复核统计表

重现期	达标管段长度/km	不达标管段长度/km	总管长/km	达标率/(%)
$P=1a$	53.98	37.70	91.68	58.89
$P=2a$	52.06	39.62	91.68	56.79
$P=3a$	48.14	43.54	91.68	52.51
$P=5a$	45.95	45.73	91.68	50.12

2. 内涝防治标准复核

现状条件下,海珠区琶洲岛片区 100 年一遇降雨内涝风险面积统计见表4.15。

表 4.15　现状 100 年一遇降雨条件下内涝风险面积统计表

| 范围 | 轻度内涝面积/hm² | 低风险面积/hm² | 中风险面积/hm² | 高风险面积/hm² |
	0.15 m≤h<0.3 m	0.3 m≤h<0.5 m	0.5 m≤h<1.0 m	h≥1.0 m
海珠区琶洲岛片区	102.64	53.06	44.52	4.00

由统计结果可知,现状海珠区琶洲岛片区在 100 年一遇降雨条件下,轻度内涝总面积为 102.64 hm²,低风险总面积为 53.06 hm²,中风险总面积为 34.52

hm²,高风险总面积为 4.00 hm²。较大面积的内涝风险区域分布说明海珠区琶洲岛片区现状条件下尚未能有效抵御 100 年一遇强降雨。内涝高风险区域主要分布在新港东路以南、华南快速干线以西部分及黄埔村部分,内涝中风险区域分布在广州环城高速以东、新化快速路以西部分的城中村、新港东路以北、广州环城高速以西的农田等低洼区域、会展中路、会展东路、展场南路等。其他区域以轻度内涝为主,呈散乱分布状态。

以上内涝风险区域主要分布在城区主次干道、农田低洼区域及部分居住区等。内涝形成的主要原因是城市化过后上游缺乏调蓄能力、地面产汇流速度过快、管道渠箱等雨水系统排水能力不足,以及局部区域地势高差大导致汇流时间短、洪峰流量大等。

4.3.4　水资源问题

再生水利用情况:编制区内无污水处理厂,故无再生水利用。

雨水资源利用情况如下。

①编制区对雨水资源化利用的作用方式和效果认识不足,导致对城市雨水资源利用投入不足,加上雨水形成、降落、处理、蓄存和取用过程中都有可能会受到面源污染,利用率较低。

②从整个海珠区降雨统计看,由于降雨的不稳定,导致了雨水无法作为生产用水,也无法作为大量的生活用水使用。琶洲岛地块的不透水面积正在逐步增加,降雨时容易产生大量径流,不易下渗,导致雨水直接外排进河,雨水并未得到有效利用。

③通过对比编制区现状用地性质与规划用地性质发现,编制区东南角部分地块(新洲等地)要重新规划,因此,需要规划落实中水回用的海绵设施实施方案。据了解,会展中心地块建设已存在中水回用系统。

1. 需求端

(1)雨水资源化利用

雨水是一种较为洁净的水资源,通过适当的净化、回用,可以替代部分优质水资源,在规划管控分区内科学合理地布局集蓄利用设施,将雨水用于道路浇洒、绿化等。

(2)再生水回用对象

根据国家标准《城镇污水再生利用工程设计规范》(GB 50335—2016),我国将城市污水再生利用对象分为五类：①农、林、牧、渔业用水；②城市杂用水；③工业用水；④环境用水；⑤补充水源水。具体见表 4.16。编制区污水再生水利用对象主要体现在城市杂用水、工业用水和补充水源水。

表 4.16　城市污水再生利用类别一览表

序号	分类	范围	示例
1	农、林、牧、渔业用水	农田灌溉	种籽与育种、粮食与饲料作物、经济作物
2		造林育苗	种籽、苗木、苗圃、观赏植物
3		畜牧养殖	畜牧、家畜、家禽
4		水产养殖	淡水养殖
5	城市杂用水	城市绿化	公共绿地、住宅小区绿化
6		冲厕	厕所便器冲洗
7		道路清扫	城市道路的冲洗及喷洒
8		车辆冲洗	各种车辆冲洗
9		建筑施工	施工场地清扫、浇洒、灰尘抑制、混凝土制备与养护、施工中的混凝土构件和建筑物冲洗
10		消防	消火栓、消防水枪
11	工业用水	冷却用水	直流式、循环式
12		洗涤用水	冲渣、冲灰、消烟除尘、清洗
13		锅炉用水	中压、低压锅炉
14		工艺用水	溶料、水浴、蒸煮、漂洗、水力开采、水力输送、增湿、稀释、搅拌、选矿、油田回注
15		产品用水	浆料、化工制剂、涂料
16	环境用水	娱乐性景观环境用水	娱乐性景观河道、景观湖泊及水景
17		观赏性景观环境用水	观赏性景观河道、景观湖泊及水景
18		湿地环境用水	恢复自然湿地、营造人工湿地
19	补充水源水	补充地表水	河流、湖泊
20		补充地表水	水源补给、防止海水入侵、防止地面沉降

注："环境用水"分为娱乐性景观环境用水、观赏性景观环境用水和湿地环境用水三类。

2. 供应端

海珠区 2020 年均降雨量约 1714.7 mm,降水丰期往往降雨量大,绿化、道路清洗不需要人工洒水,集蓄雨水得不到利用。进入降水枯期,本地降水量少,无法收集到雨水,存在一定的矛盾。

雨水调蓄设施建议设置为人工湖和湿地公园等形式。同时,鼓励在建、新建小区(如编制区西北侧地块及东南侧地块)践行海绵城市理念,新建一些雨水花园、雨水罐等海绵设施,以便充分利用雨水。图 4.7 为地表水体水量平衡示意图。

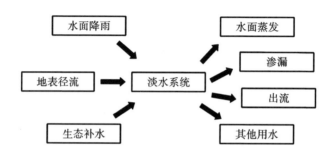

图 4.7 地表水体水量平衡示意图

3. 水资源平衡情况

根据《室外给水设计标准》(GB 50013—2018)确定绿地灌溉额度,浇洒道路用水可按浇洒面积以 $2.0 \sim 3.0$ L/($m^2 \cdot$ d)计算;浇洒绿地用水可按浇洒面积以 $1.0 \sim 3.0$ L/($m^2 \cdot$ d)计算。广州市属于缺水城市,可以根据该方法计算需水量。

计算公式如下:

$$绿地浇灌用水量＝绿地面积×绿地浇灌定额 2 L/(m^2 \cdot d) \quad (4.5)$$

$$道路喷洒用水量＝道路面积×道路喷洒定额 2.5 L/(m^2 \cdot d) \quad (4.6)$$

结合编制区规划用地情况,编制区域一年内需要的绿地浇灌用水量为 215.46 万 m^3,道路喷洒用水量为 294.47 万 m^3,总用水量 509.93 万 m^3。片区雨水利用需求较高。

通过年均水量平衡计算和月均水量平衡的计算,流域内理想化的雨水资源利用量为 393.58 万 m³,而该流域典型年总降雨量为 2618.10 万 m³,理想雨水资源利用率为 15.03%。在降雨量较少的 1 月、10 月、11 月及 12 月,可收集降雨量小于需水量,需要调水进行浇洒。

4.4 目标、指标的确定

4.4.1 建设目标

贯彻习近平总书记"建设自然积存、自然渗透、自然净化的海绵城市"的要求,全面落实城市雨洪管理理念,实现人与自然和谐共生。通过合理的保护、管控和低影响开发,以海绵城市建设理念促进生态保护、经济社会发展和文化传承,以生态、安全、活力的海绵城市建设强化广州市的城市新形象,在进行项目建设过程以海绵城市的系统化理念推进片区改造,从根本上贯彻落实海绵城市建设要求,成为国际国内环境优美、功能完善、宜居宜业的海绵城市建设样板。考虑到城市建成区改造空间局促、地下管网运行状况不清,根据国家海绵城市考核、黑臭水体整治督查以及河道水质长治久清目标要求,编制"十四五"期间主要目标。

①水生态:修复自然水文循环、构建良好的河湖生态环境。

②水环境:综合整治合流制溢流污染,进行源头改造、调蓄湖泊等设施建设,实现水体水质的全面提升。

③水安全:构建良好排水防涝体系,有效应对标准内的降雨,与城市防洪相衔接。内涝防治设计重现期标准:建成区有效应对不低于 100 年一遇暴雨。

④水资源:合理利用当地水资源和雨水、再生水等非常规水资源,满足河道生态用水需求,兼顾其他用水需求。

4.4.2 海绵城市建设指标

1.《海绵城市建设绩效评价与考核办法(试行)》

根据《海绵城市建设绩效评价与考核办法(试行)》(建办城函〔2015〕635号),海绵城市建设指标具体包含下述内容,见表 4.17。

表 4.17 海绵城市建设绩效评价与考核指标(试行)

类别	项	指标	要求	方法	性质
一、水生态	1	年径流总量控制率	当地降雨形成的径流总量,达到《海绵城市建设技术指南》(建城函〔2014〕275号)规定的年径流总量控制要求。在低于年径流总量控制率所对应的降雨量时,海绵城市建设区域不得出现雨水外排现象	根据实际情况,在地块雨水排放口、关键管网节点安装观测计量装置及雨量监测装置,连续(不少于一年、监测频率不低于15分钟/次)进行监测;结合气象部门提供的降雨数据、相关设计图纸、现场勘测情况、设施规模及衔接关系等进行分析,必要时通过模型模拟分析计算	定量(约束性)
	2	生态岸线恢复	在不影响防洪安全的前提下,对城市河湖水系岸线、加装盖板的天然河渠等进行生态修复,达到蓝线控制要求,恢复其生态功能	查看相关设计图纸、规划,现场检查等	定量(约束性)
	3	地下水位	年均地下水潜水位保持稳定,或下降趋势得到明显遏制,平均降幅低于历史同期。年均降雨量超过1000 mm的地区不评价此项指标	查看地下水潜水水位监测数据	定量(约束性,分类指导)
	4	城市热岛效应	热岛强度得到缓解。海绵城市建设区域夏季(按6—9月)日平均气温不高于同期其他区域的日均气温,或与同区域历史同期(扣除自然气温变化影响)相比呈现下降趋势	查阅气象资料,可通过红外遥感监测评价	定量(鼓励性)

续表

类别	项	指标	要求	方法	性质
二、水环境	5	水环境质量	不得出现黑臭现象。海绵城市建设区域内的河湖水系水质不低于《地表水环境质量标准》Ⅴ类标准,且优于海绵城市建设前的水质。当城市内河水系存在上游来水时,下游断面主要指标不得低于来水指标	委托具有计量认证资质的检测机构开展水质检测	定量(约束性)
			地下水监测点位水质不低于《地下水质量标准》Ⅲ类标准,或不劣于海绵城市建设前的水质	委托具有计量认证资质的检测机构开展水质检测	定量(鼓励性)
	6	城市面源污染控制	雨水径流污染、合流制管渠溢流污染得到有效控制。1.雨水管网不得有污水直接排入水体;2.非降雨时段,合流制管渠不得有污水直排水体;3.雨水直排或合流制管渠溢流进入城市内河水系的,应采取生态治理后入河,确保海绵城市建设区域内的河湖水系水质不低于地表Ⅴ类	查看管网排放口,辅助以必要的流量监测手段,并委托具有计量认证资质的检测机构开展水质检测	定量(约束性)

续表

类别	项	指标	要求	方法	性质
三、水资源	7	污水再生利用率	人均水资源量低于 500 m³ 和城区内水体水环境质量低于 V 类标准的城市,污水再生利用率不低于 20%。再生水包括污水经处理后,通过管道及输配设施、水车等输送用于市政杂用、工业农业、园林绿地灌溉等用水,以及经过人工湿地、生态处理等方式,主要指标达到或优于地表 V 类要求的污水厂尾水	统计污水处理厂(再生水厂、中水站等)的污水再生利用量和污水处理量	定量(约束性,分类指导)
	8	雨水资源利用率	雨水收集并用于道路浇洒、园林绿地灌溉、市政杂用、工农业生产、冷却等的雨水总量(按年计算,不包括汇入景观、水体的雨水量和自然渗透的雨水量),与年均降雨量(折算成毫米数)的比值;或雨水利用量替代的自来水比例等。达到各地根据实际确定的目标	查看相应计量装置、计量统计数据和计算报告等	定量(约束性,分类指导)
	9	管网漏损控制	供水管网漏损率不高于 12%	查看相关统计数据	定量(鼓励性)

续表

类别	项	指标	要求	方法	性质
四、水安全	10	城市暴雨内涝灾害防治	历史积水点彻底消除或明显减少，或者在同等降雨条件下积水程度显著减轻。城市内涝得到有效防范，达到《室外排水设计规范》规定的标准	查看降雨记录、监测记录等，必要时通过模型辅助判断	定量（约束性）
	11	饮用水安全	饮用水水源地水质达到国家标准要求：以地表水为水源的，一级保护区水质达到《地表水环境质量标准》Ⅱ类标准和饮用水源补充、特定项目的要求，二级保护区水质达到《地表水环境质量标准》Ⅲ类标准和饮用水源补充、特定项目的要求。以地下水为水源的，水质达到《地下水质量标准》Ⅲ类标准的要求。自来水厂出厂水、管网水和龙头水达到《生活饮用水卫生标准》的要求	查看水源地水质检测报告和自来水厂出厂水、管网水、龙头水水质检测报告。检测报告须由有资质的检测单位出具	定量（鼓励性）
五、制度建设及执行情况	12	规划建设管控制度	建立海绵城市建设的规划（土地出让、两证一书）、建设（施工图审查、竣工验收等）方面的管理制度和机制	查看出台的城市控详规、相关法规、政策文件等	定性（约束性）
	13	蓝线、绿线划定与保护	在城市规划中划定蓝线、绿线并制定相应管理规定	查看当地相关城市规划及出台的法规、政策文件	定性（约束性）

2.《广州市海绵城市建设指标体系(试行)》

根据《海绵城市建设绩效评价与考核办法(试行)》(建办城函〔2015〕635号)明确的水生态、水环境、水资源、水安全4个方面的定量指标,结合广州市的自然环境本底特征,从总体、绿地、道路和广场、建筑与小区、海绵型村镇5个方面制定指标体系,包含一级指标11项、二级指标30项,其中约束性指标28项,鼓励性指标10项,分类指导指标1项。

总体指标适用于广州市市域范围,是海绵城市建设的总体控制指标,绿地、道路和广场、建筑与小区、海绵型村镇4类系统指标是分类控制指标,适用于各类项目建设。指标类型分为约束性、鼓励性2种。约束性指标为所有新建(含扩建、成片改造)、改建项目必须执行。鼓励性指标为各个项目规划设计时参照执行。

(1)总体指标

总体指标包含水生态、水环境、水资源、水安全4个方面的指标,见表4.18。一级指标年径流总量控制率包含单位硬化面积调蓄容积、水域面积率、建成区绿地率、下沉式绿地率4项约束性二级指标。各项目在规划设计时,可以采用下沉式绿地、透水铺装、绿色屋顶等多种措施,达到年径流总量控制率的要求。

表4.18　总体指标

类别	序号	一级指标	二级指标	新建(含扩建、成片改造)	改建	指标类型
水生态	1	年径流总量控制率	/	≥70%		约束性
	1-1		单位硬化面积调蓄容积	≥500 m³/hm²	/	约束性
	1-2		水域面积率	≥10.15%		约束性
	1-3		建成区绿地率	≥38%		约束性
	1-4		下沉式绿地率	≥50%(公园除外)		约束性
	2	生态岸线恢复率	/	80%		约束性
	3	城市热岛效应	/	平均热岛强度有所下降		鼓励性

续表

类别	序号	一级指标	二级指标	新建(含扩建、成片改造)	改建	指标类型
水环境	4	水环境质量	/	2017 年底前城市建成区基本消除黑臭水体		约束性
	5	城市面源污染控制	年径流污染削减率	50%	40%	约束性
			雨污分流比例	100%	/	约束性
水资源	6	污水再生利用率	/	≥15%(含生态补水)		约束性
	7	雨水资源利用率	/	≥3%	/	约束性
	8	城市公共供水管网漏损率	/	<10%		鼓励性
水安全	9	城市防洪(潮)标准		200 年一遇		鼓励性
	10	城市暴雨内涝灾害		内涝点明显减少,积水程度减轻		约束性
	10-1	/	内涝防治标准	中心城区有效应对不低于 50 年一遇暴雨		约束性
	10-2	/	雨水管渠设计标准	重现期≥5 年,重要地区重现期≥10 年	重现期2～3 年	约束性
	11	饮用水安全	城市集中式饮用水源地水质	达标率 100%		约束性
			自来水厂出水标准	达标		鼓励性

(2)绿地系统

约束性指标 4 项,为透水铺装率、绿地系统雨水资源利用率、单位硬化面积调蓄容积、下沉式绿地率,见表 4.19。

表 4.19 绿地系统指标

序号	二级指标	新建(含扩建、成片改造)	改建	指标类型
1	透水铺装率	≥70%		约束性
2	绿地系统雨水资源利用率	≥10%	≥5%	约束性
3	单位硬化面积调蓄容积	≥500 m³/hm²	/	约束性
4	下沉式绿地率	≥50%(除公园外)		约束性

(3)道路和广场系统

约束性指标 4 项,为人行道、自行车道、步行街、室外停车场透水铺装率,广场可渗透硬化面积率,单位硬化面积调蓄容积,下沉式绿地率;鼓励性指标 3 项,为一般城市道路绿地率、园林道路绿地率、广场绿地率,见表 4.20。

表 4.20 道路和广场指标

序号	二级指标	新建(含扩建、成片改造)	改建	指标类型
1	一般城市道路绿地率	≥15%	≥15%	鼓励性
2	园林道路绿地率	≥40%	≥30%	鼓励性
3	广场绿地率	≥30%	≥25%	鼓励性
4	人行道、自行车道、步行街、室外停车场透水铺装率	≥70%	≥50%	约束性
5	广场可渗透硬化面积率	≥40%	/	约束性
6	单位硬化面积调蓄容积	≥500 m³/hm²	/	约束性
7	下沉式绿地率	≥50%(除公园外)		约束性

(4)建筑与小区系统

约束性指标 4 项,为绿地率、硬化地面室外可渗透地面率、单位硬积调蓄容积、下沉式绿地率;鼓励性指标 1 项,为绿色屋顶率;分类指导指标 1 项,为透水铺装率,见表 4.21。

表 4.21 建筑与小区系统指标

序号	二级指标	新建(含扩建、成片改造)				改建				指标类型
		住宅	公建	工业园区	商业用地	住宅	公建	工业园区	商业用地	
1	绿地率	≥35%	≥30%	≥10%		≥25%	≥30%	≥10%		约束性

续表

序号	二级指标	新建(含扩建、成片改造)				改建				指标类型
		住宅	公建	工业园区	商业用地	住宅	公建	工业园区	商业用地	
2	绿色屋顶率	≥70%	≥60%		≥80%	≥30%				鼓励性
3	硬化地面室外可渗透地面率	≥40%				/				约束性
4	透水铺装率	≥70%(约束性)				≥70%(鼓励性)				分类指导
5	单位硬化面积调蓄容积	≥500 m³/hm²				/				约束性
6	下沉式绿地率	≥50%(除公园外)								约束性

(5)海绵型村镇系统

约束性指标 1 项,为绿地率;鼓励性指标 2 项,为硬化地面室外可渗透地面率、绿色屋顶率,见表 4.22。

表 4.22　海绵型村镇系统指标

序号	二级指标	新建(含扩建、成片改造)	改建	指标类型
1	绿地率	≥38%	≥25%	约束性
2	硬化地面室外可渗透地面率	≥40%	/	鼓励性
3	绿色屋顶率	≥30%		鼓励性

3.《广州市海绵城市专项规划》

根据《广州市海绵城市专项规划》,海绵城市建设指标具体包含表 4.23 所述内容。

表 4.23　广州市海绵城市总体控制指标

类别	项	总体控制指标	指标要求（2020 年）	指标要求（2030 年）	控制要求
水生态	1	年径流总量控制率	年径流总量控制率为 70%；20% 建成区达到目标要求	年径流总量控制率为 70%；80% 建成区达到目标要求	强制性
	2	生态岸线恢复率	80%		强制性
	3	水域面积率	10.15%	11%	强制性
	4	森林覆盖率	42.50%	44.15%	强制性
	5	城市热岛效应	平均热岛强度有所下降		引导性
水环境	6	水环境质量	对于划定地表水环境功能区划的水体断面，消除劣Ⅴ类水体，城市建成区基本消除黑臭水体，地表水水质优良（达到或优于Ⅲ类）比例进一步提升	海绵城市建设区域内的河湖水系水质不低于《地表水环境质量标准》Ⅴ类标准，且优于海绵城市建设前的水质；城市建成区黑臭水体总体得到消除，地表水水质优良	强制性
	7	城市污水处理率	全市城镇：95%；中心城区：95%；农村生活污水：70%	全市城镇：95%；中心城区：100%；农村生活污水：80%	强制性
	8	径流污染削减率	新建项目：50%；改建项目：40%。20% 建成区达到目标要求	新建项目：50%；改建项目：40%。80% 建成区达到目标要求	强制性
水资源	9	污水再生利用率	≥15%		强制性
	10	雨水资源利用率	≥3%		强制性
	11	公共供水管网漏损率	<10%		引导性

续表

类别	项	总体控制指标	指标要求(2020 年)	指标要求(2030 年)	控制要求
水安全	12	城市排水防涝标准	中心城区有效应对不低于 50 年一遇暴雨		强制性
	13	城市防洪标准	中心城区 200 年一遇		强制性
	14	雨水管渠设计标准	新建、扩建和成片改造区域重现期不小于 5 年，重要地区重现期不低于 10 年		强制性

第5章 广州海绵城市系统化
方案编制总体方案

5.1 生态空间格局保护方案

5.1.1 河涌水系蓝线保护

为保护编制区原有自然水生态系统,应严格管控城市河湖水域空间,科学划定河湖管理范围和水利工程管理与保护范围,禁止侵占河湖水域岸线,维持城市水循环、水系连通所必要的生态空间,保持其滞留、集蓄、净化、行洪的功能。结合编制区城市发展,加强河道整治,改造渠化河道,重塑健康自然的河岸线,在确保防洪安全的前提下,对城市河湖水系岸线进行系统生态修复,达到蓝线控制要求,恢复其生态功能。

根据《全国河道(湖泊)岸线利用管理规划技术细则》,岸线控制线是指沿河流水流方向或湖泊沿岸周边为加强岸线资源的保护和合理开发而划定的管理控制线。岸线控制线分为临水控制线和外缘控制线。

临水控制线(以绿色表示):为稳定河势、保障河道行洪安全和维护河道生态环境的基本要求,在河岸的临水一侧顺水流方向或湖泊沿岸周边临水一侧划定的水域保护控制线。

外缘控制线(以蓝色表示):岸线资源保护和管理的外缘边界线。一般以河(湖)堤防工程背水侧管理范围的外边线作为外缘控制线。

蓝线管理范围包括两线之间的河道水域、沙洲、滩地、堤防、护堤地等河道管理范围,以及因河道整治、河道绿化、生态景观等需要而划定的规划保护区。

在广州市水务系统管理实践中,岸线控制线也称为"临水控制线",外缘控制线一般称为"管理范围线"。

结合城市总体规划、海绵城市专项规划及水系相关规划,参照城市蓝线管理办法,对河、湖、库、渠、人工湿地、滞洪区等调蓄空间等城市河流水系实现地域界线的保护与控制,明确界定核心保护线。在蓝线内禁止进行下列活动:①违反蓝线保护和控制要求的建设活动;②擅自填埋、占用蓝线内水域;③影响水系安全的爆破、采石、取土;④擅自建设各类排污设施;⑤其他对水系保护构成破坏的活动。

在不影响防洪安全的前提下,建议对有条件的硬质堤岸化的河涌,结合碧道及防洪工程建设进行生态型岸线改造,进行生态修复,恢复河涌的自然驳岸与河流生态系统,达到蓝线控制要求,提升河流生态服务功能。对于有条件的宽阔河段,可保留季节性湿地,使原生态群落得到良好的恢复和发育。

5.1.2　自然空间格局保护

根据《广州市海绵城市专项规划》,梳理编制区生态空间特征,依托林地和农用地海绵基质,保护水系海绵廊道,将绿地和湿地斑块作为提升海绵调蓄能力的重要生态空间,构建编制区海绵生态空间格局。形成"蓝绿交融,山水相接"的海绵城市生态格局,以此对编制区的生态格局进行保护,在保证生态功能不受到影响的前提下,进行生态区内的建设开发,避免过度开发影响编制区的环境。

其中生态条件最好、水生系统完整、具有源头生态涵养功能的海绵功能区域为海绵生态涵养区,基本以水源涵养林山体地区为主,具有极高的生态服务功能,对规划区的生态环境质量和水源涵养能力具有决定性作用,是区域大海绵系统的重要涵养区。主体功能以生态涵养和生态保育为主,应严格控制在该区域内进行开发建设活动,加大生态环境综合治理力度,提高生态系统的多样性和稳定性,保障大海绵系统的涵养功能。

生态条件较好,经保育恢复后能够起到重要的调蓄与净化功能的海绵功能区域为海绵生态保育区,该区域主要包含山林、河流水面、坑塘水库、农田湿地等。区域主要功能为滞蓄流域雨水,净化农业面源污染,弹性适应洪潮。

生态环境遭到一定干扰,需要进行生态修复,重建其水生态系统,恢复其应有的调蓄与净化功能的海绵功能区域为海绵生态修复区,该区域主要包含水体周边绿地、防护绿地等,零散分布于编制区内。以海绵化修复为主,以问题为导向,从源头削减雨水径流量,控制合流制溢流和初期雨水污染,以堤岸生态化改造和水生态修复等措施提升水体自净和雨洪调蓄等能力。

海绵功能提升区是建设密度较低、具有一定生态条件的建成区,是可以利用现状生态资源,通过局部功能提升即可满足海绵城市要求的海绵功能区域。该区域应根据场地的资源环境条件适度开发,在建设过程中融入并体现海绵城市的技术和理念。主体功能为海绵提升,优先落实蓝绿空间体系,保护水敏感性区域。

海绵功能强化区是建设相对集中、生态条件较差的建成区,是必须通过强化区域内现存与规划水系、绿地的海绵功能才能基本达到海绵城市要求的海绵功能区域。其以城市连绵建成区等建设相对集中、水系与绿地较少的建成区为基础,建设密度高,生态用地数量少,可改造建设弹性小,需因地制宜地建设低影响开发设施,通过现状设施的海绵化改造,强化潜在海绵体的滞蓄、净化功能。

5.2 径流路径保护与排水体制划分方案

5.2.1 径流路径保护方案

利用 GIS 和卫星数字影像提取片区的汇流路径,并根据汇流流量对汇流路径进行分级,得到如下结论:编制区域流域的道路走向与汇流路径走向基本一致,应注意保护重要汇流路径畅通。针对建成区应增强易涝地区的滞水、排水能力,在天然汇流路径位置保证过流能力和完善排水管网,维护城市水安全。

编制区现状多为高密度建成区。在后续片区改造过程中,方案认为应加强区域道路竖向控制,避免局部低洼,协调道路与绿地、水系的高程衔接关系等。

(1)加强道路竖向控制标高与现状场地的协调

道路坡向宜与场地自然坡向保持一致,以利于城市的排水组织。在确定新建道路的控制标高时,除考虑与现状道路及已建场地在竖向上合理衔接等因素外,还要考虑到场地地下空间开发、道路结构与管线敷设等所产生土方量的就地消纳等问题,使建成后的场地标高比周边道路的最低路段高程高出 0.2 m 以上。

(2)避免形成局部低洼点,保障排涝顺畅

道路竖向规划与道路纵断面设计属于两个不同层面的工作,并且道路竖向规划对于道路纵断面设计具有指导作用,道路纵断面设计要落实竖向规划中的强制性内容,这个强制性内容主要是指对超标雨水径流汇集路径的落实,即除了规划受纳体附近以及能够通过相交道路向外输送超标雨水径流的交叉口,其他路段和交叉口处不得形成低洼段,超标径流应能够在重力的作用下沿路面安全汇集到规划的受纳水体中加以排除或调蓄。在一些无法避免的道路低洼点处,应设置超标径流入河/绿地通道,防止成为易满点。

(3)协调道路与绿地、水系的高程关系

结合场地竖向条件与水体景观之间的关系,在地势相对平缓区域构建海绵设施,通过雨水径流组织,有效引导雨水通过设施调控进行下渗、径流、回用、排放,有效协调绿色与灰色设施功能,构建畅通的雨水排放通道,防止场地内涝。考虑市政雨水口的位置和对应的雨水汇水分区面积、用地性质等因素,在场地内部做好末端径流污染控制措施,以避免超标暴雨情况时污染物通过雨水管网进入流域,污染水体水质。统筹协调开发场地内建筑、道路、绿地、水系等,使地块及道路径流有组织地汇入周边绿地系统和城市水系,并与城市雨水管渠系统和超标雨水径流排放系统相衔接,充分发挥空间优势,优先采用地表溪道和行泄通道完成径流排放。

5.2.2　排水体制划分方案

从近年广州市中心城区的旧城区实施雨污分流改造工程的经验来看,普遍存在投资费用高、工程实施困难、雨污分流效果有限等问题。此外,参照国内外合流区域排水系统的经验,在保证旱季污水有效收集的基础上,满足一定截流倍数,保持截流式合流制,还可以在一定程度上避免雨水径流污染,控制污染范围。因此,根据《广州市污水治理总体规划》的要求,从实际出发,确定规划排水体制划分原则如下:

①新建地区、成片改造区域、新建道路的排水系统应采用分流制,并根据受纳水体情况采取措施控制初期雨水的径流污染;

②对后续产生的错混接导致雨污合流的,逐步通过管网完善实现分流。

5.3　区域新建改造分析方案

5.3.1　新建区改造区的划定

根据现状和规划用地功能规划图,编制片区流域属于建成区,局部存在片区城中村改造。

新建区域要求尽量维持地块开发前后的水文特征不变,采取分散式的控制措施,从源头上削减城市雨水径流。对于相同的设计重现期,改造后的径流量应不超过改造前的径流量,不增加已建排水防涝设施的额外负担。

对不同类型的新开发地块(包括居住、商业、公建、工业等)以及道路等提出具体的径流控制指标和建设指引,对下沉式绿地率、透水铺装率、绿色屋顶率及

单位面积控制容积提出相应的适宜性指标,以确保在土地的开发过程中外排径流总量和峰值流量得到控制,从而保证下游已建管网收集的径流总量不会随城市化进程逐年急剧增加。

5.3.2 改造区改造可行性分析

已建区建设项目以问题为导向,通过"项目+海绵"在建设过程中充分运用"渗、滞、蓄、净、用、排"等海绵城市建设理念,对于拆除重建的地区应全面落实海绵城市建设要求;部分新建及已建区等城市待更新区域,以改善提升城市水安全为主要目标,在基础设施建设项目中,结合老旧小区的局部改造工程场地现状,采用微改造手段,因地制宜设置透水铺装、下沉绿地、雨水花园、植草沟、雨水回用等海绵设施。

目前主要推进的已建区项目有老旧小区改造、城市更新、排水单元达标创建等工程,通过在老旧小区改造、城市更新过程中融入海绵城市建设理念;对于未涉及的区域,广州市通过创建排水单元工程融入海绵城市建设理念。已建区优先解决污水管网不完善、雨污水管网错混接、居住社区设施不完善、公共空间不足等问题,充分利用居住社区内的空地、荒地和拆违空地增加公共绿地、口袋公园(袖珍公园)等公共活动空间,提升城市人居环境,提高人民群众的获得感、幸福感。

5.3.3 现编制区项目管控清单及指标

在对"海绵城市建设指标"(见 4.4.2 节)总结探讨后,广州市于 2020 年 10 月出台最新版《广州市建设项目海绵城市建设管控指标分类指引(试行)》。各类型建设项目的海绵设施建设指标按《广州市建设项目海绵城市建设管控指标分类指引(试行)》选取,具体如表 5.1 所示。

表 5.1 建设项目海绵城市建设管控清单

序号	工程类型	项目类型	约束性指标管控		鼓励性要素落实	
			新(扩)建	改建	新(扩)建	改建
1	建筑与小区	新建房屋建筑及小区	√	—	√	√
2		小区微改造	—	—		√

续表

序号	工程类型	项目类型	约束性指标管控		鼓励性要素落实	
			新（扩）建	改建	新（扩）建	改建
3	公园与绿地	生态绿地	√	—	√	√
4		公园绿地	√	—	√	√
5		道路绿地	√	—	√	√
6		社区绿地	√	—	√	√
7	道路与广场	城市道路	√	—	√	√
8		隧道工程	—	—	√	√
9	水务工程	水环境治理	√	—	√	√
10		污水厂站	√	—	√	√
11		排水管渠	√	—	√	√
12		水利工程	√	—	√	√
13		清污分流	—	—	√	√
14		排水单元达标创建	—	—	√	√
15		给水厂站	√	—	√	√
16		给水管网	—	—	√	√
17		水土保持	—	—	√	√
18	其他市政工程	电力、燃气、通信、环卫等市政工程	√	—	√	√

　　本次系统化实施方案中,近、中期主要在已建成区进行海绵城市建设,新建项目与改建项目分别根据对应的海绵城市建设指标体系表中的内容,结合实际情况选择确定相应的海绵城市建设指标;远期结合各地块的实际情况,对新建区及连片改造区域进行海绵城市建设,按照新建片区选择海绵城市建设指标。

　　表 5.1"建设项目海绵城市建设管控清单"工程类型的对应指标体系表如表5.2～表 5.5 所示。

表 5.2　建筑与小区指标体系表

序号	指标	新建（含扩建、成片改造）				指标类型
		住宅	公建	工业园区	商业用地	
1	绿地率	≥35％		≥30％	≥10％	约束性

序号	指标	新建(含扩建、成片改造)				指标类型
		住宅	公建	工业园区	商业用地	
2	绿色屋顶率	≥70%	≥60%		≥80%	鼓励性
3	硬化地面室外可渗透地面率	≥40%				约束性
4	透水铺装率	≥70%				鼓励性
5	单位硬化面积调蓄容积	≥500 m³/hm²				约束性
6	下沉式绿地率	≥50%(除公园外)				约束性

表 5.3　道路与广场指标体系表

序号	指标	新建(含扩建、成片改造)	改建	指标类型
1	一般城市道路绿地率	≥15%		鼓励性
2	园林道路绿地率	≥40%	≥30%	鼓励性
3	广场绿地率	≥30%	≥25%	鼓励性
4	人行道、自行车道、步行街、室外停车场透水铺装率	≥70%	≥50%	分类指导
5	单位硬化面积调蓄容积	≥500 m³/hm²		约束性
6	广场可渗透地面率	≥40%	—	约束性
7	下沉式绿地率	≥50%(除公园外)		分类指导

表 5.4　水务工程指标体系表

类别	总体控制指标	新建(含扩建、成片改造)	改建	控制要求
水生态	年径流总量控制率	≥70%	—	约束性
	下沉式绿地率	≥50%(除公园外)		约束性
	排水体制	新建地区必须采用分流制,老区逐步改造为分流制		约束性
水环境	水环境质量	消除黑臭水体		约束性
	年径流污染削减率	≥50%	≥40%	约束性
	雨污分流比例	100%	—	约束性

续表

类别	总体控制指标	新建(含扩建、成片改造)	改建	控制要求
水安全	内涝防治标准	建成区应有效应对不低于 100 年一遇暴雨,其他区域不低于 10～20 年一遇暴雨;河道治涝标准≥20 年		约束性
	城市防洪(潮)标准	防洪(潮)标准 200 年一遇;内河涌防洪标准≥20 年一遇		约束性
	雨水管渠设计标准	重现期≥5 年,重要地区重现期≥30 年	重现期≥3 年	约束性
水资源	污水再生利用率	≥15%	—	约束性
	雨水资源利用率	≥3%	—	约束性

表 5.5　公园与绿地指标体系表

序号	指标	新建(含扩建、成片改造)	改建	指标类型
1	透水铺装率	≥70%		鼓励性
2	单位硬化面积调蓄容积	≥500 m³/hm²		约束性
3	下沉式绿地率	≥50%(除公园外)		约束性
4	绿地系统雨水资源利用率	≥10%	≥5%	约束性

第6章　广州海绵城市系统化实施方案

6.1　源头控制方案

源头控制类项目主要针对编制区域范围不同性质地块，提出针对性的海绵城市建设措施指引。指标分解核算和常见海绵措施搭配，将分新建项目和改建项目两种类型分别进行。

6.1.1　源头控制项目实施思路

根据本书4.4.2节"海绵城市建设指标"中《海绵城市建设绩效评价与考核办法(试行)》(建办城函〔2015〕635号)和《广州市海绵城市专项规划》对海绵城市建设指标具体的规定，结合不同类型项目的特点，充分考虑改扩建类项目与新建类项目的差异，分别明确不同类别项目的建设管控要点。海绵城市建设过程中，项目控制目标及指标的选择应综合考虑项目类型、区位、土壤及降雨等因素，合理选择目标指标。海绵城市相关建设项目的施工图设计应按建设要点进行深化设计，各项设施具体参数及设计方法参照国家、地方相关规范。不同地块类型海绵城市目标和管控指标详见表6.1。

表 6.1　不同地块类型海绵城市目标和管控指标表

新、改建类地块					
	强制性目标		指导性指标		
地块类型	年径流总量控制率/(%)	年径流污染物削减率/(%)	下沉式绿地率/(%)	复杂型生物滞留设施比例/(%)	透水铺装率/(%)	其他调蓄体积/(m³/hm²)
居住用地	70~80	56~64	25~35	20~35	15~20	0~20
公共管理与公共服务设施用地	70~80	56~64	25~35	20~35	15~25	0~20

续表

新、改建类地块

地块类型	强制性目标		指导性指标			
	年径流总量控制率/(%)	年径流污染物削减率/(%)	下沉式绿地率/(%)	复杂型生物滞留设施比例/(%)	透水铺装率/(%)	其他调蓄体积/(m³/hm²)
商业服务业设施用地	70~80	56~64	45~65	45~55	5~15	0~20
工业用地	65~75	52~60	65~85	65~80	10~15	0~20
物流用地	65~75	52~60	65~85	65~80	10~25	0~20
道路与交通设施用地	65~75	52~60	30~40	35~50	15~20	—
公用设施用地	65~75	52~60	25~40	35~40	10~15	—
绿地与广场用地	80~90	64~72	15~20	10~25	10~15	—

改造(已建)类地块

地块类型	强制性指标		指导性指标			
	年径流总量控制率/(%)	年径流污染物削减率/(%)	下沉式绿地率/(%)	复杂型生物滞留设施比例/(%)	透水铺装率/(%)	其他调蓄体积/(m³/hm²)
居住用地	60~70	48~56	15~35	10~25	0~10	—
公共管理与公共服务设施用地	60~70	48~56	15~30	20~25	0~15	—
商业服务业设施用地	60~70	48~56	30~40	20~30	0~10	—
工业用地	45~55	36~44	45~55	35~45	5~15	0~10
物流用地	45~55	36~44	45~60	35~50	0~10	0~10
道路与交通设施用地	50~60	40~48	20~30	20~30	0~10	

续表

改造(已建)类地块						
	强制性指标		指导性指标			
地块类型	年径流总量控制率/(%)	年径流污染物削减率/(%)	下沉式绿地率/(%)	复杂型生物滞留设施比例/(%)	透水铺装率/(%)	其他调蓄体积/(m³/hm²)
公用设施用地	50~60	40~48	20~25	10~20	0~15	—
绿地与广场用地	70~80	56~64	10~15	0~15	—	—

注:1.下沉式绿地率是指包括简易型生物滞留设施(使用时必须考虑土壤下渗性能等因素)、复杂型生物滞留设施(如雨水花园)等,低于场地的绿地面积占全部绿地面积的比例,雨水花园比例是指复杂型生物滞留设施的面积占下沉式绿地面积总量的比例。2.透水铺装率是指人行道、停车场、广场具有渗透功能铺装面积占除机动车道外全部铺装面积的比例。3.绿地的年径流总量控制率指标值应体现对周边区域径流控制的贡献,宜大于85%。4.其他调蓄体积是指雨水桶、雨水收集池、初雨收集池、事故池等设施在海绵城市设计中对年径流总量控制率有贡献的体积,一般适用于具有雨水收集利用需求或海绵城市建设条件受限的项目。

6.1.2 新建项目控制方案

分解并核定编制区特定用途地块的年径流总量控制率目标、径流污染削减率目标,明确调蓄容积需求,以及为实现片区年径流总量控制率目标、径流污染削减率目标,根据《广州市建设项目雨水径流控制办法》《广州市海绵城市建设管控指标分类指引(试行)》中建筑与小区、公园与绿地、道路与广场、水务工程及其他市政工程等工程项目均需纳入海绵城市建设分类管控清单的规定,推荐需要的下沉式绿地、透水铺装、绿色屋顶、雨水花园等常用LID设施搭配。必要时也需明确地块内需要截流的初雨深度或额外通过设置调蓄水箱或水池控制的雨量深度。

以天河区猎德涌为例。近期编制片区主要涉及源头新建项目约9个,海绵城市设施指标详见表6.2。远期各地块开发约束性指标应不低于《广州市天河区海绵城市专项规划》中管控图则中的规定值。

表 6.2　猎德涌片区源头新建项目统计表

序号	项目名称	用地代码	规划地块现状	地块面积/m²	指导性指标					约束性指标			
					下沉式绿地率	透水铺装率	绿色屋顶率	生物滞留设施面积/m²	其他调蓄体积/m³	年径流总量控制率/（%）	面源污染削减率/（%）	不透水地面率/（%）	下沉式绿地率/（%）
1	天河区冼村"城中村"改造项目	R	新建	116477	30	20	20	3058	20	73	51	40	50
2	广东省农垦科技中心天河区燕都路62号地块旧厂房改造项目	B	新建	11723	50	15	20	586	20	74	52	40	50
3	粤海总部大厦	B	新建	30000	50	15	20	1500	20	73	51	40	50
4	广州市天河区龙口西小学太阳广场校区建设工程	A	新建	6082	30	25	20	160	20	77	54	40	50

续表

序号	项目名称	用地代码	规划地块现状	地块面积/m²	指导性指标					约束性指标			
					下沉式绿地率	透水铺装率	绿色屋顶率	生物滞留设施面积/m²	其他调蓄体积/m³	年径流总量控制率/(%)	面源污染削减率/(%)	不透水地面率/(%)	下沉式绿地率/(%)
5	珠江新城K2-4地块幼儿园	B	新建	2128	25	15	20	93	20	80	60	40	50
6	珠江新城K3-3地块幼儿园	B	新建	2602	25	15	20	114	20	80	60	40	50
7	珠江新城D7-1地块幼儿园	B	新建	2400	25	15	20	105	20	80	60	40	50
8	天河区跑马场改造项目	A	新建	346761	35	25	20	10620	20	76	53	40	50
9	广州海关石牌西路配套小学建设工程	A	新建	3175	35	25	20	10620	20	75	50	40	50

6.1.3　改造项目实施方案

海绵城市在建成区改造和新建区建设存在一定差异,相对于新建区来说,建成区的改造项目具有成本更高、需要收集的现场数据更详细、设施布局地点和规模受到限制、受到现状设施的干扰、必须进行详细的现场勘查等特点。建成区雨水项目的改造特点使改造类项目需花费更多成本,以保证改造项目具有较好的雨水控制效果。

根据编制区域建设项目特点,已建区的建设项目要以问题为导向,建成区内各个片区面临不同的雨水问题,海绵城市建设应以片区问题为导向,解决片区内面临的主要问题,或者通过片区外进行协调解决。

建成区内进行海绵城市建设与老旧小区改造、道路翻新、景观绿化提升、排水单元达标、水环境整治等民生工程相结合,采用微改造手段,根据场地现状因地制宜设置透水铺装、下沉式绿地、雨水花园、植草沟、雨水回用、生态停车场等海绵设施。排水单元达标创建类、微改造、微更新等工程是海绵城市建设源头类项目,海绵城市建设关键在于细节,要做好各项设施的竖向衔接,通过微地形整理,处理好道路、侧石开口、下沉式绿地、雨水溢流口等竖向关系,避免下沉式绿地深度过浅。在结合小区微改造和排水达标单元开展建设的海绵项目中,按照雨水走地面,尽量不快排,通过滞留、渗透、蓄存、净化以后再进雨水管道;同时做好立管断接、管道改造,最终实现源头雨污分流。雨水立管断接改造示意图见图6.1。

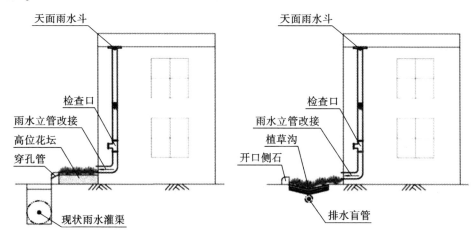

图 6.1　雨水立管断接改造示意图

结合编制区近期建设项日推进情况,结合《广州市建设项目海绵城市建设管控指标分类指引(试行)》,针对改造类项目因地制宜采用海绵城市建设理念进行改造,通过排水单元达标改造、微更新及微改造项目实施,并结合各项目现场条件及居民需求等因素,将海绵化改造难度划分为容易、一般及困难三个等级,收集到的项目共计 87 个。根据各个地块的实际情况,针对易海绵化改造项目进行整体改造,提升居民的幸福感。整体改造项目共计 17 个源头项目;针对一般难度的改造项目,采用局部改造的方式实施,局部改造项目共计 22 个;针对难以海绵化改造的项目,进行海绵城市要素管控,共计 48 个;实施源头改造项目面积共计约 4.47 km²。近期主要推进项目如表 6.3 和表 6.4 所示。

表 6.3　排水单元达标改造(截取 AT0502 管控单元部分)

序号	所属管控单元	排水达标单元改造	用地面积/hm²	约束性指标		引导性指标			对应措施	改造难度	用地编码
				年径流总量控制率/(%)	面源污染削减率/(%)	生物滞留设施面积/m²	透水铺装面积/m²	其他调蓄体积/m³			
1	AT0502	武警广东省总队医院	1.8	65	52	1155	658		雨污分流,源头海绵化整体改造	容易	A
2	AT0502	嘉禾制药厂宿舍	1.5	—	—	—	—		雨污分流,海绵要素管控	困难	M
3	AT0502	广东农工商职业技术学院	7	70	56	5452	2590		雨污分流,源头海绵化整体改造	容易	A

续表

序号	所属管控单元	排水达标单元改造	用地面积/hm²	约束性指标		引导性指标			对应措施	改造难度	用地编码
				年径流总量控制率/(%)	面源污染削减率/(%)	生物滞留设施面积/m²	透水铺装面积/m²	其他调蓄体积/m³			
4	AT0502	红英小学	1	65	52	651	371		雨污分流,源头海绵化整体改造	容易	A
5	AT0502	联发名苑	0.5	—	—	—	—		雨污分流,海绵要素管控	困难	R
6	AT0502	金坤花园	0.8	—	—	—	—		雨污分流,源头海绵化局部改造	困难	R
7	AT0502	农垦总局小区	8	70	56	6268	2977		雨污分流,源头海绵化局部改造	一般	R
8	AT0502	南部战区疾病控制中心	5.7	—	—	—	—		雨污分流,源头海绵化改造	—	A

表6.4 微改造项目表

序号	所属管控单元	项目名称	约束性指标		引导性指标		改造难度	用地编码
			年径流总量控制率/（%）	面源污染削减率/（%）	生物滞留设施面积/m²	透水铺装面积/m²		
1	AT0710	体育东小区微改造项目	70	56	8256	3922	一般	R
2	AT0709	天河南街六运小区改造项目	70	56	3817	1813	一般	R
3	AT0707	电视台小区微更新项目	—	—	—	—	困难	R
4	AT0701	林和西路115号微更新项目	—	—	—	—	困难	R
5	AT0710	花园大厦微更新项目	—	—	—	—	困难	B
6	AT0710	华龙大厦微更新项目	—	—	—	—	困难	B
7	AT0710	惠兰阁、玉兰阁小区微更新项目	55	44	229	196	一般	R
8	AT0710	建丰大厦微更新项目	—	—	—	—	困难	B
9	AT0710	金泽大厦微更新项目	—	—	—	—	困难	B
10	AT0708	聚侨苑微更新项目	—	—	—	—	困难	R
11	AT0710	南雅苑小区微更新项目	65	52	2469	1406	一般	R
12	AT0709	体育东路13号微更新项目	70	56	4907	2331	一般	R
13	AT0803	华港西街华建小区微更新项目	55	44	177	152	一般	R

续表

序号	所属管控单元	项目名称	约束性指标		引导性指标		改造难度	用地编码
			年径流总量控制率/（%）	面源污染削减率/（%）	生物滞留设施面积/m²	透水铺装面积/m²		
14	AT0707	天河东小区微改造项目	70	56	3817	1813	一般	R
15	AT0502	金坤小区微改造项目	—	—	—	—	困难	R
16	AT0707	龙口花苑小区微改造项目	65	52	2079	1184	一般	R
17	AT0710	尚雅苑微改造项目	60	48	689	477	一般	R
18	AT0711	南苑小区微改造项目	—	—	—	—	困难	R
19	AT0502	小金燕花苑微改造项目	—	—	—	—	困难	R
20	AT0706	天河东远洋小区微改造项目	—	—	—	—	困难	R
21	AT0707/AT0703	天河区五山路（天河路—翰景路）品质化提升工程	—	—	—	—	困难	S

6.1.4　建设指引

1. 建筑小区类

建筑小区类项目属于地块源头控制项目,海绵城市建设的目标应以内涝防治、控制面源污染为主,实现高频率、小流量降雨的自我消纳,有效削减降雨径流,控制场地内面源污染,并适度进行雨水回用。主要通过采用源头、分散的绿色雨水控制设施来削减降雨径流总量和峰值,有效实现小雨不积水的目标。源

头控制设施主要有植草沟、生物滞留设施、绿色屋顶、可渗透路面和调蓄设施等。新建建筑小区应尽量维持地块开发前后的水文特征不变,即改造后的径流量应不超过改造前的径流量,不增加已建排水防涝设施的额外负担,应优先采用下沉式绿地、雨水花园等海绵城市设施。建筑小区海绵城市设计路线流程图如图6.2所示。

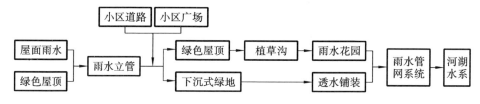

图 6.2　建筑小区海绵城市设计路线流程图

(1)建筑屋面

针对建筑屋面,根据不同的荷载选择不同的绿色屋顶形式、植物种类。一般选用低矮抗风、根系较浅、耐寒、耐旱、耐贫瘠的植物。合理的坡度设计有利于绿色屋顶的雨水收集与排水,坡度一般小于15%。绿色屋顶又分为简单式和花园式,基质深度根据植物需求及屋顶荷载确定,简单式绿色屋顶(见图6.3)的基质深度一般不大于 150 mm,花园式绿色屋顶在种植乔木时基质深度可超过600 mm。绿色屋顶的设计可参考《种植屋面工程技术规程》(JGJ 155—2013)。同时也可对建筑雨水立管进行断接处理(见图6.4),将屋面径流及小区内部道路径流引入海绵设施内进行调蓄、下渗与净化,不应采用传统直排的排水方式。

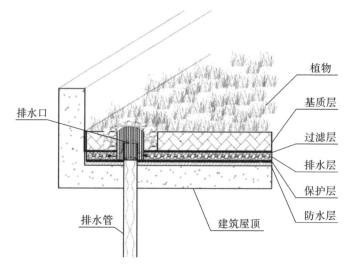

图 6.3　绿色屋顶

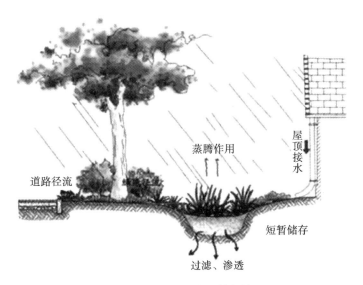

图 6.4 建筑雨水立管断接

（2）小区内部道路及广场

应优化小区道路横坡坡向、路面与道路绿化带及周边绿地的竖向关系等,合理、有效设置地表径流设施,便于道路径流雨水汇入绿地内海绵设施。小区人行道采用透水铺装,停车位应采用生态型。透水砖铺装和透水水泥混凝土铺装主要适用于广场、停车场、人行道以及车流量和荷载较小的道路,可采用透水面砖、透水混凝土、草坪砖等。透水铺装的设计应参照《透水砖路面技术规程》(CJJ/T 188—2012)、《透水沥青路面技术规程》(CJJ/T 190—2012)、《透水水泥混凝土路面技术规程》(CJJ/T 135—2009),透水砖铺装渗透系数应大于1×10^{-4} m/s,且土基顶面距离地下水位宜大于 1.0 m,无停车人行道透水砖抗压强度等级不小于 C40,有停车人行道透水砖抗压强度等级不小于 C50。当透水铺装设置在地下室顶板上(且顶板覆土厚度应不小于 600 mm)或土地透水能力有限时,应设置排水层和防渗层。

（3）小区绿化

在满足改善生态环境、美化公共空间、为居民提供游憩场地等基本功能的前提下,应结合绿地规模与竖向控制,在绿地内设置可消纳屋面、路面、广场及停车场径流雨水的海绵设施,并通过溢流排放系统与城市雨水管渠系统和超标雨水排放系统有效衔接,小区宜设置雨水花园、下沉式绿地、植草沟、雨水花坛等海绵设施。海绵型生物滞留设施的下凹深度应根据植物的耐淹性能和土壤渗透性能

确定，一般下凹深度为 100～300 mm。当地下水水位较高时，一般应设置溢流口（如雨水口），保证暴雨时径流的溢流排放。溢流口顶部标高一般应高于绿地 50～100 mm，排空时间一般应设置在 24 h 以内。对于径流污染严重、设施底部渗透面距离季节性最高地下水位或岩石层小于 1 m 及距离建筑物基础小于 3 m（水平距离）的区域，应采取必要的措施防止次生灾害的发生。

生物滞留设施形式多样，适用区域广，易与景观结合，径流控制效果好，建设费用与维护费用较低；但地下水位与岩石层较高、土壤渗透性能差、地形较陡的地区，应采取必要的换土、防渗、设置阶梯等措施避免次生灾害的发生，否则将增加建设费用。

(4)景观水体

建筑小区内的景观水体、草坪绿地和低洼地宜具有雨水储存或调节功能，景观水体可建成集雨水调蓄、水体净化和生态景观于一体的多功能生态水体，在海绵城市设计过程中应加强多专业协同设计、施工，保障设计的可行性。可使用景观水体修复技术，主要是通过采取补水、生物滞留、预处理、自然净化、调蓄和循环回用等措施，使景观水体得到有效修复，具有运行费用低且管理方便的特点。这种基于海绵城市理念的小区景观水体修复技术具有良好的发展前景，应推广应用。

(5)调蓄池或调蓄模块

调蓄池指具有雨水储存功能的集蓄利用设施，它同时也具有削减峰值流量的作用，主要包括钢筋混凝土蓄水池，砖、石砌筑蓄水池，以及塑料蓄水模块拼装式蓄水池。用地紧张的城市大多采用地下封闭式蓄水池，蓄水池典型构造可参照国家建筑标准设计图集《海绵型建筑与小区雨水控制及利用》(17S705)进行设计。蓄水池适用于有雨水回用需求的建筑与小区、城市绿地等，根据雨水回用用途（绿化、道路喷洒及冲厕等）不同需配建相应的雨水净化设施。

若采用雨水罐、调蓄池调蓄初期雨水，一般应采取弃流措施。弃流指通过一定方法或装置将存在初期冲刷效应、污染物浓度较高的降雨初期径流予以弃除，以降低雨水的后续处理难度。弃流雨水应进行处理，如排入市政污水管网（或雨污合流管网）由污水处理厂进行集中处理等。常见的初期弃流方法包括容积法弃流、小管弃流（水流切换法）等，弃流形式包括自控弃流、渗透弃流、弃流池、雨落管弃流等。弃流措施适用于屋面雨水的雨落管、径流雨水的集中入口等低影响开发设施的前端。弃流装置及雨水罐示意图见图 6.5。

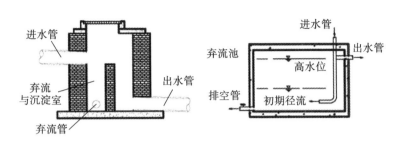

图 6.5　弃流装置及雨水罐示意图

2. 道路类

道路范围内采用的海绵城市设施应以滞蓄和净化为主,根据道路的断面布局、市政管线的布置等条件组合设置。该实施方案中所提下沉式绿带均为广义下沉式绿地(包括但不限于雨水花园、生态树池和植草沟等海绵城市设施),且绿化宽度宜不小于 2 m,在布设雨水系统雨水口时,宜采用环保型雨水口。道路海绵城市设计路线流程图如图 6.6 所示。

图 6.6　道路海绵城市设计路线流程图

(1)绿化带

①中央分隔带。根据道路的横坡控制要求,中央分隔带一般处于横坡路拱顶,考虑中央分隔带不具备接收硬质路面雨水的集水条件,因此本次实施方案中仅考虑在高架下绿化带、绿化带宽度较大、纵坡较大的中央分隔带设置下沉式绿地、雨水花园、植被浅沟等,主要用于控制自身产流及部分机动车道汇流,中间分车绿带纵坡方向的路缘石隔一定的距离断开一个缺口,即边石豁口,入口处铺砾石消能并种植密集植物,以使道路径流在顺利流入生物滞留带的同时又能保证生物滞留带不被冲刷;为避免纵坡过大形成的短时较强径流对植床造成冲刷,种植区域应设计成"S"形曲线,以延长径流在花园中的滞留时间,增强滞蓄过程对道路径流污染的控制率。

为进一步削减雨水径流污染,结合编制区现状,在道路改造时,建议采用环保型雨水口(见图 6.7),通过拦污挂篮减少入管垃圾等漂浮物,控制面源污染。

图 6.7　环保型雨水口减少入河污染物

　　②主辅分隔带。主辅分隔带应根据道路横坡设置。通过开口路缘石,主辅分隔带可接收机动车道路面汇入的路面径流,主辅分隔带附近的雨水口收集的径流雨水流量大,污染较严重,行驶车辆产生的粉尘较多,因此有必要考虑做下沉式海绵设施的设计,形成一定的蓄水层,将机动车道路侧雨水口调整至主辅分隔带,作为溢流雨水口,调蓄、净化主机动车道汇入的雨水。在绿带中应栽种耐旱、耐涝本土植物,优先乔、灌木及草本类植物混种,这些植物不仅自身的生存力和适应力强,还能较好地减轻道路径流污染。图 6.8 为主辅分隔带下沉式绿地道路断面做法示意图。

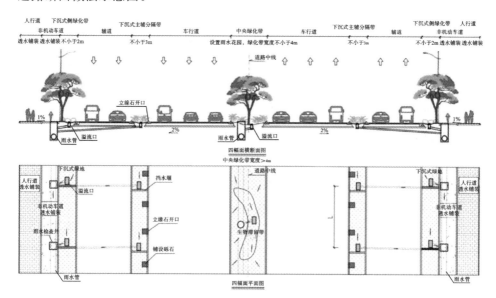

图 6.8　主辅分隔带下沉式绿地道路断面做法示意图

③机非分隔带。机非分隔带应根据道路横坡设置。通过开口路缘石,机非分隔带可引入机动车道及非机动车道的雨水。机非分隔带应采用下沉式设计,以便调整机动车道、非机动车道路侧雨水口进入机非分隔带中进行滞蓄控制,宜根据绿化带的宽度设计下沉式绿地或雨水花园。机非分隔带路缘石断开位置应在道路横断面方向,若道路纵坡不大,应采取平断口形式;若纵坡较大,断口需要与路缘石倾斜一定角度。设计时可与道路原有雨水设施,如雨水口、检查井、市政雨水管道等生态设施配合。在绿带中应栽种耐旱耐涝本土植物,最好乔、灌木及草本类植物混种,这些植物不仅自身生存力和适应力强,还能较好地减轻道路径流的污染。

④树池。树池宜按生态树池做法,可结合场地条件布置预处理设施,一般采用植草沟等传输型海绵设施,种植土低于路面 100 mm,雨水口低于路面 50 mm。为防止周围原土的冲刷,影响海绵设施对污染物的去除过程,生态树池外侧及底部及填料层中间应设置透水土工布。当生态树池位于地下建筑之上时,应在底部和周边均设置防渗层,并设置穿孔盲管,复核排空时间,使其满足海绵城市建设要求。若绿化面积不足,也可将树池进行串联,树池之间的空间应设计为下沉式绿地,增加海绵城市的调蓄空间。图 6.9 为生态树池道路断面示意图。

(2)慢行空间

人行道应采用透水铺装设计,主要铺装材料为透水砖。透水铺装的设计要求同上述"1.建筑小区类"的"(2)小区内部道路及广场"的要求。若人行道一侧敷设缆线管廊,考虑透水铺装上部覆土厚度要求,不宜使用透水铺装。因此,在进行管网设计时,应考虑道路人行道透水铺装的设计形式。铺设过程中,若遇路灯井、报亭特殊点位、地块入口、其余盖板敷设管线,不宜使用透水铺装。若综合管廊覆土厚度不小于 2 m,则不影响透水铺装设置,但在设计过程中应做好防渗措施,通过布设盲管的形式防止积水。

自行车道的海绵城市措施主要采用透水铺装材料进行设计。若单独设置,则可采用透水混凝土或透水沥青路面。

(3)机动车道

考虑机动车道结构安全及堵塞的问题,不同区域土壤渗透性能有较大差异,建议选取试验路段,对机动车道在排水沥青路面采用 OGFC(Open Graded Friction Course,开级配抗滑磨耗层沥青路面的简称,由孔隙率为 12%～15% 的开级配沥青混合料铺筑,厚度为 19～25 mm 的沥青路面罩面薄层)进行示范,以此增强排水功能层与下承层之间的黏结强度,且防止路表水渗透至中、下面层和

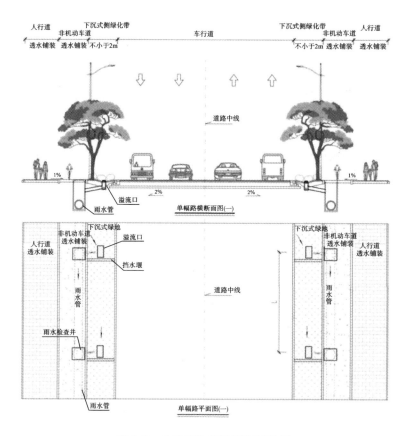

图 6.9　生态树池道路断面示意图

基层而发生水损坏;可对中、轻荷载及小区内部道路试验路段的机动车道采用透水沥青路面,轻荷载试验路段机动车道可采用透水水泥混凝土路面,并通过项目现场实测渗透系数进行模型模拟验证,利用实测数据进行率定,验证其可行性。

（4）高架、立交

对于高架、立交道路,雨水宜通过雨水立管汇入中央绿化带,管口应铺设消能石消能或者采用散水设施,可在中央绿化带内设置下沉式绿地、雨水花园等海绵雨水调蓄设施。主要对初期雨水进行控制,若周边绿化空间较大,也可结合周边集中绿地、水体、公园、广场等空间建设雨水调蓄及雨水收集利用系统。有条件的区域也可以在高架桥下的中央绿化带设置雨水调蓄设施,用于增加调蓄空间,经收集处理后的雨水可回用于道路、绿地浇洒。

研究被绿化物与植物材料的色彩、形态、质感的协调性,合理配置垂直景观中的各种不同类型的攀缘植物,以发挥其观赏特性。运用乡土攀缘植物,能使城市垂直绿化具有当地特色,而且这些植物具有成本低、见效快、易管理等优势。

图 6.10 为立交互通海绵技术设施布置图。

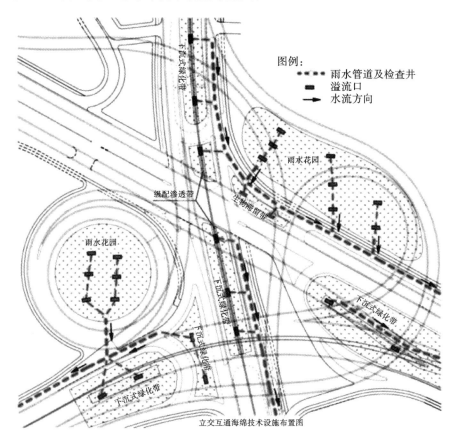

图 6.10　立交互通海绵技术设施布置图

3. 公园绿地

公园绿地、街旁绿地的海绵城市建设应首先满足自身的生态功能、景观功能和游憩功能,并应达到年径流总量控制率、年径流污染控制率等海绵城市建设指标的要求。绿地中道路和硬化铺装的周围应设置雨水花园、植草沟、下沉式绿地等设施,消纳雨水径流;雨水利用应以入渗和景观水体补水与净化回用为主,避免建设维护费用高的净化设施。土壤入渗率低的公园绿地应以储存、回用设施为主;公园绿地内景观水体可作为雨水调蓄设施,并与景观设计相结合;当城市开放空间承接外来客水时,海绵设施的规模计算和布局设计应考虑该部分水量,进水口处应设置预处理设施和消能设施,以减少客水对场地的污染负荷冲击和土壤冲刷。

绿地的竖向控制应保证硬化铺装的汇水区标高高于下沉式绿地,雨水径流通过地表坡度汇集到过滤设施或转输设施中,然后进入下沉式绿地;雨水溢流口可设置在下沉式绿地中,也可设置在绿地与硬化铺装的交界处。雨水溢流口的高程应高于下沉式绿地底高程且低于地表的高程,保证超过下沉式绿地蓄水上限的雨水及时通过溢流口排入雨水管渠系统。当场地承接外来客水时,进水点应选择场地高点处,便于场地内形成重力流排放路径,或结合场地内水体位置进行确定,进水管管底标高应高于雨水设施溢流水位线标高,以避免出现倒灌现象。

(1)综合公园

综合公园是相对封闭的绿地系统,绿地内部包含了绿化、道路、建筑物等,以及雨水径流的产生、转输、滞留整个过程,因此可以通过在各个雨水径流关键点合理运用海绵城市设施,实现雨水管理效益最大化。综合公园进行海绵城市设施的设置应选择以雨水渗透、储存、净化为主要功能,在场地规划和初期设计时,把海绵城市系统与景观系统整合统筹;在公园中划定一定比例的下沉式绿地空间,配植适合生长的植物群落,用于消纳与净化径流雨水;已建成公园及开放绿地应充分重视原有公园的风貌和文化体系,尽量利用非主要景观场地完成海绵城市系统的构建。该类公园海绵城市系统的设计路线流程图如图 6.11 所示。

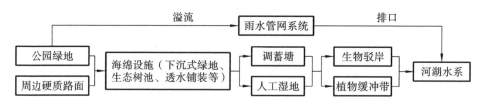

图 6.11 综合公园海绵城市设计路线流程图

雨水湿地利用物理、水生植物及微生物等作用净化雨水,是一种高效的径流污染控制设施。雨水湿地分为雨水表流湿地和雨水潜流湿地,一般设计成防渗型以便维持雨水湿地植物所需要的水量。雨水湿地常与湿塘合建并设计一定的调蓄容积。

雨水湿地一般由进水口、前置塘、沼泽区、出水池、溢流出水口、护坡及驳岸、维护通道等构成,湿塘的构造与其相似。沼泽区包括浅沼泽区和深沼泽区,是雨水湿地主要的净化区,其中浅沼泽区水深 0～0.3 m,深沼泽区水深 0.3～0.5 m,

根据不同水深种植不同类型的水生植物。雨水湿地的调节容积应能在 24 h 内排空,出水池主要起防止沉淀物的再悬浮和降低温度的作用,水深一般为 0.8~1.2 m,出水池容积约为总容积(不含调节容积)的 10%。

（2）社区公园

社区公园绿地相对封闭,其中海绵城市绿地以消纳滞蓄内部雨水为主,对外部雨水不具备消纳能力。应将道路、广场径流雨水通过有组织的汇流和转输,引入绿地内的渗透、储存、净化等海绵城市设施,可通过对不透水铺装面积的限制、生物滞留带、植草沟的设计进行雨洪控制管理。布局应因地制宜,保护并合理利用原有水体、沟渠等,合理设置调蓄水位,承担雨洪调节功能;在合适的区域减少不透水路面面积,优化绿地空间布局,在建筑、广场、道路周边布局可消纳径流雨水的下沉式绿地,并结合竖向设计,优化道路、屋面、广场地面与绿地的关系,便于雨水汇流入绿地海绵设施。社区公园海绵城市设计路线流程图如图 6.12 所示。

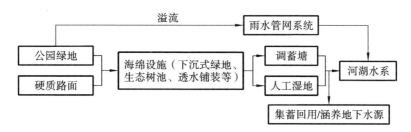

图 6.12　社区公园海绵城市设计路线流程图

（3）滨水公园

滨水公园绿地为滨水区域狭长型绿地,与河道、水系等天然海绵体相邻,在进行海绵城市设施选择时应选择以雨水转输、净化为目的的设施。应兼顾对雨水径流的汇集净化与滨水环境景观的建设,充分利用城市水系滨水绿地条件,因地制宜,通过在绿地内设置转输型植草沟、雨水花园、下沉式绿地等海绵城市建设设施,净化径流雨水并通过城市雨水管渠排入河流水系,可结合水安全设置蓄滞洪区,提高区域内涝防治能力;针对已建成公园及开放绿地,应充分重视原有公园的风貌和文化体系,尽量利用非主要景观场地完成海绵城市系统的构建。滨水公园海绵城市设计路线流程图如图 6.13 所示。

4. 水务工程

应针对建设目标,明确需要治理对象的规模和分布,选择适宜的治理技术,

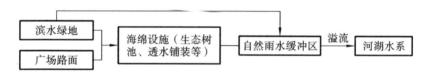

图 6.13　滨水公园海绵城市设计路线流程图

确定治理设施的形式和规模,结合场地现状,因地制宜进行布置;在陆域缓冲带布置海绵设施时,必须考虑防汛通道、慢行道、游步道、休憩广场、亲水平台等功能设施的布置要求。调蓄和净化等海绵设施应重点布置在径流污染严重的区域和入河雨、污水管网附近;应保留河道的蜿蜒特征,在满足相关规划要求的情况下,宜根据现有河势走向,保留及恢复河道的自然弯曲形态,避免截弯取直;海绵设施的布置,需保证河湖行洪排涝、输水、通航等基本功能不受影响;应对城市水系(排洪渠)原有截污系统进行修复提升,杜绝底部溜槽截污和截污管道截污,必要的截污设施应设置在河涌两侧、河坡或河侧壁箱涵上;对河涌河床、驳岸及滨水空间进行合理的景观提升改造,恢复河涌(排洪渠)的生态功能。

针对生态堤岸设计,应结合河道建设范围和周边地块的地形特点,使雨水自流进出海绵设施。调蓄池中储存的初雨径流或者溢流污水可通过提升,进行净化后回用或排放;应在满足规划断面基础上,结合水生动植物生境构建要求,对水体进行竖向断面控制,包括矩形、梯形和复式断面形式等,可通过设置不同坡比、平台高度和宽度,人工岛,河底深潭浅滩等,形成多样化的断面形式;通过植物配置,从水体到陆域形成以沉水、浮叶、挺水和陆生植物为一体的全系列或半系列滨河植物带。

(1)水利工程

海绵城市建设的核心是构筑城市"海绵体",而河湖水系则是天然的"大海绵",特别对于南方丰水地区,地下水位常年较高,土壤层吸纳降雨的容量和速率是十分有限的,短时强降雨频繁发生,雨洪的滞留、调蓄很大程度上依靠河湖水系。河湖水系同时也是城市水环境容量的载体。在海绵城市建设过程中,一方面要保护河湖水域不被侵占,并且应适当扩大水域、湿地的规模,另一方面应通过水系整治、生态修复和水环境保护等多种手段,维持水生态环境良性循环。

水利工程中,主要涉及生态补水、生态岸线修复和河道清淤等方面。生态补水工程主要依靠上游的山塘、河湖水库等水源地和污水厂的尾水进行河道补水,根据《广州市水务工程项目海绵城市建设技术指引》,目前设计的污水厂中水水源补水方案案例如图 6.14 所示。

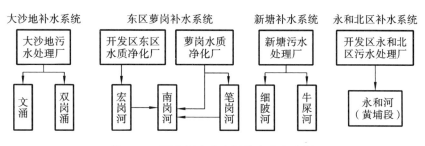

图 6.14　污水厂中水水源补水方案案例

（2）生态岸线

生态岸线的海绵城市建设目标应以控制地表径流和削减径流污染为主。应充分尊重现有自然水系形态，通过地形调整和植物净化作用减少径流雨水给水系带来的污染，外部雨水进入水系前必须经过具有雨水净化作用的低影响开发设施；严格控制在水系防护绿地区域的开发建设活动，维护其自然积存、自然渗透的状态。

针对已建硬质护岸的海绵性改造，应不影响河道行洪排涝、航运和引排水等基本功能，并确保岸的稳定安全；在硬质护岸临水侧河底设置定植设施并培土抬高或者投放种植槽等，局部构建适宜水生植物生长的生境，种植挺水、浮叶或沉水植物；挡墙顶部有绿化空间的，可在绿化空间内种植藤本类或者具有垂悬效果的灌木类植被；挡墙顶部无绿化空间的，可在挡墙外沿墙面设置种植槽，槽内种植垂挂式藤本类植被。图 6.15 为生态堤岸示例。

（3）排水工程

应合理确定雨水管渠、排涝除险设施和受纳水体三者之间的竖向高程关系，并与周边建筑小区、绿地和道路系统的海绵城市建设设施的高程相协调；由于排水工程主要涉及海绵城市的过程设计，在设计过程中应结合源头地块确定设计路线，当地区出现整体改造时，应结合实施方案中道路工程、建筑小区工程和公园绿地工程要求加入透水铺装及其他海绵设施。在排水管网末端可采用植物驳岸、自然石块驳岸等，结合海绵设施对雨水进行滞蓄控制，提高河涌水质质量。排水工程海绵城市设计路线流程图如图 6.16 所示。

排水单元达标创建工程是通过雨污分流、清污分流改造、管网病害修复、海绵城市建设等措施，实现地块单元的彻底雨污分流、清污分流，实现区域内的水系（包括合流渠箱）的清污分流，完善单元的海绵排水系统，改善单元的居住环境，提高单元的抗洪排涝能力和城市污水处理率。

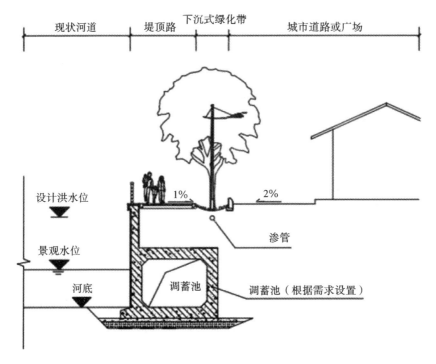

图 6.15　生态堤岸示例

图 6.16　排水工程海绵城市设计路线流程图

6.2　水安全提升方案

　　水安全体系主要由排水防涝体系和防洪体系构成,主要针对内涝点、雨水管网、河道行洪、防洪水闸、排涝泵站、行泄通道等内容进行分析。

　　排水防涝整治方案是从片区整体性角度出发,对片区的水安全系统进行分析,具体分为源头减排、管网排放、蓄排并举、超标应急四项,并应与城市防洪相衔接。

　　源头减排应梳理总结各分区水安全提升方案中源头削减的部分。管网排放应梳理总结各分区水安全提升方案中过程控制及内涝点整治管网改造的部分。

蓄排并举应梳理总结各分区水安全提升方案中河道整治、水泵闸站规划、调蓄设施规划的部分。超标应急应梳理总结各分区水安全提升方案中竖向控制、应急布防抢险的部分。

水安全提升方案中源头削减应为研究源头控制设施,明确在特定重现期下削错峰的影响,研究其对于现有内涝的削减效果和管线提标的实施效果。过程控制应分为新建区、改造区。新建区应按照设计标准规划建设雨水管线,并利用模型进行复核。改造区应对现有破损或随路管线按标准进行建设或改建;在管网评估和内涝评估基础上,对部分管线进行调整;优先采用分流、连通等方案对老区进行改造,达不到要求的可以增加管线。排涝除险应结合以上方案对内涝点"一点一策"提出方案,包括调蓄方案、行泄通道等,并提出实施后对现有内涝的削减效果和管线提标的实施效果。

排涝除险主要实施措施有:新建或改造泵站及配套管线、雨水算子;新建或改造雨水管道;新建防倒灌设施、排涝泵站;建设行泄通道;利用绿地、坑塘、湿地等自然空间建设调蓄空间;进行河道防洪治理,计算流量,明确纵断面、横断面、平面,明确区域调蓄量,并建设区域调蓄区;截洪方案;堤、坝、闸加固方案等其他可能涉及的排涝除险方案;应急预案。

6.2.1　海珠区琶洲岛片区排水防涝综合整治方案

1. 源头减排

在场地开发过程中,通过采用源头、分散的绿色雨水控制设施构建源头雨水控制系统,削减降雨时排入市政管网系统的径流总量和峰值,减轻排水防涝设施的运行压力,强化城市水安全韧性。结合各分区源头减排方案内容,通过地块源头控制设施,如植草沟、生物滞留设施、绿色屋顶、可渗透路面和调蓄设施等,可提供分散式海绵调蓄容积,实现城市降雨径流量的源头化控制。

经统计,各排水分区的源头海绵设施雨水调蓄量共计 53051 m³,可有效缓解市政管网的排水压力。表 6.5 为各排水分区源头海绵设施雨水调蓄量统计表。

表 6.5　各排水分区源头海绵设施雨水调蓄量统计表

序号	排水分区名称	分区面积/hm²	雨水调蓄量/m³	平均可调蓄深度/m
1	HZ1201 排水分区	140.18	1816	0.15
2	HZ1202 排水分区	239.80	2550	0.15

序号	排水分区名称	分区面积/hm²	雨水调蓄量/m³	平均可调蓄深度/m
3	HZ1301 排水分区	299.69	8037	0.15
4	HZ1401 排水分区	188.01	17872	0.15
5	HZ1402 排水分区	284.81	4117	0.15
6	HZ1403 排水分区	196.60	18659	0.15
	琶洲岛片区	1349.09	53051	0.15

2.管网排放

琶洲岛片区范围内涉及城市连片更新片区。连片更新区域主要集中在琶洲岛片区东部,规划雨水管网主要沿新港东路等市政道路敷设。连片更新区域及新建区域内新建雨水管网按不低于5年一遇重现期设计,在洪涝安全评估阶段论证具有有效应对百年一遇降雨的能力。非城市连片更新的改造区域中对过流能力不足的雨水管道结合周边工程(如雨污分流工程、道路升级改造工程、水浸内涝点改造工程等)进行升级改造。

根据《广州市内涝治理系统化实施方案(2021—2025年)》以及百年一遇洪涝淹没风险图和管网过流能力达标分布分析结果,结合片区现状及规划建设情况,对片区范围内由于管网过流能力不足导致百年一遇条件下存在较高水浸风险的管网提出改造建议,具体1处易涝风险点为广交会展馆5号门,其对应的改造方案见表6.6。

表 6.6 易涝风险点改造方案

序号	风险点名称	现状管道管径/mm	规划管道管径/mm	长度/km	建设类型
1	广交会展馆5号门处	500~1500	800~2000	3.1	现状改造

3.蓄排并举

(1)河道整治

根据《广州市内涝治理系统化实施方案(2021—2025年)》《广州市防洪排涝建设工作方案(2020—2025年)》《海珠区琶洲中二区琶洲眼片区控制性详细规划》及《广州市海珠生态城水系规划》等上位规划的相关内容,衔接连片更新区域的规划用地,为保障分区内防洪排涝安全,同时兼顾景观等多种功能要求,对 3 条河涌进行水系连通,具体内容如表 6.7 所示。

表 6.7　琶洲岛片区河道整治统计表

序号	河涌名称	整治内容	所属排水分区
1	琶洲眼涌	规划河涌长度约为 1.03 km	HZ1401 分区
2	AH0414-1 规划河涌(黄埔北涌)	规划河涌长度约为 1.72 km	HZ1402 分区
3	HZ1403 规划河涌	河涌重新规划河道分布,自北向南连通珠江前后航道,河涌长度约 1 km	HZ1403 分区

（2）水闸泵站规划

经过多年的防洪排涝体系建设,琶洲岛片区基本建成具有防御一定洪涝水能力的防洪减灾体系。该片区范围内规划提升的水闸泵站具体如表 6.8 所示。

表 6.8　琶洲岛片区水闸泵站规划提升统计表

序号	水闸泵站名称	设施规模	建设方案	所属排水分区
1	琶洲南闸	重建水闸 1 座,闸孔总净宽为 5 m	重建	HZ1302 分区
2	琶洲涌排涝泵	设计流量为 5 m^3/s,装机功率为 267.55 kW	新建	HZ1302 分区
3	琶洲眼涌水闸	新建挡潮闸 1 座,排涝能力需达百年一遇及以上	新建	HZ1401 分区
4	琶洲眼涌泵站	新建排涝泵站 1 座,排涝能力需达百年一遇及以上	新建	HZ1401 分区
5	黄埔北涌泵站 1 座	新建泵站 1 座,排涝能力需达百年一遇及以上	新建	HZ1402 分区
6	新洲北闸(文昌塔闸)	重建水闸 1 座,排涝能力需达百年一遇及以上	重建	HZ1402 分区
7	新洲南闸(黄埔南闸)水闸	重建水闸 1 座,排涝能力需达百年一遇及以上	重建	HZ1403 分区
8	新洲南闸(黄埔南闸)泵站	重建泵站 1 座,排涝能力需达百年一遇及以上	重建	HZ1403 分区

（3）调蓄设施规划

结合各分区水环境改善方案中关于调蓄设施与人工湿地等相关内容，片区充分利用调蓄设施与人工湿地的调蓄能力，雨季错峰泄洪，增强片区的雨水调蓄净化功能，降低下游雨水管排洪压力，提升片区防涝能力，片区具体的调蓄设施统计如表 6.9 所示。

表 6.9　琶洲岛片区调蓄设施统计表

序号	调蓄设施名称	设施规模	所属排水分区
1	AH0412 初雨调蓄池	不少于 3000 m³ 的调蓄容积	HZ1401 分区
2	黄埔古港景观区内水体	不少于 4602 m³ 的调蓄容积	HZ1402 分区
3	琶洲东区 1# 人工湿地	总占地面积约 1330 m²	HZ1403 分区
4	琶洲东区 2# 人工湿地	总占地面积约 1320 m²	HZ1403 分区

4. 超标应急

（1）片区开发竖向控制

城市连片更新区域建设过程中需注意竖向控制，如琶洲岛东区、琶洲眼片区等。在确定新建道路的控制标高时，除了要考虑与现状道路及已建场地在竖向上合理衔接等因素，还要考虑到场地地下空间开发、道路结构与管线敷设等所产生土方量的就地消纳等问题，做到土方平衡，同时还需考虑将城市道路作为超标雨水径流汇集系统的通道，控制新建区域的地面标高衔接。地块地面标高一般应高于城市道路的规划标高，规划建设区域调蓄设施的地块，地面标高应低于城市道路的规划标高，绿地的地面标高一般应低于城市道路的规划标高。

除了濒临超标雨水径流受纳体的道路，其他新建城市道路各路段的纵坡均应按相应的超标雨水径流受纳体设计，不得在路段、交叉口处形成低洼点，以防止产生易积水区。

道路交叉口竖向设计时，应落实超标雨水径流有组织地通过交叉口向受纳体汇集的要求，避免使相交道路的路拱围合成局部低洼区。

（2）应急布防抢险预案

上述排水防涝整治方案工程内容实施后，根据百年一遇洪涝淹没风险图，现状仍存在 1 处易涝风险点——北岛创意园易涝风险点，针对该类易涝风险点，建议做好应急布防抢险预案，以达到片区有效应对百年一遇降雨。表 6.10 为琶洲岛片区易涝风险点统计表。

表 6.10　琶洲岛片区易涝风险点统计表

序号	易涝风险点名称 （百年一遇）	易涝原因	解决措施
1	北岛创意园 易涝风险点	地势低洼,容易排水不及,导致内涝风险较高	建议做好该风险点的应急布防抢险预案,完善管理制度,督促养护单位加强日常巡查,做好维修养护,确保相关排水设施能正常使用,保障片区水安全

具体的应急布防抢险措施如下。

①当出现险情时,及时报告区水务局和区三防办。组织对排水管网、闸泵、涵闸等水务工程进行巡查。检查井盖丢失、松动或雨水口坍塌等问题,以及排水管道渗漏、堵塞、变形、沉陷、断裂、脱节等问题;检查泵闸启闭设施能否正常运行,工程基础有无裂缝、断裂、沉陷等情况,电气设施设备、输电线路、备用电源等的工作情况等。重点监视堤围险段等重要部位,注意河涌的堤防安全和水位变化情况,及时清障、疏通河道;密切关注主要河道特别是珠江水位变化及堤防安全。

②联合属地街道、区三防办对除险设施采取抢险措施。强暴雨持续发生导致严重内涝时,组织开展排水管网等水务设施巡查,清理雨水口格栅及周边阻水物、打开雨水井盖排涝,确保排水管网排水通畅;及时在积水严重区域设置警示牌;不间断巡查布防范围内其余各处的排水设施运行情况、路面水浸情况;启动强排车抽水等保证排水设施的排水能力;根据内涝态势和外江水位,及时启动排水泵站等抽水设备进行强排;预判水浸发展态势,及时调动抢险力量投入内涝应急抢险工作,防止涌水漫堤,或涌入泵闸设施扩大危害。

③控制危险源,标明危险区域,封锁危险场所。对拥堵路段进行交通引导,实施交通管控,及时向市民和车辆发布最新交通状况,提醒市民避开水浸及拥堵的路段。及时封闭行泄通道和隧涵,提前布防。地铁、地下商场、地下车库、地下通道等地下设施和低洼易涝地带做好防水浸、防倒灌措施,备足沙袋、备好挡雨板(易进水口要设置半米以上高度的围挡),确保地下空间安全。

6.2.2　天河区猎德涌排水防涝整治方案

防洪体系对于猎德涌流域来说主要指河道防洪系统。首先,基于水生态体系确定的低影响开发源头、过程和末端径流控制工程,结合天河区排水控制性详细规划和总体规划,通过构建一维模型对管网能力进行模拟评估,对比实施低影响开发措施前后其对管网能力的影响,即管网重现期提升标准,若存在管网能力不足,应根据模拟结果对规划管网方案进行优化调整,完成对小排水系统的优化;其次通过构建二维模型对示范区进行内涝风险评估,根据模拟结果,对存在内涝点的位置进行系统优化,结合对应标准优化积水点周边场地规划、行泄通道及雨水设施,完善大排水系统;最终,按照规划标准提高河道防洪能力,同时对靠近海域受到海水顶托和极端高潮位影响的水系、管路设置挡潮闸、强制排水设施等来提高城市的抵御洪水、高潮的能力,完善城市防洪体系。排水防涝整治技术路线见图 6.17。

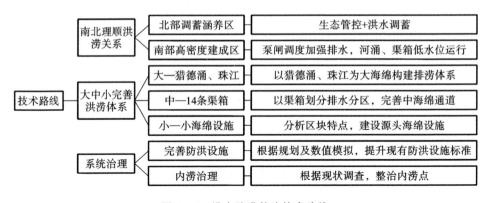

图 6.17　排水防涝整治技术路线

1. 源头减排

源头雨水控制系统构建就是在场地开发过程中,通过采用源头分散的绿色雨水控制设施来削减降雨径流总量和峰值,有效实现小雨不积水的目标。方案结合地块建设提出 LID 建设方案,并利用模型工具对源头 LID 设施的径流削减效果进行评估。

地块源头控制设施主要有植草沟、生物滞留设施、绿色屋顶、可渗透路面和调蓄设施等。充分利用源头自然或人工湖调蓄能力,将区域雨水留在源头,错峰泄洪,降低下游雨水管排洪压力。

（1）北部涵养区——挖潜人工湖调蓄能力

流域内有人工湖、风水塘 12 个，利用雨前 6～12 h 降低至起调水位，降低外排径流，增加可调蓄容积。

（2）建设源头海绵设施

结合猎德涌流域内大力推进的达标单元项目及城市更新项目，充分建设源头海绵设施，起到源头控制雨水的效果。经统计，可计算出猎德涌流域内源头海绵设施雨水调蓄量。源头湖泊可调蓄水量统计情况见表 6.11。猎德涌流域源头改造海绵项目示意图见图 6.18。源头海绵设施可调蓄水量统计情况见表 6.12。

表 6.11　源头湖泊可调蓄水量统计表

序号	人工湖名称	主要参数	经改造后可调蓄容积/m³
1	华南理工大学西湖	水域面积 22243 m²，库容 43100 m³，汇水面积 31.40 hm²	19083.94
2	华南理工大学中湖	水域面积 20969 m²，库容 18100 m³，汇水面积 31.40 hm²	20907.25
3	华南理工大学东湖	水域面积 17943 m²，库容 20100 m³，汇水面积 39.28 hm²	23873.16
4	华南理工大学北湖	水域面积 20634 m²，库容 15100 m³，汇水面积 17.19 hm²	10447.55
5	华南农业大学宁荫湖	水域面积 10820 m²，库容 19700 m³，汇水面积 18.17 hm²	11043.16
6	华南农业大学洪泽湖	水域面积 17157 m²，库容 24019 m³，汇水面积 25.59 hm²	15552.81
7	华南农业大学鄱阳湖 2、3	水域面积 16468 m²，库容 28462 m³，汇水面积 4.75 hm²	2886.90
8	暨南大学明湖	水域面积 14802 m²，库容 21300 m³，汇水面积 7.52 hm²	4570.42
9	暨南大学南湖	水域面积 4754 m²，库容 6656 m³，汇水面积 2.51 hm²	1525.50

序号	人工湖名称	主要参数	经改造后可调蓄容积/m³
10	华南师范大学人工湖1	水域面积 8720 m²,库容 12208 m³,汇水面积 5.01 hm²	3044.92
11	华南师范大学人工湖2	水域面积 5945 m²,库容 8323 m³,汇水面积 3.31 hm²	2011.71
12	珠江公园内湖	水域面积 8810 m²,库容 12334 m³,汇水面积 37.93 hm²	23052.67

图 6.18　猎德涌流域源头改造海绵项目示意图

表 6.12　源头海绵设施可调蓄水量统计表

源头海绵设施面积/m²	平均可蓄水深度/m	削减径流量/m³
320000	0.17	54000

（3）源头可调蓄量总计

源头调蓄水量统计情况见表 6.13。

表 6.13　源头调蓄水量统计表

源头调蓄	径流总量/万 m³	人工湖、风水塘/万 m³	源头海绵设施/万 m³	调蓄比例
5 年一遇两小时	144	11.8	4.8	4.2%～8.2%
100 年一遇 24 小时	1196.8	13.8	5.4	0.5‰～0.7‰

2. 过程控制

重点建设区内现状尚未开发建设的片区,均无管网分布。重点建设区依据规划要求进行管网系统建设。新建、扩建和成片改造区域重现期≥5 年,重要地区重现期≥10 年,改建区域重现期为 2～3 年。

过程控制就是要利用产汇流的整个环节,不是仅依靠末端,而是采用调蓄、过程净化和优化管网输送、溢流污染控制等多种手段,对雨水的"量"和"质"进行控制。

本次系统化编制范围内规划排水体制为雨污分流制,现状雨水管道系统不完善,部分主干道缺少雨水管道敷设,因此需要通过完善健全项目区域内雨水管道系统,并与末端河涌相连通,提高区域抵御城市洪涝灾害的能力,提升区域水安全。

(1)清污分流与排水单元达标

结合片区推进的清污分流项目和排水单元达标项目,改造雨水管网、整治错混接点,使流域内雨水管网达到设计重现期标准,确保雨水排放功能。该部分内容可参考"6.4　水环境改善方案"章节。

(2)管养现状排涝通道

猎德涌排涝片区无新增雨水排涝通道,保留现状的 11 条雨水渠箱作为排涝通道,总长 13.1 km。

3. 末端控制

①猎德涌水闸建于 20 世纪 60—70 年代,为进一步发挥水闸的作用,根据天河区排水规划,将对猎德涌水闸进行重建。

②根据天河区排水规划,远期在猎德涌口建设流量 $Q=140$ m³/s 泵组,保障猎德涌排水安全。猎德泵站规划示意图如图 6.19 所示。表 6.14 为猎德涌流域

强降雨水账计算统计表。

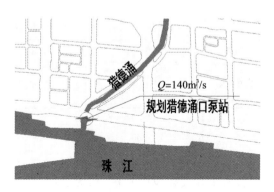

图 6.19 猎德泵站规划示意

表 6.14 猎德涌流域强降雨水账计算统计表

源头调蓄	径流总量/万 m^3	人工湖、风水塘/万 m^3	源头海绵设施/万 m^3	渠箱调蓄量/万 m^3	河涌调蓄量/万 m^3	外排量/万 m^3	规划泵站排涝能力/万 m^3
5 年一遇两小时	144	11.8	4.8	11.79	45.6	70.01	100.8
100 年一遇24 小时	1196.8	13.8	5.4	15.72	86	1075.88	1209.6

4. 排涝除险

按照海绵城市的建设理念,将内涝治理与水环境污染治理统筹考虑,从源头开始调节,以流域为体系,细化排涝单元,算清流域"水账",落实"上蓄、中通、下排"的治理思路。猎德涌流域现状 7 个内涝点分析及解决方案如下。

1)天寿路转广园路桥底

该点位于天寿路转广园路桥底,属猎德涌流域粤垦路渠箱排涝片区,且处于粤垦路渠箱末端位置,属于桥底隧道位置低洼处。2017 年整治过一次,基本消除内涝。

2021 年 7 月 28 日的强降雨过程中,出现内涝现象,积水深度为 0.5 m,持续时间约 52 min。市水务预警等级为二级,属轻度内涝点。

（1）内涝点位置

内涝点位于天寿路转广园路桥底。天寿路与广园路交界位于广深铁路下，南接天寿路，北往东莞庄路及粤垦路。中间（直行车道）为两孔箱涵，东西两侧各为一孔箱涵。东侧箱涵为天寿路转广园路匝道（下简称"东侧匝道"）。西侧箱涵为广园路（东行方向）转天寿路匝道（下简称"西侧匝道"）。

（2）内涝情况

天寿路转广园东路匝道一直是广州市天河区的内涝黑点，据统计，经 2017 年系统整治后，内涝情况基本缓解。2021 年 7 月 28 日发生轻度内涝，积水深度 0.5 m，积水时长 74 min。

（3）流域水系现状

该内涝点属于猎德涌雨水分区的粤垦路渠箱片区。

猎德涌雨水分区现状采用自流排水与局部强排水相结合的排水方式，规划集水面积 17.04 km²，现状为建成区。广深铁路以北为丘陵地区，广深铁路以南为平原地区。猎德涌为分区内主要水系，河涌全长 7.26 km，干流长度 6.35 km，水面面积约 9 万 m²，最大涌容约 36 万 m³。猎德涌上游河床陡峭，流速较大，下游感潮段流速缓慢，其二十年一遇洪峰流量为 157 m³/s。现状地台标高在 7.7～32.3 m，设计水位在 7.02～22.34 m。

粤垦路渠箱片区面积 160.9 hm²，现状与规划雨水排放方式均为自排。

（4）排水管渠现状

东莞庄路现状 DN1000 污水管和跨广园东路的 5000 mm×2000 mm 合流渠收集沿线污水、雨水后，分别接至广园东路北侧 DN600 污水管和广深铁路南侧的 2000 mm×1300 mm 合流渠，然后在广深铁路底汇入猎德涌上游 5000 mm×2000 mm 排水渠。广园东路（天寿路至猎德涌段）南北各有 DN400～DN1000 雨水管接入 5000 mm×2000 mm 合流渠。2017 年该点进行系统整治，建立了排涝泵站。

（5）内涝成因分析

①地势低洼引起的内涝。

东侧匝道（天寿路转广园路匝道）由于处在广园铁路以下，地势相对低洼，最低点城建高程约为 11.8 m。而东侧匝道南侧的天寿路、北侧东莞庄路、广园东路标高均为 13～15 m。在暴雨时受周边地表径流涌入影响，匝道内排水出口水位低，导致内涝点排水不畅，淹没深度大。

②管网错接、雨水口堵塞严重导致管道负荷过大。

东莞庄路东侧的 DN1000 污水管收集上游污水后接入广园东路北侧现状 DN600 污水管。该段污水管存在错接、混接以及逆坡等现象,影响雨水收集排放系统。

由于现状低洼,垃圾、树叶易在此处累积,堵塞现状集水沟,导致雨水无法以最快速度汇集入泵站,排水不及时,导致内涝。

(6)解决措施及相关建议

根据在暴雨时对现场条件的了解以及内涝成因的分析,提出应急措施及工程建议如下。

①建议管养单位对广园东路南北侧、东侧匝道内的淤积管道立刻进行清疏。在日后的设施管理中加强天寿路、广园东路、东莞庄等路段的排水管线的清疏管理,以确保管道的过流能力。

②工程措施。

现状强排泵站为 4 台水泵,三大一小,大台水泵每台流量为 0.11 m³/s,小台水泵每台流量为 0.03 m³/s,运行原则为三用一备(其中一台大泵为备用),泵站总流量为 0.36 m³/s。

检查泵站运行情况,复核现状流量是否还满足设计要求和排涝要求。如有必要,将进行泵站改造。

结合当前排水单元达标改造工程,改造广园东路北侧 DN600 污水管道,解决现状雨污管道混接、错接等问题。

根据《广州市雨水系统总体规划(2018—2035)》,远期将该泵站扩建为 $Q=5$ m³/s,见图 6.20,以更好地应对该片区的内涝情况。

图 6.20　远期改造方案

2)林和西路隧道燕岭路入口

（1）内涝点位置

林和西路隧道燕岭路入口内涝点位于林和西路隧道入广园快速路、燕岭路处,广州东站旁。

（2）内涝情况

2021年7月28日发生的降雨过程中,该隧道积水深度达50 cm,时长约45 min,严重影响了交通。市水务预警等级为二级,属于轻度内涝点。

（3）流域水系现状

林和西路隧道燕岭路入口内涝点属于猎德涌林和路渠箱排涝片区,该分区采用自流排水的规划排水方式。

林和西路隧道雨水主要通过南侧林和西路下渠箱（$B \times H = 1.5$ m$\times 2.0$ m,B为渠箱底宽,H为渠箱高度）接至林乐路地下渠箱（$B \times H = 3.0$ m$\times 2.2$ m）,然后直排猎德涌。

该区域雨水在林和西路渠箱起端位置,地面雨水汇入渠箱后直排猎德涌。同时林和西路渠箱、林乐路渠箱承担片区雨水排放。

（4）内涝成因分析

①局部地势低洼,汇水坡度大。

林和西隧道内涝点周边标高如图6.21所示。根据标高图,此处标高地形由北向南快速降低,汇水坡度大,遇到强降雨水流速度较快,此处地形低洼,汇水易在此处累积,造成排水不畅。

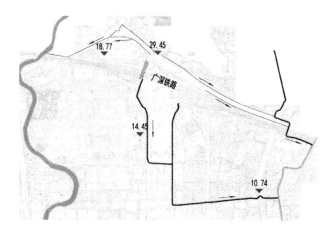

图6.21　林和西隧道内涝点周边标高图（单位:m）

②现有排水设施规模不够。

根据现状排水管网分布及地形地势,划分汇水面积,对区域主要管道进行水力计算,成果如表 6.15 所示。

表 6.15　林和西路隧道燕岭路入口周边主要管道水力计算成果表

管段位置	管径	汇水面积/hm²	$P=1$ 设计流量/(m³/s)	$P=2$ 设计流量/(m³/s)	$P=3$ 设计流量/(m³/s)	$P=5$ 设计流量/(m³/s)	管道过流能力/(m³/s)	备注
1～2	1500×2000	26.62	7.086	8.098	8.682	9.403	8.296	满足 $P=2$
2～3	2400×2000	65.04	15.310	17.499	18.764	20.328	15.590	满足 $P=1$
3～4	3000×2200	131.54	24.903	28.462	30.518	33.060	23.712	均不满足要求

根据上表水力计算成果数据可知,林和路、林乐路渠箱现状 1500 mm×2000 mm～3000 mm×2200 mm 无法满足 1 年 1 遇的排水要求。

③低洼处缺少雨水口或现状侧入式雨水口收水能力有限。

(5)解决措施及相关建议

根据在暴雨时对现场条件的了解以及内涝成因的分析,提出应急措施及工程建议如下。

①应急工程措施:在林和西隧道周边内涝点低洼处新增部分雨水口,改善内涝点位置的雨水口收水效果。适当填高部分低洼地形,避免晴天积水。

②永久工程措施:经过分析,林和西路隧道周边内涝主要是由于现有排水设施规模不够,故建议提高排水重现期标准,按照 5 年一遇的排水标准改造现状管渠。

(6)内涝成因及解决措施小结

内涝成因及相应的解决措施如表 6.16 所示。

表 6.16　内涝成因及相应的解决措施列表

序号	水浸原因	解决措施(近期应急措施)	解决措施(远期)
1	局部地势低洼且收水设施不足	增加内涝点周边雨水口等收水设施,填高部分低洼点	—

续表

序号	水浸原因	解决措施（近期应急措施）	解决措施（远期）
2	现有排水设施规模不够	建议管养单位定期检查周边的排水管道、暗渠，及时清理树叶、杂草，确保管道的畅通	或提高排水重现期标准，按照 5 年一遇的排水标准改造

3）东莞庄路伟逸路口

（1）内涝点位置

东莞庄路伟逸路口内涝点位于华南理工大学北校区南侧伟逸路口处。

（2）内涝情况

2021 年 7 月 16 日发生的强降雨过程中，东莞庄路伟逸路口段积水深度约 30 mm，市水务预警等级为四级，属轻度内涝。

（3）流域水系现状

东莞庄路伟逸路口段内涝点属于猎德涌粤垦路雨水分区。本分区采用自流排水方式。

（4）排水管渠现状

该部分排水依靠现状 D300～D1000 合流管道，由北向南排向粤垦路渠箱。

（5）内涝成因分析

①现有排水设施规模不够，现状汇水面积较大，管网管径不足。

根据现状排水管网分布及地形地势，划分汇水面积，对区域主要管道进行水力计算，成果如表 6.17 所示。

表 6.17　东莞庄路伟逸路口周边主要管道水力计算成果表

管段位置	管径	汇水面积/ hm^2	$P=1$ 设计流量/（m^3/s）	$P=2$ 设计流量/（m^3/s）	$P=3$ 设计流量/（m^3/s）	$P=5$ 设计流量/（m^3/s）	管道过流能力/（m^3/s）	备注
1～2	D600	15.44	4.110	4.697	5.035	5.454	0.434	均不满足
2～3	D800	27.65	6.256	7.152	7.670	8.311	0.935	均不满足
3～4	D1000	37.11	7.663	8.769	9.410	10.204	1.695	均不满足

根据上表水力计算成果数据可知，东莞庄路主管道不满足片区排水需求，管道亟须扩建改造。

②局部地势低洼。

该路口为片区低洼点,排水受阻,积水内涝难以排出。

③施工工地破坏现状排水管道。

伟逸路口段正是阳光城施工地段,地面开挖和围蔽对现状排水系统造成了破坏,进一步加剧了内涝现象。

(6)解决措施及相关建议

根据在暴雨时对现场条件的了解以及造成内涝成因的分析,提出应急措施及工程建议如下。

①建议排水公司及施工单位定期检查路口周边的排水管道、暗渠,及时清理树叶、杂草,确保管道的畅通。

②调整增加布防力量,在路口安排专人协助施工单位抢险,将汛情及时通报给地铁工作人员并让他们做好准备。

③工程措施。

a.根据水力计算及现状地形分析,可新建 DN1200～DN2000 管道排向华工西湖,降低粤垦路渠箱雨水量,加快伟逸路口周边雨水排放速度,消除内涝点。

b.结合华工西湖改造工程,降低华工西湖常水位,提升华工西湖调蓄容积,降低片区内涝风险。

4)天河北路金海花园对出路段

(1)内涝点位置

内涝点位于天河北路金海花园对出路段。

(2)内涝情况

2021 年 2 月 10 日发生的强降雨过程中,天河北路金海花园对出路段发生水浸现象,积水深度达到 20 cm,时长约 2 h,属轻度内涝点。

(3)流域水系现状

本内涝点属于猎德涌天河北路渠箱($B \times H = 2.0 \text{ m} \times 1.7 \text{ m} \sim 2.0 \text{ m} \times 1.4 \text{ m}$)排涝片区,雨水汇集后直排猎德涌。

(4)排水管渠现状

内涝点位于天河北路金海花园对出路段,现状路段上敷设有 DN600～DN1200 雨水管道,该雨水管道由东向西排入天河北路现状 $B \times H = 2.0 \text{ m} \times 1.4 \text{ m} \sim 2.0 \text{ m} \times 1.7 \text{ m}$ 雨水渠箱,最终排入猎德涌。

(5)内涝成因分析

①现有排水设施规模不够,现状汇水面积较大,管网管径不足。

根据现状排水管网分布及地形地势,划分汇水面积,对区域主要管道进行水力计算,成果如表 6.18 所示。

表 6.18　天河北路金海花园对出路段周边主要管道水力计算成果表

管段位置	管径	汇水面积/hm²	$P=1$ 设计流量/(m³/s)	$P=2$ 设计流量/(m³/s)	$P=3$ 设计流量/(m³/s)	$P=5$ 设计流量/(m³/s)	管道过流能力/(m³/s)	备注
1～2	D1200	8.66	2.305	2.634	2.824	3.059	2.757	仅满足 $P=1$,$P=2$
2～3	$B \times H =$ 2.0 m×1.7 m	31.22	7.586	8.669	9.295	10.068	8.530	仅满足 $P=1$

根据上表水力计算成果数据可知,天河北路 DN1200 管道仅满足重现期 $P=1$、$P=2$ 条件下的雨水排放要求,现状渠箱仅满足 $P=1$ 重现期下的雨水排放要求,现状管渠排水能力不足。

根据现场踏勘,发现天河北路金海花园对出路段道路缺乏雨水口,晴天亦有水迹。

②局部地势低洼。

该处处于地形低洼处,导致排水困难;且地形整体坡度小,地面排水逆坡不利于雨水排放,易积水成涝。

(6)解决措施及相关建议

根据在暴雨时对现场条件的了解以及造成内涝成因的分析,提出应急措施及工程建议如下。

①建议排水公司及施工单位定期检查路口周边的排水管道、暗渠,及时清理树叶、杂草,确保管道的畅通。

②工程措施。根据水力计算及现状地形分析,可在道路南侧新建一条 DN800 雨水管道,配套建设道路周边雨水收水设施,加强内涝点周边收水能力;现状渠箱断面可满足排水要求,但由于地形原因,渠箱坡度较小,无法快速排水。远期可考虑改造渠箱,将渠箱坡度改造至不小于 5‰(或将渠箱扩宽至 2.2 m× 1.8 m),可满足片区排水要求。

5）龙口西路天河区妇幼保健院分院对出路段

（1）内涝点位置

内涝点位于龙口西路天河区妇幼保健院分院对出路段，周边为居住小区群，西侧为龙口西小学，西侧为天河东路。

（2）内涝情况

在2021年7月28日的降雨中，龙口西路天河区妇幼保健院分院发生内涝，积水深度达0.3m，积水在雨势减弱的一个多小时后才减退。市水务预警等级为二级，属轻度内涝。

（3）流域水系现状

本内涝点属于猎德涌流域龙口西渠箱排涝片区。

渠箱末端规格为 $B \times H = 5.0\ m \times 2.5\ m$。

（4）排水管渠现状

内涝点北侧为龙口西渠箱，但片区雨水由北向南经DN500～DN800汇入天河路北侧现状DN500～DN1000雨水管，南侧为历史内涝点，由岗顶排涝泵站强排，最终排入猎德涌。

（5）内涝成因分析

①现有排水设施规模不够，现状汇水面积较大，管网管径不足。

根据现状排水管网分布及地形地势，划分汇水面积，对区域主要管道进行水力计算，成果如表6.19所示。

表6.19 龙口西路天河区妇幼保健院分院道路周边主要管道水力计算成果表

管段位置	管径	汇水面积/hm²	P=1设计流量/(m³/s)	P=2设计流量/(m³/s)	P=3设计流量/(m³/s)	P=5设计流量/(m³/s)	管道过流能力/(m³/s)	备注
1～2	D800	7.36	1.959	2.239	2.400	2.600	0.935	均不满足
2～3	D1000	19.61	4.741	5.418	5.809	6.292	1.695	均不满足

根据上表水力计算成果数据可知，龙口西路主管道不满足片区排水需求，管道亟须扩建改造。

②局部地势低洼，为汇水低点。

现场踏勘和地形图显示，该路口周边地形较平坦，坡度小，不利于雨水快速排放，雨量较大时，易积水成涝。

由于该处为历史内涝点，且为泵站汇水低点区域，在强降雨时，泵站排涝不及时,周边管网水位顶托,导致该处周边排水不畅,造成内涝。

(6)解决措施及相关建议

根据在暴雨时对现场条件的了解以及造成内涝成因的分析,提出应急措施及工程建议如下。

①建议排水公司及施工单位定期检查路口周边的排水管道、暗渠,及时清理树叶、杂草,确保管道的畅通。

②工程措施。由于南侧为强排泵站,降雨时该处将汇集大量雨水,该处处在汇水末端,末端水位抬升,管道排水能力降低,建议新增 DN800 管道连通北侧龙口西路渠箱,加快周边雨水排放速度,消除内涝点。

6)冼村路维家思广场对出路段(冼村北路 188 号)

(1)内涝点位置

内涝点位于冼村路维家思广场对出路段,范围从冼村北路 188 号至维家思广场南侧。

(2)内涝情况

2021 年 7 月 29 日发生的强降雨过程中,该范围出现深度 0.5 m 的积水,持续时间约 90 min,市水务预警等级为四级,属中度内涝点。

2021 年 8 月 1 日,该处再次发生内涝,积水深度约 0.4 m,持续时间约 99 min,严重影响了交通与居民出行,属于中度内涝点。

(3)流域水系现状

本内涝点属于猎德涌流域黄埔大道西渠箱排涝分区,渠箱规格 $B \times H = 1.5$ m×2.0 m~3.0 m×2.0 m。

(4)排水管渠现状

内涝范围内现状路有两条 DN500 雨水管道,流向由南向北排向黄埔大道西上的 DN1200 雨水管。

(5)内涝成因分析

①外部施工影响。

18 号线地铁施工工地将地面雨水口围蔽,影响了地下雨水排水通道的排水效果,导致路面雨水排水不畅。

②现有排水设施规模不够,现状汇水面积较大,管网管径不足。

根据现状排水管网分布及地形地势,划分汇水面积,对区域主要管道进行水力计算,成果如表 6.20 所示。

表 6.20　冼村北路 188 号周边主要管道水力计算成果表

管段位置	管径	汇水面积/hm²	P=1 设计流量/(m³/s)	P=2 设计流量/(m³/s)	P=3 设计流量/(m³/s)	P=5 设计流量/(m³/s)	管道过流能力/(m³/s)	备注
1	2×D500	6.8	0.905	1.034	1.109	1.201	0.787	均不满足
2	D1200	15.08	2.969	3.393	3.638	3.941	2.757	均不满足

根据上表水力计算成果数据可知,内涝点周边雨水管道排水能力不足,基本会出现逢雨必涝的现象,管道亟须扩建改造。

(6)解决措施及相关建议

根据在暴雨时对现场条件的了解以及造成内涝成因的分析,提出应急措施及工程建议如下。

①地铁施工相关单位在道路围蔽及地下雨水管道排水受阻期间,采取临时排水措施,确保道路排水安全。

②调整增加布防力量,在路口安排专人协助施工单位抢险,将汛情及时通报给地铁工作人员,并做好准备。

③工程措施。为彻底解决片区内涝现象,根据水力计算及现状地形分析,形成(远期)改造方案如下:

a.将冼村路东侧现状雨水管道拓宽至 DN1000 管;

b.经核算,黄埔大道西渠箱($B×H=3.0 \text{ m}×2.0 \text{ m}$)满足排水要求,可在黄埔大道西上增设雨水收水口,片区雨水可通过地面进入黄埔大道西渠箱。

7)猎德大桥(往江海大道方向)

(1)内涝点位置

内涝点位于花城大道东延线隧道两侧辅道和华快收费站以及怡景南三街区域。

(2)内涝情况

2021 年 7 月 28 日发生的强降雨过程中,猎德大桥(往江海大道方向)发生水浸现象,积水深度达到 0.3 m,持续时间约 83 min。市水务预警等级为二级,属轻度内涝点。

(3)流域水系现状

本内涝点属于猎德涌末端排涝片区,片区雨水汇集至道路 DN1200 雨水管道后直排猎德涌。

（4）排水管渠现状

内涝点处于猎德大桥北侧及桥底西侧，北侧有现状 DN800 雨水管南向北排向猎德涌，南侧临江大道上有现状 DN1200 雨水管，由东向西排向猎德涌。

（5）内涝成因分析

①局部地势低洼。

该路口为片区低洼点，排水受阻。道路雨水由北向南汇水，在低点汇集经过 DN800 雨水管道排向猎德涌，地表汇水在低点处累积。

该点处于高架桥底，桥上雨水将汇集在此处排放，增加了该点汇水雨量。

②现有排水设施规模不够，现状汇水面积较大，管网管径不足。

根据现状排水管网分布及地形地势，划分汇水面积，对区域主要管道进行水力计算，成果如表 6.21 所示。

表 6.21　猎德大桥（往江海大道方向）周边主要管道水力计算成果表

管段位置	管径	汇水面积/hm²	$P=1$ 设计流量/(m³/s)	$P=2$ 设计流量/(m³/s)	$P=3$ 设计流量/(m³/s)	$P=5$ 设计流量/(m³/s)	管道过流能力/(m³/s)	备注
1	D800	2.50	0.665	0.761	0.815	0.883	0.724	满足 $P=1$
2	D1200	9.69	2.363	2.700	2.895	3.136	2.757	满足 $P=1$、$P=2$

根据上表水力计算成果数据可知，内涝点周边雨水管道仅满足重现期 $P=1$、$P=2$ 排水要求，超出重现期即会出现排水能力不足、排水不畅现象，管道亟须扩建改造。

（6）解决措施及相关建议

根据在暴雨时对现场条件的了解以及造成内涝成因的分析，提出应急措施及工程建议如下。

①调整增加布防力量，在路口安排专人协助施工单位抢险，将汛情及时通报给地铁工作人员，并做好准备。

②工程措施。根据水力计算及现状地形分析，形成改造方案如下：

a.北侧现状雨水管道拓宽至 DN1000 管；

b.临江大道雨水管拓宽至 DN1500 管；

c.连通北侧与临江大道雨水管道，形成雨水顺坡排放。

猎德涌流域内涝点成因及解决措施汇总情况如表 6.22 所示。

表 6.22 猎德涌流域内涝点成因及解决措施汇总表

序号	内涝点名称	水浸深度	内涝范围	内涝成因	解决措施（近期）	解决措施（远期）	备注
1	天寿路转广园路桥底	20 cm	天寿路转广园路桥底，东侧匝道	1. 地势低洼引起内涝； 2. 雨水管道错混接及淤积； 3. 泵站效能降低	1. 清淤疏浚； 2. 复核泵站排水效能	结合当前降雨及周边管网，考虑改造或扩建排水泵站，确保周边排涝安全	
2	林和西路隧道燕岭路入口	50 cm	林和西路隧道入口处	1. 地势低洼引起内涝； 2. 雨水管道淤积，道路收水口较少； 3. 管道排水规模不够	1. 清淤疏浚； 2. 内涝点周边增设雨水口	按照 5 年一遇的排水标准改造下游管道及末端渠箱	
3	东莞庄路伟逸路口	30 cm	东莞庄路伟逸路口周边	1. 阳光施工导致管网受损，排水不畅； 2. 现有排水管道规模不够	1. 新建 DN1200～DN2000 管道排向华工西湖，降低粤垦路渠箱雨水量	加强排水设施维护管养，加强极端天气监测	方案已落实
4	天河北路金海花园对出路段	20 cm	天河北路金海花园对出路段	1. 地势低洼，导致排水困难； 2. 现状收水设施不足，排水管道规模不够	1. 增设道路周边雨水收水设施，加强内涝点周边收水能力； 2. 在道路南侧新建一条 DN800 雨水管道，加强南侧道路排水	改造现状雨水渠箱（2.0 m×1.7 m），将渠箱坡度改造至不小于 5‰（或将渠箱扩宽至 2.2 m×1.8 m），可满足片区排水要求	

续表

序号	内涝点名称	水浸深度	内涝范围	内涝成因	解决措施（近期）	解决措施（远期）	备注
5	龙口西路天河区妇幼保健院分院对出路段	30 cm	天河区妇幼保健院分院道路周边	1.地势平坦，排水困难；2.受岗顶泵站汇水顶托，现状排水管道规模不够	1.清理树叶、杂草，确保管道的畅通；2.新建 DN800 管道连通北侧龙口西路渠箱，加强周边雨水排放速度	分析岗顶泵站强降雨汇水时对周边排水的影响，提出系统解决措施	
6	冼村路维家思广场对出路段（冼村北路 188 号）	60 cm	冼村路维家思广场对出路段周边	1.地铁施工导致雨水管道受损，丧失排水能力；2.现有排水设施规模不够，现状汇水面积较大，管网管径不足	请地铁公司做好施工期间雨水导流工作，施工完成后恢复雨水排水通道，确保区域排水安全	1.将冼村路东侧现状雨水管道拓宽至 DN1000 管；2.经核算，黄埔大道西渠箱（$B \times H = 3.0 \text{ m} \times 2.0 \text{ m}$）满足排水要求，可增设雨水收水设施，加强雨水自然流通，发挥渠箱排水优势	

续表

序号	内涝点名称	水浸深度	内涝范围	内涝成因	解决措施（近期）	解决措施（远期）	备注
7	猎德大桥（往江海大道方向）	30 cm	猎德大桥往江海大道方向交叉路口	1.地势低洼，排水逆道路坡； 2.现状排水管道规模不够	1.调整增加布防力量，在路口安排专人协助施工单位抢险，将汛情及时通报给地铁工作人员并做好准备； 2.连通北侧与临江大道雨水管道，形成雨水顺坡排放	1.北侧现状雨水管道拓宽至 DN1000 管； 2.临江大道雨水管拓宽至 DN1500 管	

5. 应急布防

将上述防洪排涝方案措施概括化输入软件后，再进行 100 年一遇降雨模拟，根据模拟结果，模拟结果图中黄色及以上风险点（如粤垦路南侧路段、天寿路转广园路段等）应纳入《2021 年度天河区防御强降水应对指引》布防点，在市三防系统的统一调度下，做好内涝风险点布防措施。在当前防控措施下，流域可达到有效应对 100 年一遇降雨标准。

6.2.3 荔湾区芳村围排水防涝整治方案

1. 源头减排

经统计，各分区的源头海绵设施雨水调蓄量共计 197199 m³，可有效缓解市政管网的排水压力。各排水分区源头海绵设施雨水调蓄量统计情况见表 6.23。

表 6.23　各排水分区源头海绵设施雨水调蓄量统计表

序号	排水分区名称	分区面积/hm²	雨水调蓄量/m³	平均可调蓄深度/m
1	白鹅潭	419.73	33942	0.15
2	茶滘东漖	437.97	25640	0.15
3	坑口沙涌	201.62	17702	0.15
4	广钢新城	588.89	75146	0.15
5	广船	138.05	15394	0.15
6	南漖沙洛	485.47	29375	0.15
7	汇总	2271.73	197199	0.15

2. 管网排放

芳村围片区范围内涉及城市连片更新片区。连片更新区域及新建区域内新建雨水管网按不低于 5 年一遇重现期设计,在洪涝安全评估阶段论证具有有效应对百年一遇的能力。非城市连片更新的改造区域中过流能力不足的雨水管道结合周边工程(如雨污分流工程、道路升级改造工程、水浸内涝点改造工程等)进行升级改造。

根据百年一遇洪涝淹没风险图及管网过流能力达标分布分析结果,结合片区现状及规划建设情况,对片区范围内由于管网过流能力不足导致百年一遇条件下存在较高水浸风险的管网提出改造建议,具体 5 处易涝风险点对应的改造方案见表 6.24。

表 6.24　各风险点改造方案表

序号	风险点名称	现状管道管径/mm	规划管道管径/mm	长度/m	建设类型
1	黄大仙寺东南侧	400～600	1000	323	现状改造
2	荣兴路与花地大道北路口	600～800	2000	363	现状改造
3	余庆园东南侧	600	1500	167	现状改造
4	广州柴油厂退休之家北侧	600～800	1200	238	现状改造
5	玉兰路与喜乐路路口北侧	400	1000	97	现状改造

3. 蓄排并举

（1）河道整治

根据《广州市内涝治理系统化实施方案（2021—2025年）》《广州市防洪排涝建设工作方案（2020—2025年）》中相关内容，为保障分区内防洪排涝安全，同时兼顾景观等多种功能要求，提出河道整治方案，具体内容如下：东塱涌整治工程，河道整治长度约3.5 km；裕安涌支涌整治工程，河道整治长度约0.5 km；沙洛涌河涌整治工程，河道整治长度约1.79 km。具体见图6.22。

图6.22　芳村围片区河道整治布局图

（2）水闸泵站规划

经过多年的防洪排涝体系建设，芳村围片区基本建成具有防御一定洪涝水能力的防洪减灾体系。结合《广州市内涝治理系统化实施方案（2021—2025

年)》《广州市防洪排涝建设工作方案(2020—2025 年)》和《荔湾区碧道建设专项规划》等上位规划,在规划扩建新建泵闸工程时应以流域为单元,复核 100 年一遇片区不内涝为目标,复核确定泵排流量,梳理出片区范围内规划提升的水闸泵站具体如表 6.25 所示。

表 6.25　芳村围片区水闸泵站规划提升统计表

序号	水闸泵站名称	设施规模	建设方案	所属排水分区
1	鹤洞水闸泵站	闸孔总净宽 6m,泵站设计流量 8 m³/s	重建	广船分区
2	东塱水闸泵站	闸孔总净宽 3.5 m,泵站设计流量 8.8 m³/s,装机功率为 800 kW	重建	广船分区
3	下市泵站	规划排洪流量 15 m³/s	新建	白鹅潭分区
4	茶滘泵站	规划排洪流量 20 m³/s	重建	白鹅潭分区
5	花地一队泵站	规划排洪流量 2.4 m³/s	重建	白鹅潭分区
6	沙洛水闸	闸孔总净宽为 4.8m	重建	南漖沙洛分区
7	东沙水闸泵站	闸孔总净宽为 3.5m	重建	南漖沙洛分区

(3)调蓄设施规划

结合各分区水环境改善方案中关于调蓄设施与人工湿地等相关内容,片区充分利用调蓄设施与人工湿地的调蓄能力,雨季错峰泄洪,增强片区的雨水调蓄净化功能,降低下游雨水管排洪压力,提升片区防涝能力,片区具体的调蓄设施统计如表 6.26 所示。

表 6.26　芳村围片区调蓄设施统计表

序号	调蓄设施名称	设施规模	所属排水分区
1	鹤洞调蓄设施	不少于 10000 m³ 的调蓄容积	广船分区
2	剑沙调蓄设施(一)	不少于 10000 m³ 的调蓄容积	广钢分区
3	剑沙调蓄设施(二)	不少于 10000 m³ 的调蓄容积	广钢分区
4	西塱调蓄设施	不少于 10000 m³ 的调蓄容积	广钢分区
5	沙洛人工湿地(一)	总占地面积约 1050 m²	南漖沙洛分区
6	沙洛人工湿地(二)	总占地面积约 981 m²	南漖沙洛分区

4.超标应急

(1)片区开发竖向控制

城市更新区域建设过程中需注意竖向控制。荔湾区芳村围片区可参考海珠

区琶洲岛片区的片区开发竖向控制策略。

（2）应急布防抢险预案

上述排水防涝整治方案工程内容实施后，根据百年一遇洪涝淹没风险图，现状仍存在 5 处易涝风险点，针对该类易涝风险点，建议做好应急布防抢险预案，以达到片区有效应对百年一遇降雨的目标。荔湾区芳村围片区易涝风险点易涝成因及解决措施见表 6.27。

表 6.27　易涝风险点易涝成因及解决措施表

序号	易涝风险点名称（百年一遇）	易涝原因	解决措施
1	百花路庙前北街 9 号	地势低注，容易排水不及时，导致内涝风险较高	此处已纳入内涝点整治工程，待工程实施完后可解决此处易涝风险
2	坑口小学	地势低注，容易排水不及时，导致内涝风险较高	正在进行项目建设，建议在建设过程中注意地块与周边的竖向标高控制
3	裕安涌两侧裕安新村周边	地势低注，容易排水不及时，导致内涝风险较高	正在进行项目建设，建议在建设过程中注意地块与周边的竖向标高控制
4	西塱小学周边	地势低注，容易排水不及时，导致内涝风险较高	正在进行项目建设，建议在建设过程中注意地块与周边的竖向标高控制
5	南漖村	地势低注，且管网不满足 5 年一遇的水力条件，容易排水不及时，导致内涝风险较高	由于南漖村后续存在拆迁计划，结合周边建设情况，建议做好该风险点的应急布防抢险预案

具体的应急布防抢险措施可参考 6.2.1 海珠区琶洲岛片区做法。

6.3　水资源利用方案

非常规水资源利用方案是从片区整体性角度出发，对片区整体的非常规水资源利用系统进行分析，具体分为再生水利用方案与雨水利用方案。

再生水利用方案应确定实施期限内的再生水对象和需求（工业、河湖生态、市政、绿化等）、确定与需求或目标匹配的再生水利用设施（管线、泵站、调蓄设施、再生水厂）、计算再生水利用率。

雨水利用方案应确定实施期限内的雨水对象和需求（小区绿化、浇洒），结合源头控制方案和区域小型水库、塘坝雨水利用方案，确定本区域雨水利用效果。

接下来以黄埔区科学城、永和片区海绵城市建设系统化实施方案中的水资源利用方案为例，具体介绍非常规水资源利用方案的编制方法。

6.3.1 再生水利用方案

根据《黄埔区给排水系统专项规划（2019—2035）》，黄埔区产业用地分布相对集中，部分产业工业杂用水需求突出，适宜在部分区域建设两套系统分质供水，节约生活饮用水资源，缓解黄埔区用水紧张的问题。通过分析黄埔区现状产业特征，以《广州开发区、中新广州知识城、萝岗区产业布局规划（2014—2020）》为依据，继而研究黄埔区再生水用户类型、用水量及水源选择，指导黄埔区再生水供给系统的有序建设。

1. 再生水利用方向及水量预测

（1）再生水用于园林绿化

黄埔区自然本底条件较好，全区绿化面积较大，目前大部分的城市绿地浇洒都是依靠自然降水或直接用城市自来水，采用自动喷洒和人工浇洒方式。从水资源的开发和综合利用角度以及按照国家规定的生活杂用水水质标准，污水处理厂出水经过深度处理后，水质完全可以用于绿化喷洒浇灌。而尾水中含有剩余的氮、磷等营养元素，用于绿化浇灌，既可以节约用水，又可以给草木丰富的营养，所产生的经济效益、环境效益都很显著。广场绿地和道路绿化带一般距道路较近，只需将尾水管道沿道路铺设，就能就近提供绿化用水。

（2）再生水用于水体置换

按照国家标准《城市污水再生利用　景观环境用水水质》（GB/T 18921—2019）的规定，一般尾水作为景观环境用水有以下几种方式。

①人体非直接接触的观赏性景观环境水体，包括不设娱乐设施的景观河道、景观湖泊及其他观赏性水体，它们由尾水或部分尾水及天然水或自来水组成。

②水景类用水，主要用于人造瀑布，喷泉，娱乐、观赏等设施的用水。

③观赏河道类连续流动水体或景观湖泊类非连续流动水体。

目前大部分公园内湖水主要是依靠自然降水和河道水补充进行调节置换的,但由于水质较差,汇流入湖更加剧了内湖水的污染。因此用价格较低的尾水作为置换水源,会带来良好的经济效益和社会效益。

(3)再生水用于工业

污水处理厂的二级处理出水,根据用途不同,可直接或者再经进一步深度处理,达到更高的水质标准后,应用于工业生产过程中,如用作循环冷却水,熄焦、熄炉渣用水,灰渣水力输送用水,工厂绿地浇洒、地面、设备、车辆冲洗、厂区消防等用水,其中最具普遍性和代表性的用途是工业冷却用水。

工业生产各具特点,复杂多变,产生的废水水质各有所异,处理后水质指标亦有不同。城市污水处理厂出水经过深度处理,是能够满足工业企业要求的。即使企业对回用水质有特殊要求,但只要水源稳定,企业可自行按特殊要求做进一步处理,可以使再处理费用降低,而且使用尾水替换自来水作为工业企业的冷却用水,水量较大,经济效益更加明显。

工业用水范围一般包括企业生产过程中的冷却用水、洗涤用水、锅炉用水、工艺用水及产品用水等。黄埔区现状主要产业类型包括电子信息、精细化工、食品饮料、金属加工、汽车、新材料、生物医药、新能源与节能环保、智能装备等。根据《广州开发区、中新广州知识城、萝岗区产业布局规划(2014—2020)》,黄埔区将逐步形成以新一代信息技术产业、汽车及零部件产业、生物与健康产业(生物医药)、新材料产业为主导的产业发展架构。其中对杂用水需求较大的产业类型主要为金属加工产业、纺织等制造业以及锅炉电厂。

根据分析,工业用水的用户主要分布在科学城中部与中南部。

(4)再生水用于道路浇洒、洗车行业、生活杂用

①再生水用于道路浇洒。

为保持道路整洁、降低地表温度,城市每天都要对道路进行浇洒或冲洗,以维持市容整洁卫生。目前,一般城市道路浇洒的水源为自来水。道路浇洒对水质要求不高,采用洒水车作业时,水滴不会飞溅到人体上,不和人体直接接触。使用尾水作为其水源,不但可以满足使用要求,而且可以节约大量宝贵的自来水,从而更合理地利用水资源。

②再生水用于洗车行业。

洗车用水对水质要求不高,有关管理部门可强制性采用再生水作为水源,大力发展有一定经营规模的集中洗车场(点)、汽车美容城,采用先进的、节水的洗车工艺,设置废水处理装置,使洗车废水达标后再排入下水道。这样既可有效利

用水资源,又可控制洗车废水对全市整个环境的污染程度。

③再生水用于生活杂用。

近年来尾水回用于居民住宅的冲厕用水,也有不少工程实例。一些城市已将新建小区的尾水管线作为一项必需设施,用尾水替代自来水冲厕,水质要求较低,可以节省大量的水资源。

结合再生水潜在用户的调研,确定黄埔区再生水主要用作生态用水、工业低品质用水、城市杂用水等。近期以满足生态用水需要为主,兼顾部分片区工业用水、城市杂用水需求。远期逐步形成分质供水系统,能提供充足的工业、城市杂用水。

综上所述,再生水用户主要集中在科学城片区,为本方案再生水系统重点构建的区域。

2. 再生水设施布局方案

编制范围内以科学城为杂用水系统建设的重点片区,依托规划水质净化厂作为工业杂用水、城市杂用水的杂用水水源,建立再生水系统,规划再生水厂富余尾水可作为乌涌、小乌涌、四清河、永和河、笔岗涌、双岗涌、沙步涌和南岗河等区内河道、湖泊等景观环境补水用水。

3. 片区范围内再生水可利用量

现状范围内共有 4 座污水处理厂,分别为黄陂水质净化厂、LG 水质净化厂、萝岗水质净化厂和永和南水质净化厂。根据资料分析,现状 4 座净水厂的处理能力分别为 3 万 m^3/d、10 万 m^3/d、5 万 m^3/d、5.5 万 m^3/d。

6.3.2　雨水利用方案

雨水资源利用率指利用一定的集雨面收集降水作为水源,经过适宜处理达到一定的水质标准后,通过管道输送或现场使用方式予以利用的水量占降雨总量的比例。根据《广州市海绵城市专项规划》,要求雨水资源利用率不低于 3%。因此,确定编制区雨水资源化利用率指标应不低于 3%。

雨水是一种较为洁净的水资源,通过适当的净化、回用,可以替代部分优质水资源,在规划管控分区内科学合理地布局集蓄利用设施,将雨水用于道路浇洒、绿化等。

根据方案编制区域的降雨统计数据,黄埔区平均年的总降雨量 1694 万 m^3,

按3‰雨水资源化利用率计算,则黄埔区每年需要的雨水回用量为2473.9万 m³。

加强"蓄"类设施,提高雨水资源化率,结合公园绿地建设雨水调蓄系统,将调蓄和储存收集到的雨水,回用于流域的绿化浇灌。

(1)渗透利用

道路、屋面及广场的雨水应优先通过雨水花园、透水路面、雨水塘等海绵设施进行净化,再渗透补充至地下水。

①涝水的集蓄利用。

采用"软化型"的生态驳岸,保护生物的多样性,降低径流污染对河道水质的破坏,同时使得雨水渗透利用成为景观水体的重要组成部分。

②生态路面的渗透利用。

通过采用生态型透水路面,雨水能够补充地下水,减少进入雨水管道的排泄量,降低排水管网的压力。同时,污染物在海绵设施内得到净化,减少了对下游水体的污染。

③生态屋面与广场的渗透利用。

在居住区和大型公共建筑、商业区等区域收集屋面雨水并加以利用,建设屋顶雨水集蓄和渗透系统,通过生态广场、生态停车场的建设,增加滞留的雨水量。以"绿色屋顶(广场)—雨水花园—雨水调蓄塘—河道"的水流组织形式,将雨水先净化、后渗透,保障补充地下水水源的水质,减小土壤去除污染物的负荷。

(2)集蓄利用

识别内涝易发区和积水点,利用地势低洼区或周边绿地,预留生态空间,建设雨水集蓄利用措施,并对用地布局提出指引。结合水质保障所需要的相关湿地,以及人工湖、天然洼地、坑塘、河流和沟渠等,建立综合性、系统化的蓄水工程措施,将雨水蓄积后再加以利用。在公园绿地等场所,结合景观小品等增加小型雨水调蓄塘,集蓄雨水,用于公园水体的补水换水、就近绿化和道路浇洒等。在居住区、学校、体育场馆内可以通过人工湖、景观水体等设施增加调蓄水面,调节小气候的同时美化环境,蓄集水体可以用于场所内部的景观补水、绿化道路浇洒、冲厕等,从而最大限度节约城市水资源。

雨水集蓄利用可以从以下方面实施。

①内涝水的集蓄利用。

根据城市内涝风险评估结果,针对可能存在的内涝点,结合解决淹水问题开展雨水利用。

②居住区、学校、场馆和企事业单位的雨水集蓄利用。

开展雨水集蓄利用,结合道路广场、公园、绿地的布局,规划雨水回用池、雨水地下回灌系统等工程设施,规划将收集的雨水用于校园、场馆、单位内部的景观水体补水、绿化、道路浇洒、公厕冲洗等,可节约城市大量优质水资源。

③湿地、水塘的雨水集蓄利用。

结合中心城区内景观湖体、天然洼地、坑塘、河流和沟渠以及规划人工湿地等,建立综合性、系统化的蓄水工程设施,把雨水径流洪峰暂存其内,待晴天时再加以利用。

④公园绿地的雨水集蓄利用。

将雨水集蓄利用与公园、绿地内的湖、塘等结合,可用于公园内水体的补水换水,还可就近用于绿化道路浇洒、公厕冲洗等。图 6.23 为雨水利用流程图。

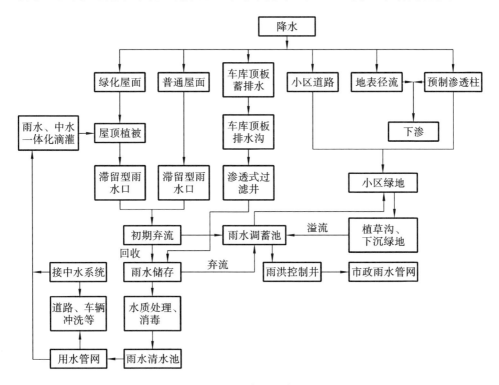

图 6.23　雨水利用流程图

为加强"蓄"类设施,使片区雨水资源回用率达到 3%,方案拟结合片区湿地、公园等工程建设加强源头雨水的净化利用,将调蓄和储存收集到的雨水作为日常用水,多余净化雨水回用于河涌的生态补水、绿化浇灌、道路浇洒、冲厕用水等方面。此种方式的雨水利用有利于雨洪削减的雨水积蓄效果,控制雨水携带污染物导致的面源污染,并且减少洪峰流量,缓解内涝。

另建议加强建筑小区内雨水资源收集回用系统建设,通过立管断接、绿色屋顶、雨水花园等海绵设施对雨水进行收集,回用于绿化浇洒,洗车等日常用水环节。对于有调蓄水景的小区,一般面积较大,应优先利用水景收集、调蓄区域内雨水,同时兼顾雨水渗蓄利用及其他措施。将屋面及道路雨水收集汇入景观水体,对超标准雨水进行溢流排放。无调蓄水景的住宅小区一般面积较小,可以将屋面雨水经弃流后导入雨水桶进行收集利用,道路及绿地雨水经处理后导入地下雨水池进行收集利用。

(3)雨水利用量小结

根据方案编制区域的降雨统计数据,黄埔区多年平均降雨 1694 mm,编制区域面积为 82.55 km², 年降雨总量为 13985 万 t。本方案中针对雨水资源的利用措施共有两个方面,分别为水库、调蓄湖等调蓄设施补水回用与在建项目调蓄池雨水回用。

科学城片区内现状存在 1 座水口水库、1 座黄鳝田水库及♯6 调蓄湖、♯7 调蓄湖、♯8 调蓄湖、植树公园调蓄湖 4 座调蓄湖,可提供的调蓄容积分别为 812 万 m³,16.1 万 m³,5.38 万 m³,8.19 万 m³,13.36 万 m³,5 万 m³,共计 860.03 万 m³。结合片区内降雨资料,考虑超过片区年径流总量控制率对应设计降雨量的降雨条件下,将每场雨的可收集降雨纳入水库中调蓄,在降雨结束后用作河涌补水,结合乌涌的生态基流为 0.132 m³/s,黄埔区典型年旱季天数约 183 天,可以计算得到乌涌流域雨水利用量约为 208.14 万 m³/a。

永和片区内现状存在 1 座红旗水库及 3 座公园调蓄设施。可提供的调蓄容积为 126.1 万 m³、1.39 万 m³,共计 127.49 万 m³。结合片区内的降雨资料,考虑在超过片区年径流总量控制率对应设计降雨量的降雨条件下,将每场雨的可收集降雨纳入水库中调蓄,以便在降雨结束后用作河涌补水,结合永和河的生态基流为 0.060 m³/s,黄埔区典型年旱季天数约 183 天,可以计算得到永和河雨水利用量约为 94.61 万 m³/a。

在建项目内部分项目拟建设雨水调蓄池,仅考虑超出项目对应设计降雨量的降雨条件下,将每场雨的可收集降雨纳入调蓄池中调蓄,在降雨后收集的雨水用于地块内回用,根据《黄埔区海绵城市建设专项规划》中相关内容的计算,结合黄埔区典型年降雨数据,超过 60 mm 的年降雨场次为 6 次,科学城片区范围内调蓄池的总容积为 54966 m³,永和片区范围内调蓄池的总容积为 114212 m³,因此科学城片区在建项目调蓄池雨水回用的雨水利用量为 32.98 万 m³/年,永和片区在建项目调蓄池雨水回用的雨水利用量为 68.53 万 m³/年。

综上所述,本次方案编制范围内雨水资源利用量为 404.25 万 m³/年,雨水资源利用率约为 3%。

6.4　水环境改善方案

6.4.1　水环境综合整治实施思路

通过对重点片区河道水环境容量和污染源的分析,排入河道的污染负荷远超过水环境容量,其中主要污染源为点源污染和城市面源污染。

水环境提质是在水环境现状梳理及评价的基础上,重点针对各类污染源(点源污染、面源污染)分别提出针对性措施,在控源截污的基础上,结合内源治理、生态修复、活水补水等综合措施,实施河道水质治理,整体改善重点区域现状水环境质量。

其中点源污染控制以收集处理率为基础,明确点源污染控制、排口截污等相关内容;面源污染控制以年径流总量控制率为基础,落实源头海绵化建设及公共海绵设施(污染削减湿地)建设等要求,利用源头削减、过程控制与末端治理的措施进行削减。相较于传统灰色设施建设,海绵城市强调源头的海绵化建设及改造,以及末端湿地净化对水环境的提升。

水环境整治技术路线如图 6.24 所示。

接下来,以天河区猎德涌海绵城市系统化方案为例,具体介绍水环境改善方案的编制方法。

6.4.2　控源截污

1)源头减排

通过管网完善、截流和溢流污染控制等措施,对天河区猎德涌流域存在混接的区域(城中村)进行改造,确保旱天污水不入河,雨天溢流有控制,待地块开发后实现雨污分流。

编制区域内主要排水单元达标、清污分流公共管网工程项目主要有前航道片区(猎德西区)合流渠箱清污分流工程(粤垦路渠箱),前航道片区(猎德西片)

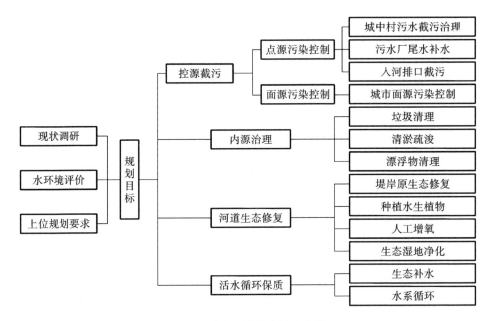

图 6.24　水环境整治技术路线

合流渠箱清污分流工程(龙口西路渠箱、天河北路东渠箱、林和路渠箱),前航道片区(猎德西片)合流渠箱清污分流工程(天河路中渠箱黄埔大道西渠箱、石牌西路渠箱、冼村渠箱),天河区公共管网完善工程(潭村涌流域雨污分流工程),猎德涌—海安路渠箱清污分流管网工程,猎德涌流域广深铁路、五山路合流渠箱雨污分流改造工程。

　　片区水环境整治思路为坚持科学治污,按照源头减污、源头截污和源头雨污分流的"3 源"治理措施,补齐设施短板,实行污涝共治。

　　以"4 洗"行动为抓手,定量分析、科学研判,全面开展"洗楼、洗管、洗井、洗河"行动,通过洗楼 6014 栋,摸清污染源底数;通过排查管道 144 km,检查井5179 座,摸清管道隐患缺陷、错混接问题1286 处;通过洗河 4.3 km 摸清沿河 75个入河排口、两岸违法建设及垃圾堆放问题排污口 28 个、合流渠箱(管)16 个,涉水违建问题 13 宗。

　　片区以流域为体系,以网格为单元,实施沿线排水单元雨污分流改造,达标面积 10.7 km²,达标率 70%,并消除管网错混接、管网缺陷病害1286 处,污涝共治,确保雨水、污水各行其道。以 11 个合流渠箱(管道)治理为主线,补齐污水设施短板,构建完善流域雨水污水两套管网,治理问题排污口 28 个,新改扩建污水管 71 km、雨水管 11 km,实现污水全收集。潭村涌流域已完成源头清污分流,实现了雨水、污水各行其道。

2）过程控制

新建区采用完全分流制；其他区域现状为雨污合流的，应结合城市建设与旧城改造，加快雨污分流改造。结合市政道路和旧城改造项目，推进雨污水管网建设，保障污水集中排入污水厂统一处理，力争实现城镇生活污水处理率达到 100%。

片区改造的排水体制为雨污分流制，但老城区由于建筑密度大、地下管线复杂、改造难度较大等原因，仍然存在合流制。近期针对合流制管网，渠箱基本实现了末端截污。近几年广州市逐步展开雨污分流，渠箱将逐步开闸，实现全流域雨污分流，防止合流制溢流污染。

根据河涌规划分类以及面源污染特征分类，基于《雨季初期溢流污染控制标准技术研究》的研究结果，确定初期雨水收集标准，合流区初期雨水收集标准为 8 mm，分流区初期雨水收集标准为 4 mm。现状铺设截污管均按照 8 mm 进行布置，雨污分流后，原有的截流管保持正常运行，末端截污管将转为初期雨水的截流管，截流 8 mm 初期雨水进入猎德污水处理厂进行处理，实现雨水管网过程控制，同步削减城市面源污染。流域排水单元达标创建项目情况见表 6.28。编制范围排水单元达标项目位置见图 6.25。

表 6.28　流域排水单元达标创建项目表

序号	工程名称	流域	建设内容	用地面积/m²	项目进度	项目投资/万元
1	猎德涌—海安路渠箱清污分流工程	猎德涌流域	本工程共新建 DN150～DN800 污水管 154226.08 m	278740	已完工，正在对新建管网系统进行自查自纠和查漏补缺	26212
2	猎德涌流域广深铁路、五山路合流渠箱雨污分流改造工程	猎德涌流域	新建市政污水管网 DN300～DN1000 约 5309 m。	3570000	已基本完工	27800

续表

序号	工程名称	流域	建设内容	用地面积/m²	项目进度	项目投资/万元
3	前航道片区（猎德西片）合流渠箱清污分流工程（龙口西路渠箱、天河北路东渠箱、林和路渠箱）	猎德涌流域	(1)公共污水管网完善工程：新建 DN300～DN600 污水管 4182 m;(2)公共管网错混接整改工程：新建 DN300～DN500 污水管 569 m,DN500～DN800 雨水管 274 m;(3)公共管网结构性隐患治理工程：采用局部树脂固化修复现状管道 214 处，采用 CIPP 法（Cured-in-Place Pipe，即原位固化法）修复 112 m;(4)排水单元达标创建工程：改造建筑立管 486 项,新建 DN100 建筑立管 7290 m、DN150～DN300 污水管 9275 m、DN200～DN500 雨水管 4377 m,新建 500 m×500 m 雨水边沟 372 m、植草沟 326 m;(5)渠箱改造工程：改造渠箱口 3 处,新建大型清疏井 5 座	1280000	1.新建污水管 7.24 km; 2.新建雨水管 2.3 km。累计已完成工程量82%	9957

续表

序号	工程名称	流域	建设内容	用地面积/m²	项目进度	项目投资/万元
4	前航道片区(猎德西片)合流渠箱清污分流工程(天河路中渠箱、黄埔大道西渠箱、石牌西路渠箱、洗村渠箱)	猎德涌流域	(1)公共污水管网完善工程:新建 DN500～DN1000 污水管 6197 m;(2)公共管网错混接整改工程:新建 DN300～DN500 污水管道 655 m、DN500 雨水管道 340 m;(3)管道结构性缺陷修复 690 处;(4)排水单元达标创建工程:新建 DN150～DN300 污水管 32018 m、DN400 雨水管道 1762 m、排水立管 62400 m,新建 500 m×500 m 植草沟 1010 m;(5)渠箱改造工程:新建渠箱检查井 5 座	2410000	1.新建污水管 12.8 km;2.新建雨水管 3.5 km。累计已完成工程量 93.5%	18190

序号	工程名称	流域	建设内容	用地面积/m²	项目进度	项目投资/万元
5	前航道片区（猎德西片）合流渠箱清污分流工程（粤垦路渠箱）	猎德涌流域	(1)公共污水管网完善工程：新建 D500～D800 污水管 5951m 及一体化污水泵井 1 座；(2)公共雨水管网完善工程：新建 D500～D800 雨水管 317 m(3)错混接整改工程：新建 D500 污水管 1250 m、D500 雨水管 536 m；(4)公共管网结构性隐患治理工程：管道修复 303 m；(5)渠箱改造工程：施工作业面清理 12163 m³；(6)排水单元达标创建试点工程：新建 DN150～D300 污水管 9448 m、D300 雨水管 433 m、植草沟 246 m、DN100 雨水立管 12468 m，改造污水立管 456 项；(7)排水单元达标创建工程：新建 DN150～DN300 污水管 20240 m、D300 雨水管 1230 m、植草沟 377 m、DN100 雨水立管 30540 m，改造污水立管 1248 项	1420000	1.新建污水管 11.7 km；2.新建雨水管 2.7 km。累计已完成工程量 65.5%	20491

续表

序号	工程名称	流域	建设内容	用地面积/m²	项目进度	项目投资/万元
6	天河区公共管网完善工程（潭村涌流域雨污分流工程）	潭村涌流域	（1）排水单元达标创建工程：合计 7 个小区雨污分流改造，新建 DN150～DN400 污水管道 6.797 km，海绵化改造面积合计 34.45 hm²；（2）公共管网完善工程：新建黄埔大道中、潭村大街污水支管工程，D500 污水管合计 890 m；（3）公共管网错混接整改工程：共 31 处错混接改造，新建 D300 污水管 140 m；新建 D400 污水管 234 m	1490000	已完工	3480

3）末端截流

（1）石牌村截污

目前石牌村已经完成截污，面积约为 27.5 hm²，该城中村管网错综复杂，硬质率高，难以实现源头截污及源头海绵化改造，根据远期排水体制分布图，近期该城中村为编制片区内唯一合流区域，雨季存在合流制溢流污染，该片区存在五处截污，一处位于海欣路，该处直排猎德涌，其余四处截污 CSO（Combined Sewer Overflow，合流制排水系统溢流）均排至海安路渠箱，经该渠箱排至猎德涌。

通过模型模拟，典型年降雨 2010 年降雨次数 134 次，溢流口溢流频次约为 13 次，编制区范围内溢流口排放溢流水量约为 4.7 万 m³/a，污染物负荷排放量约为 8.46 t/a。

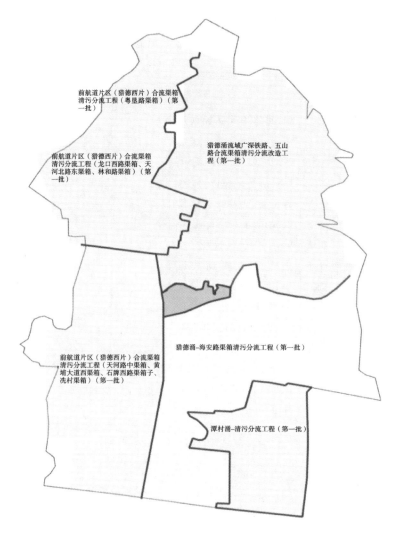

图 6.25　编制范围排水单元达标项目位置示意

　　根据现场踏勘,石牌村已建设 5 处大截污,溢流频次较片区现状频次少,且现场暂无建设末端调蓄空间,建设末端 CSO 调蓄池需求不大,方案提出:①在海欣路末端对猎德涌进行生态化改造,主要通过建设生态浮岛及生物滞留带的形式削减溢流污染;②结合村内改造,通过建设源头绿色设施或调蓄设施提升雨水的源头滞蓄作用,如因地制宜建设绿色屋顶、雨水罐等。

　　(2)暗渠调蓄系统

　　结合编制区末端雨水、排洪箱涵空间大的特点,对既有箱涵进行彻底摸排后,实施一部分改造工作,可减少调蓄设施建设体量,充分利用既有地下资源。

从国内海绵城市推进现状来看,除源头海绵与末端河道、公园等开放空间的治理外,通过管网系统基础上建设调蓄设施、增大局部管径、调整污水运行水位、实施泵站与污水水位联合调度等方式,在修复病害管网的基础上,也能发挥管道调蓄能力。

在编制区流域沿涌区域改造过程中,由于局部河道空间相对其他片区更开阔,可利用类型空间进行调蓄,通过建立可实时控制的闸板和分槽系统实现调蓄功能。

A 方案(探索方案):首先,踏勘与冲洗清理工作,寻找上游节点井位,采用人工下井检查、CCTV(Closed Circuit Television,即闭路电视,一种图像通信系统)踏勘以及示踪等方式,对暗渠状况进行摸排;其次,采用不锈钢板支护或砖砌方式改造截污槽以及阶段检查井;再次,设定末端闸门;最后,设置堰板和冲洗设施。

暗渠调蓄工况分为:

①旱季现状截流污水进入污水处理厂;

②小规模降雨期行洪通道进行分段截流调蓄,同时沉淀调蓄,兼具一部分的净化功能;

③保留溢流通道和紧急溢流设施,避免洪水期间阻碍排水;

④降雨后部分雨水进入污水处理厂,并通过坡度实现冲洗。

图 6.26 为暗渠调蓄系统中小雨工况。图 6.27 为暗渠调蓄系统暴雨溢流通道。

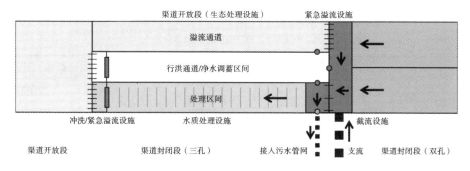

图 6.26　中小雨工况

根据片区渠箱改造实施进度,优先推荐粤垦路渠箱和海安路渠箱探索渠箱调蓄做法,截流片区初期雨水,遏制片区面源污染物进入河道,为超大城市高密度建成区海绵城市建设提供探索经验。

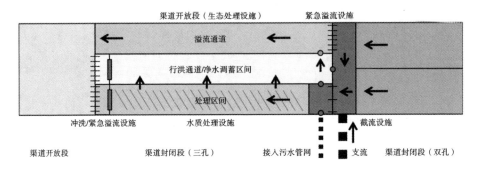

图 6.27　暴雨溢流通道

B 方案：编制区域为天河区高密度建成区，结合老旧小区微改造、微更新、排水单元达标创建工程及新建工程，通过现场探勘和上位规划，落实源头改造后，片区源头海绵城市建设指标约为 55%，对应设计降雨为 14.3 mm，结合广州市排水单元达标工程，末端合流管均进行了 8 mm 初雨污水截污，待雨污分流后，过程控制约为 8 mm。片区控制降雨约为 22.3 mm，为达到海绵城市建设指标控制值，仍需补充布置 3.6 万 m³ 末端调蓄设施。

C 方案（推荐方案）：为提高编制区域源头地块年径流总量控制率指标，通过现场走访调研、场地详细勘测等方式分析源头建设项目（包含建筑与小区、道路与广场、公园与绿地等）的改造技术可行性和改造必要性，对照项目清单逐个到现场查看，记录各个项目基本情况，进行初步技术可行性分析，判断是否具备基本改造条件，进一步丰富实施的改造建设项目清单。

源头改造项目情况见表 6.29。

表 6.29　源头改造项目表

序号	所属管控单元	用地编码	项目名称	约束性指标		指引性指标	
				年径流总量控制率/(%)	面源污染削减率/(%)	生物滞留设施面积/m²	透水铺装面积/m²
1	AT0501	A	广州市信息技术职业学校（天河校区）	70	50	2475	1176
2	AT0504	A	工业和信息化部电子第五研究所/农科院桑蚕研究所	70	50	14181	6737

续表

序号	所属管控单元	用地编码	项目名称	约束性指标		指引性指标	
				年径流总量控制率/(%)	面源污染削减率/(%)	生物滞留设施面积/m²	透水铺装面积/m²
3	AT0504	R	广东外语艺术职业学院(五山校区)/华南理工大学五山校区西区宿舍	70	50	13134	6239
4	AT0504	R	广东工业大学五山校区宿舍/工商小区	70	50	3378	1605
5	AT0505	R	五山花园	70	50	3426	1627
6	AT0505	A	五山小学	70	50	1268	602
7	AT0505	A	广东省农业科学院	70	50	2343	1113
8	AT0703	A	广东省农业机械研究所	70	50	2107	1001
9	AT0703	A	广东省机械研究所	70	50	631	300
10	AT0508	A	广州市天河区育华学校/岭南中英文学校	70	50	3206	1523
11	AT0508	A	华南师范大学附属中学	70	50	6973	3312
12	AT0803	R	星晖花苑/翠湖山庄	70	50	11516	5470
13	AT0803	R	华江花园/东成花苑	70	50	5491	2608
14	AT1113	R	跑马地花园	70	50	1930	917
15	AT1113	R	星汇雅苑	70	50	1164	553
16	AT1113	R	广电兰亭荟	70	50	626	297
17	AT1113	R	骏逸苑	70	50	1385	658
18	AT1113	R	珠光·新城御景北区	70	50	2314	1099
19	AT1114	A	广州市南国学校	70	50	1695	805
20	AT1114	R	南国花园	70	50	4482	2129

序号	所属管控单元	用地编码	项目名称	约束性指标		指引性指标	
				年径流总量控制率/(%)	面源污染削减率/(%)	生物滞留设施面积/m²	透水铺装面积/m²
21	AT1112	R	尚东柏悦府	70	50	1248	593
22	AT1112	R	猎德村复建房	70	50	6176	2934
23	AT1112	A	天河中学猎德实验学校	70	50	1597	759
24	AT1112	R	凯旋新世界	70	50	2601	1236
25	AT1112	B	广粤天地	70	50	3560	1691
26	AT1112	R	凯旋新世界·广粤尊府	70	50	2454	1166
27	AT1112	R	力迅上筑二期	70	50	1397	664
28	AT1112	R	珠江新城海滨花园	70	50	4196	1993

2. 面源

在编制片区范围内采取源头减排＋末端控制的海绵工程措施,通过合理分配各工程措施目标指标,确定工程规模,在确保工程经济性的基础上实现污染控制和削减要求。

源头减排主要是指在地表径流产生的源头采用一些工程性和非工程性的措施削减径流量,减少进入径流的污染物总量。通常情况下,在雨水径流进入排水管网前对其进行削减和处理不仅简单经济,而且效果较好。工程措施主要包括绿色屋顶、雨水罐、透水铺面、植被过滤带、植草沟、入渗沟、砂滤池和生物滞留池等。

末端控制主要是在雨水管入河口设置雨水湿地,从末端强化城市降雨径流污染控制。雨水湿地主要利用自然生态系统中物理、化学和生物的协调作用来实现对雨水径流的净化处理,具有处理效果好,操作管理简单,维护和运行费用低,能削减洪峰流量、调蓄利用雨水径流和改善景观,环境生态效益好等优点。

结合编制片区的建设情况,近期对现状建筑小区类项目,结合项目实施基础,进行海绵微改造,并在新建项目中落实海绵城市建设理念,实现城市降雨径流污染的源头化控制;考虑到片区道路建成时间短,对有绿化提升需求的道路,适当进行海绵改造,其余道路以增设控污型雨水口为主;对公园绿地类项目,结合景观提升改造需求,进行海绵化改造。通过对雨水入河口的湿地建设或提升改造,从末端进一步强化径流污染控制。远期(到系统化期末)主要通过未开发地块的规划建设管控,实现海绵城市理念的有效落实,保障污染物削减目标达成。

通过截污系统完善、箱涵和调蓄设施调蓄、多功能调蓄公园,需要基本解决编制片区的年径流总量控制率达标,以及 CSO 污染调蓄问题。总体采用源头湖泊滞蓄、过程渠箱调蓄、末端设施处理的方式,减少溢流对环境的影响。

猎德涌区域内,源头有大量的湖泊,可以从源头对雨水进行滞蓄控制,主要的源头调蓄湖泊有华南理工大学北湖、西湖、中湖,华南农业大学鄱阳湖,华南师范大学人工湖 1 与人工湖 2,暨南大学明湖和南湖等源头人工湖或调蓄湖进行生态化改造,一方面将汇水分区内的雨水径流传输至源头调蓄湖进行滞蓄控制,另一方面增加源头湖泊调蓄容积,湖泊进行生态化改造后,可削减片区面源污染,减缓源头径流对河涌水体水质的冲击。源头湖泊生态化改造情况见表 6.30。

表 6.30　源头湖泊生态化改造表

序号	人工湖名称	水域面积/m²	建设内容	年径流污染削减率(汇水片区)
1	华南理工大学西湖	22243	生态化改造,源头面源污染削减	65%
2	华南理工大学中心湖	20969	生态化改造,源头面源污染削减	65%
3	华南理工大学东湖	17943	生态化改造,源头面源污染削减	65%
4	华南理工大学北湖	20634	生态化改造,源头面源污染削减	65%
5	华南农业大学鄱阳湖 2	6917	生态化改造,源头面源污染削减,污水厂尾水净化	65%

序号	人工湖名称	水域面积/m²	建设内容	年径流污染削减率（汇水片区）
6	华南农业大学鄱阳湖3	9551	生态化改造，源头面源污染削减，污水厂尾水净化	65%
7	暨南大学明湖	14802	生态化改造，源头面源污染削减	65%
8	暨南大学南湖	4754	生态化改造，源头面源污染削减	65%
9	华南师范大学人工湖1	8720	生态化改造，源头面源污染削减	65%
10	华南师范大学人工湖2	5945	生态化改造，源头面源污染削减	65%
11	暨南大学华文学院	2840	生态化建设，源头面源污染削减	65%

6.4.3　内源治理

内源治理的主要治理方案是明确清淤和垃圾清理要求。

水环境问题中内源治理主要来源于底部淤泥和周边垃圾堆放产生的污染，内源治理以清淤疏浚为主，同时结合岸线改造，注重底泥处理处置及资源化利用，避免二次污染。

垃圾清理：结合面源控制技术，对河涌两侧岸线垃圾临时堆放点进行清理，避免下雨时将污染物冲洗至水体。

清淤疏浚：水体的底泥清淤，可快速降低水体的内源污染负荷，同时避免其他治理措施实施后底泥污染物重新向水体释放，保证治理效果。底泥清淤前，需做好底泥污染调查，明确疏浚范围和疏浚深度；依据广州市的气候和降雨特征，建议选择旱季（11月至次年2月份）进行清淤工作；同时，底泥运输和处理处置难度较大，存在二次污染风险，需要按相关规定安全处理处置。

漂浮物清理：部分河涌段紧邻旧村，大量生活垃圾（如塑料袋）、岸带植物季节性落叶和水面漂浮物也影响周边居民的水体感官,需要长期清捞维护,管养维护难度较大,成本较高。

根据猎德涌及潭村涌现状情况,水质状况已消除劣五类水质,针对河道内源以生态自净修复为主,暂不清淤,目前广州市采用低水位运行、生物净化等生态方式,恢复水体自净能力,提高河道水质状况。

6.4.4　生态修复

1.堤岸原生态修复

在满足安全行洪、排水断面的条件下,河道断面宜宽则宽,宜弯则弯,避免长距离直线,避免河口同宽、河底同深。滨河地区亦可高低错落、有起伏。在已经被渠化的河道中恢复弯道,恢复滩地,变均匀断面的河道为宽窄不一、深浅变化,适合多种动、植物生存的河道。改变堤顶同高、边坡均同的河堤设计方式。在满足水利规范要求的堤身宽度、高度、边坡范围内,充分利用天然堤防、自然地形等条件,形成微地形堤防,亦可将防洪堤暗藏在绵延起伏的高尔夫地形中,满足景观要求。生态护坡在满足防洪标准要求的基础上,重点构筑能透水透气、生长植物的生态防护平台;同时通过栽种花草和乔灌木等形成河岸的生态体系。当前国内外采用的各种生态护坡技术主要有植物护坡、土工材料绿化网、植被型生态混凝土护坡、干砌石、钢丝网碎石护坡等。

2.种植水生植物

自然界可以净化环境的植物有100多种,比较常见的水生植物有水葫芦、浮萍、芦苇、灯芯草、香蒲和凤眼莲。其中水葫芦是国际上常用的治理污染的水生漂浮植物。可以利用植物的根系吸污纳垢,吸收溶解在水中的氮、磷,发达的根系还有吸附作用,在进行光合作用的同时能够释放氧气。这些植物种植简单,繁殖能力强,病害少,还具有一定的观赏价值和经济价值。但应慎重采用水生植物净化水体,这是因为有些水生植物(如水葫芦)繁殖速度太快,当打捞速度跟不上其生长速度时,易使大面积水面受其覆盖,降低水体的自净能力,并且未打捞的水生植物腐烂物还会对水体形成二次污染。

片区结合雨水管渠沿河涌因地制宜建设生态化排口,对末端入河雨水进一步进行生态净化控制,旱季净化河涌水质,提升水环境质量。

3. 人工增氧

整治水质差的河道常用的人工增氧方式为河道曝气技术。河道曝气技术作为一种投资少、见效快的河流污染治理技术，在很多国家被优先采用。河道曝气技术能在较短的时间内提高水体的溶解氧水平，增强水体的净化功能，减少水体污染负荷，促进河流生态系统的恢复；另外，河道曝气技术因地制宜，占地面积相对较小，投资省、运行成本低，对周围环境无不良影响，如果与综合利用相结合，还可实现环境效益与经济效益的统一，有利于工程的长效管理。目前编制区域河涌采用低水位运行策略，河涌水体水质有明显好转，暂无人工增氧需求。

6.4.5　活水提质

随着区域经济发展、城市化逐步提高，有必要在污染源治理基础上增加措施，通过提高水体流动性，加大水环境容量及自净能力，增强水环境改善效果。旨在恢复河道基流，提升地下水位，增强河水自净能力，促进河道生态恢复，缓解河道周边生态恶化情况，进一步提升水生态环境质量。

为维持猎德涌水体环境健康，提高地表水环境质量，需对地表水体进行生态补水，水来源为上游大观净水厂，同时通过管渠连通片区内多座人工湖，也可以为猎德涌提供补水来源。为进一步提升污水尾水水质状况，提高补水水质，目前已拟在华南农业大学鄱阳湖建设生态湿地，建设后，可削减污染物 94.61t/a（以固体悬浮物 ss 削减计），COD、氨氮 NH_3-N、TP 出水水质均达到地表水四类标准。污染物削减测算表见表 6.31。

表 6.31　污染物削减测算表

序号	名称	进水水质/(mg/L)	出水水质/(mg/L)	污染物去除率/(%)	全年削减/(t/a)	地表水分类
1	COD	15	10	33.3	94.61	IV
2	五日生化需氧量 BOD_5	1.2	1	16.7	3.78	IV
3	NH_3-N	0.25	0.2	60.1	0.95	IV
4	TP	0.2	0.16	57.5	0.76	IV
5	SS	6.25	1.25	80	94.61	—
6	TN	7.5	2.5	66.7	94.61	—

6.5　水生态修复方案

基于低影响开发理念,以水环境质量为目标,以现状问题为导向,采取源头、过程、末端相结合的系统治理思路,以低影响开发、生态岸线恢复和水域生态重构为核心,通过海绵城市的统筹建设,系统识别编制区流域重要的生态斑块,基于连点成线、拓线成面、全区打造的思路,通过合理控制不透水面积和河湖生态岸线,增强雨水下渗和水源涵养,与此同时强化山体、水体、林地、农田、绿地等重要生态敏感区的保护,以水系连通、滨水陆域贯通为路径,串联区域各级生态斑块、生态敏感区,构建以自然生态为基础、绿灰基础设施并重的生态之廊、净水之廊,打造片区流域"滞、蓄、净、养"生态净化体系,力争编制区内水系水质稳定,达到水功能区划水质控制目标要求。水生态提升技术路线如图 6.28 所示。

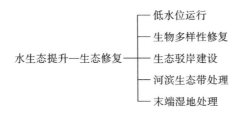

图 6.28　水生态提升技术路线图

不同于一般的自然河道,城市河道受到周边用地、城市设施、历史人文等诸多因素影响,因此水域生态修复除了需要考虑自身的功能和形态,还需统筹兼顾与周边地块的关系,平衡河道排涝安全和生态的功能,最终营造出人水和谐共生的城市生态河道。

①针对岸线生态防护不足、生活生产面源污染等问题,以海绵城市建设和河涌综合整治为契机,通过植草沟、透水铺装、雨水花园等低影响设施重构面源生态阻控系统,有效延缓产流过程,有效阻截 SS、TN、TP 等污染物,并对径流进行初步净化后入河,增强护岸的净化水体、屏蔽污染物和生态通道的功能,降低入河污染负荷。

②针对部分河段水土流失严重、河岸带植被丧失的问题,通过河岸带生物恢复与重建技术及河岸缓冲带技术,修复丧失的河岸带植被和湿地群落,尽可能恢复和重建退化的河岸带生态系统,保护和提高生物多样性。

③针对河涌生态基流保障不足、生境退化严重等问题,结合水系规划,在保

障水安全的前提下,从河道形态重塑、湿塘-洼地改造等多方面着手,增强流域滞蓄能力和生态补给能力,提升河道生态基流保障率,以加强区域蓄水和净水能力。

④针对河涌生态系统结构丧失的问题,通过引入水下地形重塑技术、水生植物群落镶嵌技术、水生植物辅助种植技术、水生动物恢复技术及微生物辅助技术等多元技术逐步改善生境条件,促进河涌植被由陆域侧向水域侧发展,改善河道生境,促进水质改善,提升河道感官品质。

接下来,以天河智慧城核心区为例,具体介绍水生态修复方案的编制方法。

6.5.1　低水位运行

低水位运行是指在完成控源截污后,将河道水位降低,使其维持自然低水位运行。一般使河涌水位上游保持自然水位,同时确保河涌的最高水位不高于雨水口或者各类拍门(闸门),露出河床,使河底的淤泥能够接触到阳光。

低水位运行存在以下优点:一是暴露沿线排口,方便工作人员进行溯源改造;二是提高水体透明度,在河流水动力与光照作用的催化下,河内淤泥等有机物质会进行氧化降解,实现河涌自我修复,实现雨水径流的净化控制;三是降低管道运行水位,实现污水处理系统提质增效的目标;四是可以腾空涌容,弥补生态用地的不足。降低河涌水位后,汛期的河涌调蓄容量大大增加,足以受纳周边地块的雨水,减少内涝发生。

河涌低水位运行的初期,由于河内淤泥等有机物的降解,会释放甲烷、硫化氢等刺激性气体,需坚持一段时间,直到河涌内的底泥开始变薄,慢慢变成河沙,恶臭现象就会渐渐消失,河涌水生物种开始恢复。

6.5.2　河道生物多样性修复

生物的空间分布格局是不同尺度上各种生物因子和非生物因子长期综合作用的结果,河流中水生生物的生存状况与其所处微生境条件息息相关。微生境改善作为一种重要的水生态修复措施,对于提高水生生物多样性、构建完整河流生态系统结构、恢复河流生态环境具有重要意义。河流生境的因子包括影响水生生物生活的物理、化学和生物因子,主要有水质、能量物质(如温度、有机物、营养物)、河道物理结构(如河道大小、形状、坡度、河岸结构、底质大小与组成等)以及流量等,这些因子影响着水生生物的分布与群落结构组成。

（1）减少清淤

方案提出减少清淤,将河底的淤泥就地资源化利用。降低河涌水位后,把淤泥平铺在河床底或堆砌在河床两侧,通过种植水生植物,将淤泥内黑臭污染物逐步氧化分解,最终留下河沙等。过去,河底淤泥一直被认为是污染物,经常会采取工程措施将淤泥挖除外运处理,这种方法只能治标,清淤不利于恢复河涌生态,而且淤泥处置不当容易造成二次污染。现河涌以清理垃圾为主,将涌底淤泥就地资源化利用,节约工程投资费用,降低工程实施难度。在不影响河道行洪安全的前提下,修整河床形成各种浅滩区,淤泥见阳光,中间走活水,形成一个个景观优美的河底湿地。

（2）重塑河道微地形

利用人工措施改变河涌地形特征,使之更好地适应水生生物的生存和发展。在河道靠岸边呈序列状堆造面积不等的水下小岛,作为水生植物的种植区,迎水一侧以木桩或块石护边,岛内随机散抛块石,形成多生境的微地形环境,创造出适宜多种生物生长的环境。施工要求木桩直径 5～8 cm,打入河底不少于 30 cm;块石(50～80 cm)埋入河床约 1/3,抛石呈梅花形或珠链形,间隔为 10～100 m 不等。

（3）河道种植区底质改良

在河流水生植物种植区域填入黄土和疏浚底泥混合物(3∶1)平铺于河底,铺设厚度暂设 10～40 cm,最后覆沙处理,覆沙厚度为 1～2 cm。黄土的加入可提高底泥氧化还原电位,防止底泥中氮磷释放,有利于水生植物生长。

（4）完善水生植物群落

恢复河流生态系统,核心在于重建群落结构合理的水生植物群落。根据不同植物的生长特性进行合理的时空(水平—垂向—节律)布局,使其整体互补共生,形成稳定的植物群落,使得生态系统恢复到应有的功能水平。调研众多河流湖泊生态修复实例及文献资料,确定本项目水生植物群落的构建思路,即先锋物种→沉水植物群落→挺水植物群落→浮叶植物群落。充分考虑并遵循自然生态系统由简到繁、由低级到高级的演替规律,首先选择耐污能力强、适应能力强且易于种植和管理的沉水植物作为先锋物种构建生态系统的基本结构和功能,待生境得到一定程度的改善后,再有序地引进挺水植物、浮叶植物,逐步建立稳定的水生植物群落。

植物配置应以乡土植物为主,地被、低矮灌丛与高大树木的搭配组合应尽量符合滨水自然植被群落的结构,构建完整的适应水陆梯度变化的近自然植物群

落,体现水生植物、耐湿植物和陆生植物等连续变化过程,以提高堤岸结构的稳定性和群落的多样性。

岸边陆生环境的植物应选用耐贫瘠品种,水位变动环境的植物应选用可适应干、湿环境的品种,常水位附近及以下环境的植物应选用水生品种,海水、感潮环境的植物应选用耐盐碱、抗风品种。

水生带一般略低于常水位,堤脚适宜种植可改善或营造水生生境的水生植物,有条件时,可按照从高到底依次形成挺水植物、浮叶植物、沉水植物的群落。

①沉水植物位于深水区,低于常水位 0.8~1.2 m,常用的植物如苦草、金鱼藻、狐尾藻、轮叶黑藻等。

②浮叶植物位于浅水区,低于常水位 0.5~0.8 m,常用的植物如睡莲、荇菜、芡实、菱等。

③挺水植物位于浅水沼泽区,低于常水位 0.3~0.5 m,常用的植物如千屈菜、水蓼、慈菇、菖蒲、水蜡烛、灯心草、风车草、水莎草、芦苇、鸢尾等。

(5)原位微生物生态修复

微生物,处于生态系统食物链的末端分解者。通过微生物的迅速增殖,能有效清除水体底部长时间积累的动物排泄物、动植物残体以及有害气体(氨、硫化氢等),最终分解产物为二氧化碳、硝酸盐、硫酸盐、二氧化氮等,有效地降低水体 COD 和 BOD,使水体中的氨氮(NH_4^+-N)与亚硝酸盐(NO_2-N)降低,透明度提高,总磷含量降低,起到了净化水质的作用,能维持河流对污染物的自身净化作用,激活本地物种快速生长,形成丰富的本地生物种群。原位微生物激活作用机理如下。

①分泌植物促生物质。

许多原位微生物种类能分泌不同的促生物质,包括植物激素、维生素、氨基酸、其他活性有机小分子及衍生物等。

②改善植物根际的营养环境。

原位微生物在植物根际聚集,它们旺盛的代谢作用加强了土壤中植物营养元素的矿化,增加对植物营养的供应。

③对污染物的降解。

许多原位微生物类群具有降解污染物的作用,能将各类大分子有机污染物降解,同时给水生植物提供必要的元素。

结合河涌污染实际情况,本方案拟采用贝壳粉、硅藻土、粉煤灰构建吸附材料,并复合蚯蚓土,通过生物酶激活蚯蚓土中富含的细菌、放线菌和真菌。这些微生物不仅使复杂物质矿化为植物易于吸收的有效物质,而且还合成一系列有生物活性的物质,如糖、氨基酸、维生素等,这些物质的产生使修复土去除水中的氨氮,通过氢氧化镧表面的羟基基团和磷元素之间的配位体交换,吸附磷元素,有效除去水体中过量的氮、磷等营养元素,减轻湖泊水环境的压力,使水体生物实现多样性,达到增强水体的自净能力和增强水体物质循环的技术效果,有效改善水环境的自我调节能力。

6.5.3　生态岸线修复方案

生态岸线的建设重点在于恢复河道岸线生态功能。河岸生态系统是拦截面源污染进入河道的最有效系统,亦是城区居民亲水娱乐的最主要空间,通过制定分类策略,针对不同现状与区位的河段,提出保护及修复多层次原始河岸植物群落、结合景观营造生态亲水空间,以期达到河岸水土保持、消纳面源污染、亲水娱乐以及提供生物栖息活动带的效果。

堤岸上的亲水平台、堤顶通道、绿化带等设施应与周边地块功能、市政设施、城市景观等统筹考虑,并做好衔接。在构建复合多元空间布置上一般可采用以下 4 种处理方式:

①当河涌堤岸滨水空间狭窄、而沿河建筑前区开阔时,可将沿河建筑前期作为滨水空间的补充,见图 6.29;

图 6.29　生态堤岸布置示意图 1

②当河涌堤岸滨水空间狭窄、沿河建筑前区也狭窄时,可在水面开阔、人员密集处局部设置架空栈道作为滨水空间的补充,见图 6.30;

③当河涌堤岸滨水空间充裕时,宜将活动空间、慢行绿地、生态设施等沿河涌布置,见图 6.31;

图 6.30　生态堤岸布置示意图 2

图 6.31　生态堤岸布置示意图 3

④当河涌滨水空间与大型公共建筑之间受市政道路分隔时,宜通过架空连廊或地下通道连接滨水空间与大型公共建筑,见图 6.32。

图 6.32　生态堤岸布置示意图 4

车陂涌段基本为生态岸线,西边坑智慧城段两岸开发强度较大,周边用地以居民用地和商业用地为主,部分河涌沿河用地较为紧张,驳岸生态改造可行性小。现状堤岸主要为硬质防洪堤岸,此类堤岸阻断了河流生态系统和陆地生态系统的联系,使河流生态系统失去稳定性,没有植被覆盖,缺乏景观效果。

　　基于车陂涌、西边坑开发情况,根据各自岸线特点,打造车陂涌碧道、西边坑碧道,具体纳入天河区碧道建设规划。车陂涌、西边坑碧道建设方案见表 6.32。

表 6.32　碧道建设方案

编号	项目名称	所在河道(段)	河道(段)长度/km	建设标准	建设内容
1	车陂涌(智慧城片区)碧道工程	华南快速干线—广州环城高速	2.59	都市型基本标准	碧道建设,完成堤岸修复,打造慢行道,因地制宜落实海绵城市建设措施和开展雨水口(渠箱口)生态化改造,建设景观、科普主题节点,设置碧道标识标牌
2	西边坑(智慧城片区)碧道工程	柯木塱南路—华观路	3.15	都市型基本标准	碧道建设,完成堤岸修复,打造慢行道,因地制宜落实海绵城市建设措施和开展雨水口(渠箱口)生态化改造,建设景观、科普主题节点,设置碧道标识标牌

第7章　广州海绵城市分区系统化实施方案

7.1　荔湾区芳村围片区分区系统化实施方案

芳村围片区现状本底建设程度较高,范围内非建成区面积约为 366.88 hm²,占比 16.14%。同时,芳村围片区范围内存在连片更新区域,城中村有茶滘村、东漖村、鹤洞村和东塱村等,地块更新有广钢和广船地块等,散布在芳村围各个分区中,总面积约 1278.64 hm²,占比 67.13%。

由此可知芳村围范围内现状建设项目数量较多,片区海绵城市主要建设思路为结合范围内连片更新区域进行项目海绵指标管控,同时对非连片更新区域内有条件的部分地块进行改造,在建设海绵城市的过程中提升城市人居环境,提高人民群众的获得感、幸福感。

此外,芳村围内正在广泛推进雨污分流工程,可结合在建拟建雨污分流工程落实地块内的海绵要素,避免短期内对同一地块重复施工。可采取的思路为:在建设雨污水管道的过程中,对可实施海绵元素的区域进行改造,例如在立管改造时实施雨水立管断接,同时在恢复单元内绿化带时设立植草沟,有条件的地方可以建立下沉式绿地、雨水花园等。现状范围内部分单元已按照该思路进行雨污分流改造,如荔湾区农业农村和水务局等排水单元。

根据芳村围片区年径流总量控制率总目标,结合现状下垫面、城中村分布等情况,同步结合芳村围建设时序情况,以问题导向、经济适用的原则编制本方案,最终得到芳村围片区内各分区及管控单元的年径流总量控制率目标,详见表7.1。

表 7.1　芳村围片区年径流总量控制率表

排水分区	管控单元	面积/hm²	现状年径流总量控制率/(%)	本方案实施后年径流总量控制率/(%)
白鹅潭分区	AF0201-1	38.01	58	74
	AF0202-1	68.74	61	67

排水分区	管控单元	面积/hm²	现状年径流总量控制率/(%)	本方案实施后年径流总量控制率/(%)
白鹅潭分区	AF0203	50.26	50	61
	AF0205	26.32	39	70
	AF0206	32.61	35	36
	AF0209	52.61	34	65
	AF0210	28.73	50	70
	AF0211	57.01	51	78
	AF0212-1	65.45	62	82
	汇总	419.73	51	69
茶滘东漖分区	AF0204	55.54	42	45
	AF0207	35.77	45	61
	AF0208	52.85	47	66
	AF0214	40.36	53	68
	AF0215	49.61	41	54
	AF0218	42.06	48	56
	AF0219	61.31	53	66
	AF0221	100.47	45	56
	汇总	437.97	47	59
坑口沙涌分区	AF0216	59.81	44	62
	AF0217	62.70	44	60
	AF0213-1	30.19	66	70
	AF0222	48.92	32	75
	汇总	201.63	44	66
广钢分区	AF0220	75.60	43	93
	AF0601	137.57	50	80
	AF0404	96.45	42	80
	AF0401	82.25	40	90
	AF0402	91.05	42	71
	AF0604	105.97	45	68
	汇总	588.89	44	80

续表

排水分区	管控单元	面积/hm²	现状年径流总量控制率/(%)	本方案实施后年径流总量控制率/(%)
广船分区	AF0403-1	138.05	69	84
南漖沙洛分区	AF0603-1	85.06	67	68
	AF0605-1	137.17	55	65
	AF0606	76.31	41	57
	AF0607-1	99.16	73	82
	AF0608-1	87.77	64	70
	汇总	485.47	60	69
芳村围汇总		2271.74	51	71

注:表中汇总数据差异是保留两位小数而造成的,后同。

7.1.1　白鹅潭排水分区系统化方案

(1)排水分区概况

白鹅潭排水分区位于芳村围片区北部,总面积 4.20 km²,由 AF0201-1、AF0202-1、AF0203、AF0205、AF0206、AF0209、AF0210、AF0211、AF0212-1 市级管控单元组成;规划建设用地建成度较高,在建以及拟建的用地占比较少,亦有远期连片更新改造区域,现状内河涌有地铁 A 涌、大冲口涌、沙涌、地铁 B 涌、茶滘涌,水质相对较好,堤岸现状为生态驳岸+硬质驳岸,但水生植物较少,现状排水管网存在大量合流情况,覆盖度相对较高。

(2)排水分区海绵城市目标管控

根据芳村围片区年径流总量控制率目标,结合现状下垫面情况,对白鹅潭排水分区目标年径流控制率进行了合理分配,白鹅潭排水分区年径流总量控制率为 69%。

(3)排水分区编制重点

本排水分区编制重点包括:结合分区内实际地块建设情况实施源头减排方案,落实海绵管控;继续推进分区内雨污分流工程项目,实现污水全收集,雨水排河涌;对堤防、水闸泵站进行提升改造,提升分区防涝能力,确保河涌能有效应对百年一遇暴雨。

1. 源头减排方案

（1）现状建设概况

①道路。

该排水分区主要道路有芳村大道中、芳村大道东、花地大道北、东漖北路、花蕾路、浣花路等。现状道路大部分建设年限较短，维护管养到位，景观效果较好，不建议进行专门的海绵化改造。

近期拟建项目中有白鹅潭大道（花地河—洲头咀隧道）工程，道路全长约为2.25 km，道路等级为城市次干路，建议道路建设时同步实施海绵化建设。

②地块。

该排水分区为居住用地以及商业用地集中区域，芳村大道东两侧基本为商业用地，其余基本为居住用地。

（2）建设项目

根据资料收集统计，白鹅潭排水分区建设项目分为在建项目 5 个、拟建项目14 个、已有设计项目 5 个，共计 24 个项目，且本方案对该排水分区谋划改造项目 4 个，白鹅潭排水分区共计 28 个项目，项目类型涵盖了道路、居住用地、公园绿地、医疗卫生用地、商业用地、办公用地、文化娱乐用地等，因此将这 28 个项目列入源头海绵改造项目。

（3）典型项目一

选取白鹅潭大道（花地河—洲头咀隧道）作为典型项目，编制源头海绵改造方案如下。

①项目概况。

白鹅潭大道（花地河—洲头咀隧道），北起于山村路，南接信联路，大致呈北往南走向。由北至南依次经花地河、珠江隧道（地铁 22 号线主线、地铁 1 号线主线），下穿"三馆合一"、上跨上市涌，继续向南通过洲头咀隧道地面辅道，南止于现状信联路，道路路线全线长约为 2.25 km，道路横断面宽度 31～43m，道路等级为城市次干路。

②海绵改造方案。

该项目的海绵城市改造方案可以参考 6.1.4"建设指引"。该道路海绵城市建设指标要求如表 7.2 所示。

表 7.2 白鹅潭大道海绵城市建设指标表

项目名称	建设状态	道路长度/m	约束性指标					鼓励性指标	
			年径流总量控制率/(%)	径流污染削减率/(%)	下沉式绿地率/(%)	室外可渗透地面率/(%)	雨水资源利用率/(%)	绿色屋顶率/(%)	透水铺装率/(%)
白鹅潭大道（花地河—洲头咀隧道）	近期拟建	2250	65	50	50	40	/	/	70

（4）典型项目二

选取荔湾区仁厚直街邻里花园作为典型项目,编制源头海绵改造方案如下。

①项目概况。

仁厚直街邻里花园,位于广州芳村大道东仁厚直街口,用地面积 285 m²。

②海绵改造方案。

通过原有绿地升级改造方式,在结合原有场地特点、周边条件、历史文化、地形地貌、植被乔木的基础上,采用生态旱溪、透水铺装、蓄水池等海绵措施,打造一座特色鲜明的海绵口袋公园。仁厚直街邻里花园海绵城市建设指标如表 7.3 所示。

表 7.3 仁厚直街邻里花园海绵城市建设指标表

项目名称	建设状态	面积/m²	约束性指标					鼓励性指标	
			年径流总量控制率/(%)	径流污染削减率/(%)	下沉式绿地率/(%)	室外可渗透地面率/(%)	雨水资源利用率/(%)	绿色屋顶率/(%)	透水铺装率/(%)
仁厚直街邻里花园	已建	285	85	60	/	/	/	/	/

（5）典型项目三

选取荔湾区农业农村和水务局作为典型项目，编制源头海绵改造方案如下。

①项目概况。

荔湾区农业农村和水务局位于芳村围片区北部花地河河畔，北望珠江。荔湾区农村和水务局面积约为 6060 m^2。

②海绵改造方案。

该项目结合单元雨污分流工程改造落实海绵建设，将传统管道排水与生态化排水相结合。根据道路竖向、建筑布局和雨水管道布设等情况，划分子汇水区，合理设置 LID 设施系统。该地块内主要为绿化和屋面，适宜海绵城市建设，通过雨水花园、透水铺装等设施对场地内雨水进行调蓄，控制径流总量。荔湾区农业农村和水务局海绵城市建设指标如表 7.4 所示。

表 7.4　荔湾区农业农村和水务局海绵城市建设指标表

项目名称	建设状态	面积/m^2	约束性指标					鼓励性指标	
			年径流总量控制率/（%）	径流污染削减率/（%）	下沉式绿地率/（%）	室外可渗透地面率/（%）	雨水资源利用率/（%）	绿色屋顶率/（%）	透水铺装率/（%）
荔湾区农业农村和水务局单元改造	已建	6060	71	50	/	/	/	/	/

2. 水环境改善方案

（1）源头减排

片区内连片更新区域需结合本书 6.2.3"荔湾区芳村围排水防涝整治方案"一节中指标的分配，严格把控建设开发过程中地块的开发管理。各地块的土地利用类型按照规划出售，地块的开发须严格达到分配的污染控制指标，在开发、设计和验收阶段均需通过论证验收，以确保开发后各排放口能达标排放，提升分区的总体年径流污染削减能力，达到改善周边河涌水质的效果。

已建区结合本书 6.2.3 一节中关于源头减排的相关内容，通过对范围内的

部分区域进行海绵化改造,提升分区的总体年径流污染削减能力,达到改善周边河涌水质的效果。

(2)过程控制

经资料分析与现场踏勘,白鹅潭排水分区现状仍存在一些错混接现象,需要进行排水单元雨污分流改造,合流制改造面积约 241.05 hm²,未完全分流完善面积为 36.42 hm²,共计 277.47 hm²。

白鹅潭排水分区内的雨水污水主干管、次支管存在大面积的合流并排的情况,需将本分区内市政道路的现状合流制排水体制完善为雨污分流制,实现区域内雨污分流,解决雨季污水通过合流管道溢流至河涌的情况,削弱雨天排水管道的过流量,在水文特征基本不变的情况下,在一定程度上减少峰值流量。

该区域正在开展荔湾区花地河以东片区(鹤洞路以北)排水单元配套公共管网完善工程。

3. 水安全提升方案

(1)源头雨水控制

结合本书 6.2.3 一节中对源头地块的建设,通过地块源头控制设施,如植草沟、生物滞留设施、绿色屋顶、可渗透路面和调蓄设施等,可提供分散式海绵调蓄容积。

经统计,可计算出白鹅潭排水分区内源头海绵设施雨水调蓄量共计 33942 m³。地块源头控制设施雨水调蓄量统计情况如表 7.5 所示。

表 7.5 地块源头控制设施雨水调蓄量统计表

市级管控单元名称	分区面积/hm²	雨水调蓄量/m³	平均可调蓄深度/m
AF0201-1	38.00	2505	0.15
AF0202-1	68.74	1796	0.15
AF0203	50.26	2842	0.15
AF0205	26.32	3501	0.15
AF0206	32.61	42	0.15
AF0209	52.61	6066	0.15
AF0210	28.73	2975	0.15
AF0211	57.01	8180	0.15
AF0212-1	65.45	6035	0.15

市级管控单元名称	分区面积/hm²	雨水调蓄量/m³	平均可调蓄深度/m
汇总	419.73	33942	0.15

（2）过程控制——雨水管网规划

①现状雨水管网。

白鹅潭管控分区为老城区，现状雨水主干通道为片区的内河涌及外江水体，河涌周边建立雨水管就近排入水体。

芳村围现状排水体制较为混乱，各种排水体制共存，以分流制系统为主，但局部地区仍有合流制，合流水在排入河涌前被截流入污水管，雨天时存在溢流。

现状排水系统存在设计、施工、管理、布局等方面的缺陷，不少排水主管直接排入江河，入江标高偏低，强降雨时恰逢珠江水位处于涨潮期就容易受珠江及内河涌水位顶托影响，路面内涝积水无法及时排入河涌，导致局部区域受浸。

②雨水管网规划。

荔湾区花地河以东片区（鹤洞路以北）排水单元配套公共管网完善工程实施后，白鹅潭排水分区雨水管网较为完善。连片更新区域内新建雨水管网按不低于 5 年一遇重现期设计，片区内过流能力不足的雨水管道结合周边工程（如雨污分流工程、道路升级改造工程、水浸内涝点改造工程等）进行升级改造。

（3）防涝设施规划提升

经过多年的防洪排涝体系建设，芳村围片区基本建成具有防御一定洪涝水能力的防洪减灾体系。结合《广州市内涝治理系统化实施方案（2021—2025年）》和《荔湾区碧道建设专项规划》，白鹅潭排水分区现状有 6 个水闸，4 个泵站。现状 6 个水闸全部达标，但现状泵站只有沙涌泵站、大冲口泵站达标；现状茶滘泵站、花地一队泵站排洪能力不满足规划要求，需进行重建；规划下市涌新建一个泵站，排洪量为 15 m³/s。

（4）易涝风险点

分区在百年一遇的降雨条件下，部分区域存在较大的水浸风险，与水安全问题中易涝积水点存在对应关系，在分区采取易涝积水点工程措施后风险点消除。

4. 水系岸线提升

（1）堤岸改造

根据《荔湾区碧道建设专项规划》，规划对大冲口涌进行堤岸改造，将直墙堤

岸改造为复式堤岸,并同步建设生态驳岸。具体情况如表7.6所示。

表7.6 规划堤岸信息表

序号	河涌名称	汇水分区	碧道类型	河涌长度/km	起止位置		河道宽度/m	现状堤岸断面	规划堤岸断面
1	大冲口涌	芳村围	都市型	1.27	地铁A涌	珠江后航道	10~25	直墙式堤岸	复式堤岸

(2)碧道提升

白鹅潭排水分区内有下市涌、大冲口涌、沙涌、地铁A涌、地铁B涌,共计5条河涌,除了下市涌全为生态岸线,其余河涌现状水系岸线均为生态驳岸和硬质驳岸混合,根据《荔湾区碧道建设专项规划》,目前只有下市涌的碧道提升建设方案。下市涌的碧道提升建设长度为1.4 km,预计建设年限为2024年。

下市涌碧道建设方案分别建议从透水铺装、海绵设施两个方面对碧道进行品质提升,达到合格标准。

①透水铺装:对现状裂缝、沉陷、隆起等破损进行修补,采用透水砖路面。透水砖修补面积按路面总面积的5%考虑。

②海绵设施:在道路路侧设置植草沟,用植草沟汇流绿地、道路、广场径流,转输雨水至生物滞留设施。

5.白鹅潭排水分区方案综合

白鹅潭排水分区内各工程方案梳理如下。

①源头减排工程:白鹅潭排水分区内包含源头减排工程共计28项,其中包括在建项目5项,项目总面积13.66 hm²;拟建项目14项,项目总面积183.83 hm²;已有设计项目5项,项目总面积8.38 hm²;谋划改造项目4项,项目总面积30.84 hm²。

②系统治理工程:新建泵站,1个;重建泵站,2个;大冲口涌堤岸改造提升,总长约1.27 km;下市涌进行碧道建设,长约1.4 km。

白鹅潭排水分区内各排水分区的年径流总量控制率经统计后,AF0201-1、AF0202-1、AF0203、AF0205、AF0206市级管控单元可以在中期达到规划要求,AF0209、AF0210、AF0211、AF0212-1市级管控单元可以在远期达到规划要求,统计表格如表7.7所示。

表 7.7　白鹅潭排水分区年径流总量控制率统计表

序号	市级管控单元	面积/hm²	现状年径流总量控制率	规划年径流总量控制率	2022—2023年年径流总量控制率	2024—2025年年径流总量控制率	2026—2030年年径流总量控制率	达标时序
1	AF0201-1	38.00	58%	74%	58%	74%	74%	2025年达标
2	AF0202-1	68.74	61%	67%	61%	67%	67%	2025年达标
3	AF0203	50.26	50%	61%	50%	61%	61%	2025年达标
4	AF0205	26.32	39%	70%	39%	70%	70%	2023年达标
5	AF0206	32.61	35%	36%	35%	36%	36%	2024年达标
6	AF0209	52.61	34%	65%	34%	34%	65%	2025年后达标
7	AF0210	28.73	50%	70%	50%	50%	70%	2025年后达标
8	AF0211	57.01	51%	78%	51%	51%	78%	2025年后达标
9	AF0212-1	65.45	62%	82%	62%	62%	82%	2025年后达标
10	白鹅潭排水分区	419.73	51%	69%	51%	56%	69%	/

7.1.2　茶滘东漖排水分区系统化方案

（1）排水分区概况

茶滘东漖分区位于规划区西部,总面积约 4.38 km²,由 AF0224、AF0207、AF0208、AF0214、AF0215、AF0218、AF0219、AF0221 市级管控单元组成,现状建成度较高,但茶滘村、东漖村拆建地块不少,分区南部白鹤沙地块处于在建状态,道路未建成,排水管网也未覆盖;分区内河涌主要有东漖涌、茶滘涌、地铁 B

涌、剑沙涌、白鹤涌,现状水质较好,堤岸现状多为硬质驳岸,但有水生植物。

（2）排水分区海绵城市目标管控

根据芳村围片区年径流总量控制率目标,结合现状下垫面情况,对茶滘东漖排水分区目标年径流控制率进行了合理分配,茶滘东漖排水分区年径流总量控制率为59％。

（3）排水分区编制重点

本管控单元海绵城市系统化方案编制的重点包括:源头减排、拆迁地块与连片更新区域落实管控、在建地块加强管控。

1. 源头减排方案

（1）现状建设概况

①道路。

该分区主要道路有茶滘路、浣花西路、百花路、东漖北路。现状道路大部分建设年限较短,维护管养到位,景观效果较好,因此目前不建议进行专门的海绵化改造。分区南部白鹤沙地块在建区域新建道路需落实海绵指标。

②地块。

本分区内现状地块大部分为城中村和居住小区,市级管控单元 AF0221 现状还有部分农田。规划地块中,该分区组成元素多样,有工业用地、教育科研用地、居住用地、商业用地、交通设施用地等。

（2）建设项目

根据资料收集统计,茶滘东漖排水分区建设项目分为在建项目 12 个、拟建项目 10 个,共计 22 个项目,且本方案对该排水分区谋划改造项目 10 个,白鹅潭排水分区共计 32 个项目,项目类型涵盖了道路、居住用地、公园绿地、商业用地、教育科研用地等,因此将这 32 个项目列入源头海绵改造项目。

（3）典型项目一

选取荔湾区芳村花园作为典型项目,编制源头海绵改造方案如下:

①项目概况。

芳村花园,位于广州市荔湾区龙溪大道北东街,占地面积 11.4 万 m²,总建筑面积 41.57 万 m²,绿地面积为 50460 m²,绿地率高达 44.2％,小区本底条件较好,仍有很大的提升空间。

②海绵改造方案。

规划将建筑旁绿地改造成下沉式绿地,并把雨水立管进行断接,把雨水引进

下沉式绿地中,人行道改成透水铺装。芳村花园海绵城市建设指标如表 7.8
所示。

表 7.8　芳村花园海绵城市建设指标表

项目名称	建设状态	面积/hm²	约束性指标					鼓励性指标	
			年径流总量控制率/(%)	径流污染削减率/(%)	下沉式绿地率/(%)	室外可渗透地面率/(%)	雨水资源利用率/(%)	绿色屋顶率/(%)	透水铺装率/(%)
芳村花园微改造项目	已建(谋划改造)	6.90	74	55	/	/	/	/	/

(4)典型项目二

选取白鹤沙地块水系建设整治工程作为典型项目,编制源头海绵改造方案
如下。

①项目概况。

白鹤沙地块水系建设整治工程(白鹤沙涌综合整治工程)以白鹤沙间站为起
点,以剑沙涌为终点,综合整治河道长约 620 m,新开河涌连接段长 518 m;建设
内容主要包括河涌护岸建设,箱涵、河涌清淤,人行步道及景观带建设等。

②海绵改造方案。

该项目拟在整治河道时建立生态护岸、透水铺装和渗沟等,使路面径流通过
生态护岸等滞蓄控制后溢流至河涌,路面径流水质经过生态化处理后,可有效控
制初雨径流污染,建设工程量如表 7.9 所示。

表 7.9　白鹤沙地块水系建设整治工程海绵城市建设工程量表

编号	面积/m²	路面及铺装/m²	绿地/m²	水面/m²	LID 设施			雨量径流系数	LID控制体积/m³	控制雨量/mm	年径流总量控制率/%
		大块石等铺砌路面及广场/m²	无地下建筑绿地	河涌水面	生态护岸/m²	渗沟/m²	透水铺装/m²				
1	28312.8	4143.8	7808.1	10616.9	4137.5	518.9	4307.1	0.31	638.2	32.7	77.7

2. 水环境改善方案

（1）源头减排

片区内连片更新区域，已建区、在建地块源头减排方案同白鹅潭排水分区。

（2）过程控制

经资料分析与现场踏勘，茶滘东漖排水分区现状仍存在一些错混接现象，需要进行排水单元雨污分流改造，合流制改造面积约 176.08 hm²，未完全分流完善面积为 153.66 hm²，共计 329.74 hm²。

茶滘东漖排水分区已建区内雨水污水主干管、次支管的现状与应对方案同白鹅潭排水分区。

分区内现状仍有不少的新建地块，规划有连片更新改造区，新建地块与连片更新改造区排水管网建设时严格按照雨污分流要求进行建设。

荔湾区花地河以东片区（鹤洞路以北）排水单元配套公共管网完善工程也在茶滘东漖排水分区范围内。

3. 水安全提升方案

（1）源头雨水控制

经统计，可计算出茶滘东漖排水分区内源头海绵设施雨水调蓄量共计 26558 m³。地块源头控制设施雨水调蓄量统计情况如表 7.10 所示。

表 7.10　地块源头控制设施雨水调蓄量统计情况

市级管控单元名称	分区面积/hm²	雨水调蓄量/m³	平均可调蓄深度/m
AF0204	55.54	650	0.15
AF0207	35.77	2620	0.15
AF0208	52.85	5024	0.15
AF0214	40.36	3260	0.15
AF0215	49.61	2678	0.15
AF0218	42.06	1460	0.15
AF0219	61.31	4383	0.15
AF0221	100.47	5565	0.15
汇总	437.97	25640	0.15

（2）过程控制——雨水管网规划

①现状雨水管网。

茶滘东澳管控分区为老城区，现状雨水主干通道为片区的内河涌及外江水体，河涌周边建立雨水管就近排入水体。芳村围排水体制和排水系统现状同白鹅潭管控分区。

②雨水管网规划。

荔湾区花地河以东片区（鹤洞路以北）排水单元配套公共管网完善工程实施后，该排水分区已建区雨水管网较为完善。连片更新区域、新建区域内新建雨水管网按不低于5年一遇重现期设计，片区内过流能力不足的雨水管道结合周边工程（如雨污分流工程、道路升级改造工程、水浸内涝点改造工程等）进行升级改造。

4. 茶滘东澳分区方案综合

片区内各工程方案梳理如下。

源头减排工程：茶滘东澳排水分区内包含源头减排工程共计32项，其中在建项目12项，项目总面积24.85 hm²；拟建项目10项，项目总面积89.341 hm²；谋划改造项目10项，项目总面积38.03 hm²。

茶滘东澳排水分区内各排水分区的年径流总量控制率经统计后，AF0219市级管控单元可以在近期达到规划要求，AF0204、AF0207、AF0208、AF0218市级管控单元可以在中期达到规划要求，AF0214、AF0215、AF0221市级管控单元可以在远期达到规划要求，统计表格如表7.11所示。

表 7.11 茶滘东澳排水分区年径流总量控制率统计表

序号	市级管控单元	面积/hm²	现状年径流总量控制率	规划年径流总量控制率	2022—2023年年径流总量控制率	2024—2025年年径流总量控制率	2026—2030年年径流总量控制率	达标时序
1	AF0204	55.54	42%	45%	42%	45%	45%	2024年达标
2	AF0207	35.77	45%	61%	45%	61%	61%	2024年达标

序号	市级管控单元	面积/hm²	现状年径流总量控制率	规划年径流总量控制率	2022—2023年年径流总量控制率	2024—2025年年径流总量控制率	2026—2030年年径流总量控制率	达标时序
3	AF0208	52.85	47%	66%	47%	66%	66%	2025年达标
4	AF0214	40.36	53%	68%	53%	53%	68%	2025年后达标
5	AF0215	49.61	41%	54%	41%	41%	54%	2025年后达标
6	AF0218	42.06	48%	56%	48%	56%	56%	2025年达标
7	AF0219	61.31	53%	66%	66%	66%	66%	2022年达标
8	AF0221	100.47	45%	56%	45%	45%	56%	2025年后达标
9	茶滘东濂分区	437.97	47%	59%	48%	53%	59%	/

7.1.3 坑口沙涌排水分区系统化方案

(1)排水分区概况

坑口沙涌排水分区位于芳村围片区中部,总面积 2.02 km²,由 AF0216、AF0217、AF0213-1、AF0222 市级管控单元组成;现状建成度较高,下垫面本底总体较差,内河涌水质良好。片区内存在城中村,雨污分流工程正在实施中,面源污染相对较大。范围内河涌已达防洪潮标准,但现状仍存在一处易涝点。部分河道岸线仍为"三面光",仍有提升空间。

（2）排水分区海绵城市目标管控

根据芳村围片区年径流总量控制率目标,结合现状下垫面情况,对白鹅潭排水分区目标年径流控制率进行了合理分配,坑口沙涌排水分区年径流总量控制率为 66%。

（3）排水分区编制重点

本分区海绵城市系统化编制的重点包括:结合分区内实际地块建设情况实施源头减排方案,落实海绵管控;继续推进分区内雨污分流工程项目,实现污水全收集、雨水排河涌。

1. 源头减排方案

（1）现状建设概况

①道路。

该分区的主要道路有花地大道、鹤洞路、浣花路、芳村大道、花溪路、龙溪大道等。现状道路大部分建设年限较短,无专门进行海绵化改造的必要。

②地块。

本分区内地块大部分为小区、学校以及地铁站等已建成区。花地大道以西主要为西塱地铁站;花地大道以东、龙溪大道以南主要为坑口村、金道花苑、广船鹤园小区等城中村及住宅小区;浣花路以南、花溪路以东、芳村大道以西则主要为沙涌小区、鹤建里小区、西坑小区、培英中学、真光中学等居住小区及学校;芳村大道以东则主要为鹤苑小区等居住小区。

（2）建设项目

根据资料收集统计,坑口沙涌排水分区建设项目分为在建项目 5 个、拟建项目 2 个,共计 7 个项目,且本方案对该排水分区谋划改造项目 4 个,坑口沙涌排水分区共计 11 个项目,项目类型涵盖了道路、居住用地、公园绿地、医疗卫生用地等,因此将这 11 个项目列入源头海绵改造项目。

（3）典型项目

选取广州市真光中学作为典型项目,编制源头海绵改造方案如下。

①项目概况。

广州市真光中学高中部,位于荔湾区白鹤洞街道,占地面积 79739 m²。

②海绵改造方案。

规划将建筑旁绿地改造成下沉式绿地,并把雨水立管进行断接,把雨水引进

下沉式绿地中,人行道改成透水铺装,中心花园改成雨水花园。广州市真光中学海绵城市建设指标如表 7.12 所示。

表 7.12　广州市真光中学海绵城市建设指标表

项目名称	建设状态	面积/hm²	约束性指标					鼓励性指标	
			年径流总量控制率/(%)	径流污染削减率/(%)	下沉式绿地率/(%)	室外可渗透地面率/(%)	雨水资源利用率/(%)	绿色屋顶率/(%)	透水铺装率/(%)
真光中学微改造项目	已建(谋划改造)	6.43	75	55	/	/	/	/	/

2. 水环境改善方案

(1)源头减排

片区内连片更新区域,已建区、在建地块源头减排方案同白鹅潭排水分区。

(2)过程控制

经资料分析与现场踏勘,坑口沙涌排水分区现状仍存在一些错混接现象,需要进行排水单元雨污分流改造,合流制改造面积约 37.79 hm²,未完全分流完善面积为 83.28 hm²,共计 121.07 hm²。

坑口沙涌排水分区已建区内雨水污水主干管、次支管的现状与应对方案同白鹅潭排水分区。

分区内连片更新改造区排水管网严格按照雨污分流要求进行建设。

荔湾区花地河以东片区(鹤洞路以北)排水单元配套公共管网完善工程也是该区域正在开展的主要工程。

3. 水安全提升方案

(1)源头雨水控制

经统计,可计算出坑口沙涌排水分区内源头海绵设施雨水调蓄量共计 17702 m³。地块源头控制设施雨水调蓄量统计情况如表 7.13 所示。

表 7.13　地块源头控制设施雨水调蓄量统计情况

市级管控单元名称	分区面积/hm²	雨水调蓄量/m³	平均可调蓄深度/m
AF0216	59.81	4796	0.15
AF0217	62.70	4840	0.15
AF0213-1	30.19	548	0.15
AF0222	48.92	7518	0.15
汇总	201.62	17702	0.15

（2）过程控制——雨水管网规划

①现状雨水管网。

坑口沙涌管控分区为老城区,现状雨水主干通道为片区的内河涌及外江水体,河涌周边建立雨水管就近排入水体。其排水体制和排水系统现状同白鹅潭管控分区。

②雨水管网规划。

荔湾区花地河以东片区(鹤洞路以北)排水单元配套公共管网完善工程实施后,该排水分区已建区雨水管网较为完善。连片更新区域内新建雨水管网同样按不低于 5 年一遇重现期设计,片区内过流能力不足的雨水管道结合周边工程(如雨污分流工程、道路升级改造工程、水浸内涝点改造工程等)进行升级改造。

（3）易涝风险点

分区范围内坑口小学在百年一遇的降雨条件下,存在较大的水浸风险,通过分析风险点周边管线地形资料后可知,该风险点产生的原因主要为此处地势低洼,容易排水不及时。

由于风险点周边正在进行开发建设,建议开发过程注意地块与道路的竖向标高控制,保障片区水安全。

4. 坑口沙涌分区方案综合

分区内各工程方案梳理如下。

源头减排工程:坑口沙涌排水分区内包含源头减排工程共计 11 项,其中包括在建项目 5 项,项目总面积 12.12 hm²;拟建项目 2 项,项目总面积 77.41 hm²;谋划改造项目 4 项,项目总面积 23.27 hm²。

坑口沙涌排水分区内各排水分区的年径流总量控制率经统计后,AF0217市级管控单元可在中期达到规划要求,AF0216、AF0213-1、AF0222 市级管控单

元在远期能达到规划要求,统计表格如表 7.14 所示。

表 7.14　坑口沙涌排水分区年径流总量控制率统计表

序号	市级管控单元	面积/hm²	现状年径流总量控制率	规划年径流总量控制率	2022—2023年年径流总量控制率	2024—2025年年径流总量控制率	2026—2030年年径流总量控制率	达标时序
1	AF0216	59.81	44%	62%	44%	44%	62%	2025 年后达标
2	AF0217	62.7	44%	60%	44%	60%	60%	2025 年达标
3	AF0213-1	30.19	66%	70%	66%	66%	70%	2025 年后达标
4	AF0222	48.92	32%	75%	32%	32%	75%	2025 年后达标
5	坑口沙涌分区	201.62	44%	66%	44%	49%	66%	/

7.1.4　广钢新城排水分区系统化方案

(1)分区总概述

广钢新城分区位于芳村围中部,总面积约 5.89 km²。分区面积广阔,建设情况较为复杂。分区存在大片的城中村区域以及大片的拆迁重建用地,总体建成度较高,除旧村外,其余地块建设年限较短;现状有东塱涌、西塱涌、东沙涌和裕安涌等河涌,现状内河涌水质相对较好,分区内正在推进雨污分流工程,分区规划排水体制为雨污分流制;分区内现状无内涝点,内河涌堤防均已达标,但部分防洪排涝设施建设年代久远需要重建;现状分区内内河涌驳岸仍有部分为垂直式硬质驳岸,岸线情况一般。

(2)分区海绵城市目标管控

根据芳村围片区年径流总量控制率目标,协调其他分区实际建设条件,结合现状下垫面情况,确定广钢新城分区规划年径流总量控制率为 80%。

(3)分区编制重点

本分区海绵城市系统化编制的重点包括:结合分区内实际地块建设情况实施源头减排方案,严格落实海绵管控;继续推进分区内雨污分流工程项目,实现污水全收集,雨水排河涌,建立末端调蓄设施,从系统治理的角度改善水环境。对河涌进行整治,提升分区防涝能力,确保河涌能有效应对百年一遇暴雨。同步建设生态岸线,关注岸线与周边环境的协调,达到人与自然和谐相处的目的。

1. 源头减排方案

(1)现状建设概况

①道路:广钢新城分区主要道路有鹤洞路、芳村大道、广州环城高速、喜闻路、荔勤北路、荷景路等现状已建市政道路,上述道路维护管养到位,状态良好,无专门进行提升改造的必要。除此之外,广钢新城内部仍在建设过程中,部分道路纳入"广钢新城一期市政道路建设工程组团项目"中实施建设。

②地块:分区内地块用地类型丰富,包含东塱村、西塱村和鹤洞村等城中村用地,广钢公园等公园绿地,广钢新城、金宇花园等居住用地,东塱工业园、永旭工业园等工业用地及广州芳村国际商业城、广州壹城广场等商业用地。分区内城市连片更新的面积占比较大,部分地块现状已完成建设,但由于建设时序较早,因此未落实海绵城市建设相关内容。本方案对片区范围内已建地块进行本底评估,同时对在建、拟建地块进行海绵城市指标分派,以满足分区总体年径流总量控制率指标要求,并在后续建设过程中严格管控,确保落实地块海绵城市建设。

(2)分区内已建地块

广钢新城分区内现状有部分地块已建设完成,由于开始建设年限较早,故未严格按照海绵城市建设思路进行建设,现对分区内已建项目进行梳理,并整理分析出现状此类地块的年径流总量控制率,以便于分区内年径流总量控制率的平衡计算。分区内现状已建地块的分析总结如表 7.15 所示。

表 7.15　广钢新城分区现状已建地块年径流总量控制率统计表

序号	地块编码	用地代码	面积/hm²	现状年径流总量控制率	管控单元	地块所在项目
1	AF040403	B1R2	1.76	47%	AF0404	中海花湾壹号
2	AF040404	B1R2	4.34	47%	AF0404	中海花湾壹号
3	AF040405	R2	4.80	48%	AF0404	金融街·融穗华府
4	AF040416	B1R2	4.04	47%	AF0404	中海花湾壹号
5	AF040417	R2	4.67	47%	AF0404	华发中央公园

序号	地块编码	用地代码	面积/hm²	现状年径流总量控制率	管控单元	地块所在项目
6	AF040418	A33	1.56	48%	AF0404	广东实验中学荔湾学校
7	AF040408	R2	3.58	48%	AF0404	保利海德花园
8	AF040409	B1	0.30	48%	AF0404	保利海德花园
9	AF040136	A33	2.29	48%	AF0401	鹤洞小学
10	AF040137	R2	3.26	48%	AF0401	中海锦观华庭
11	AF040138	B1	0.38	48%	AF0401	中海锦观华庭
12	AF040140	R2	3.27	47%	AF0401	保利海德公馆
13	AF040122	R2	2.30	50%	AF0401	保利曼宁花园
14	AF040125	R2	4.74	50%	AF0401	珠江金茂府
15	AF040129	A33	1.52	50%	AF0401	北大资源博雅1898
16	AF040130	R2	2.09	50%	AF0401	北大资源博雅1898
17	AF040131	R2	2.85	50%	AF0401	振业天颂
18	AF040206	B1R2	2.24	48%	AF0402	保利曼语花园
19	AF040218	R2	3.88	48%	AF0402	保利·海郡花园
20	AF040219	R2	1.69	48%	AF0402	保利曼源花园
21	AF040220	A33	1.82	48%	AF0402	华师附属荔湾小学
22	AF040224	R2	3.53	48%	AF0402	保利堂悦
23	AF040225	R2	3.02	88%	AF0402	中海学仕里
24	AF040233	R2	3.53	48%	AF0402	葛洲坝广州紫郡府

（3）分区内在建地块

广钢新城分区内现状部分地块正在建设中,经统计,近期在建地块共47个。近期在建类项目需列入海绵城市建设源头减排项目,落实海绵管控。

（4）分区内拟建地块

分区范围内大部分地块正待开发,结合《广钢新城控制性详细规划（修编）》

中与拟建地块相关的内容,考虑到分区整体情况,协调在建已建的项目,对拟建地块进行管控,确保海绵措施能实际落地到项目建设中。

2. 水环境提升方案

(1)源头减排

片区内连片更新区域源头减排方案同白鹅潭排水分区。

(2)过程控制

经资料分析与现场踏勘,广钢新城分区现状仍存在一些错混接现象,需要进行排水单元雨污分流改造,改造面积约 208.79 hm²,分区内正在实施的雨污分流工程有:后航道片区合流渠箱清污分流工程(南头后渠箱、信联路渠箱、龙溪大道段渠箱、花地大道 C 涌渠箱、鹤洞路渠箱、花地大道南渠箱、东沙开发区箱)、后航道片区合流渠箱清污分流工程(蔗基涌渠箱、岭南花卉市场渠箱、知道园路渠箱、生北涌渠箱、新基上下村渠箱、下市直街渠箱、芳村大道西渠箱、大策直街渠箱、九桥头渠箱、会龙涌渠箱)、152 条黑臭河涌城中村污水治理工程——荔湾区西塱村污水治理工程、荔湾区花地河以东片区(鹤洞路以南)配套公共管网完善工程等,待分区内雨污分流工程完成后,实现分区内污水收集进厂,雨水就近入涌。表 7.16 为广钢新城分区排水体制类型及面积统计表。

表 7.16 广钢新城分区排水体制类型及面积统计表

排水体制类型	面积/hm²	面积占比
完全分流制	203.42	49%
不完全分流制	115.18	28%
合流制	93.61	23%

(3)系统治理

为缓解分区内涝压力与提升河涌水质,芳村围片区共设置四处末端调蓄设施,分别为剑沙调蓄设施(一)、剑沙调蓄设施(二)、西塱调蓄设施、鹤洞调蓄设施,类型为海绵公园。将雨水调蓄设施设置在公园绿地内。

根据四个调蓄设施设置位置的不同,采用不同的形式。剑沙调蓄设施(一)及鹤洞调蓄设施位于片区雨水汇集末端及内部河涌闸站附近,调蓄设施的主要目的为缓解内涝并将多余的雨水净化后进行回用,补充河涌水资源,保持河涌水质,故剑沙调蓄设施(一)及鹤洞调蓄设施建议设置为人工湖形式,保证不少于

10000 m³的调蓄容积。蓄水湖体建设用地为3200 m²,湖体水深为5 m。湖体周围建设潜流型人工湿地等生态设施,湖体堤岸采用梯田形式建设,并设置亲水平台。

下雨时,路面的雨水通过漫流,引入潜流型人工湿地等生态设施,起到蓄水、滞水、净水的作用,通过生态设施净化后,再将水转输至湖体;晴天时,在湖体水质保持期限末,用水泵将湖水抽送至人工湿地,进行湖水净化。如此周而复始,循环往复,保持湖水水质,不仅可以更好地为城市居民服务,更体现了海绵城市建设更多层面的价值。

剑沙调蓄设施(二)及西塱调蓄设施位于裕安涌和西塱涌交叉口,周边正是面源污染较严重的城中村——西塱村,属于雨水汇集起端,调蓄设施的主要目的为雨水的净化及延时,在雨水排入河涌之前尽可能地截留雨水中的杂质,将汇水范围内的污染物消纳在此处,减轻水体水环境的压力。故剑沙调蓄设施(二)及西塱调蓄设施建议设置为下沉式绿地或湿地公园形式,辅以透水铺装、湿式植草沟、植物缓冲带等海绵措施对污染物进行逐级截留,污染物浓度较高的位置可以局部设置复杂性生物滞留设施或初雨弃流、沉淀、截污等预处理设施,达到雨水净化的效果,保证不少于10000 m³的渗透、渗滤及滞蓄总容积。

下雨时,雨水经过透水铺装、湿式植草沟、植物缓冲带进入下沉式绿地、湿地公园,起到渗透、渗滤的作用,并保持一定的景观水位,形成湿地景观;晴天时,经过水量蒸发及下渗,水面逐渐消失,形成多层次的绿地公园景观。

结合分区内河道水系与雨水管网的走向,可以明确剑沙调蓄设施(一)主要调蓄AF0220管控单元范围内的雨水,鹤洞调蓄设施主要调蓄AF0401管控单元范围内的雨水,剑沙调蓄设施(二)主要调蓄AF0404和AF0601管控单元范围内的雨水,西塱调蓄设施主要调蓄AF0601管控单元内部分范围的雨水,其中剑沙调蓄设施(一)、剑沙调蓄设施(二)、西塱调蓄设施均设立在广钢分区内,而鹤洞调蓄设施则设立在广船分区内。待片区内末端调蓄设施建设完毕后,结合源头减排方案中各地块的建设,最终广钢分区远期建设后分区年径流总量控制率为80%。

3. 水安全方案

(1)源头雨水控制

经统计,可计算出广钢新城分区内源头海绵设施雨水调蓄量共计75145.78 m³。地块源头控制设施雨水调蓄量统计情况如表7.17所示。

表 7.17　地块源头控制设施雨水调蓄量统计情况

管控单元名称	分区面积/hm²	雨水调蓄量/m³	平均可调蓄深度/m
AF0220	75.60	10288.16	0.15
AF0601	137.57	19613.62	0.15
AF0404	96.45	9974.77	0.15
AF0401	82.25	9083.81	0.15
AF0402	91.05	12531.09	0.15
AF0604	105.97	13654.34	0.15
汇总	588.89	75145.78	0.15

（2）雨水管网规划

①现状雨水管网。

广钢新城分区现状雨水主管较为完善,部分雨水管道建设年代较为久远,排水能力不足,管网 5 年一遇的达标率不高。

②雨水管网规划。

连片更新区域内新建雨水管网按不低于 5 年一遇重现期设计,片区内过流能力不足的雨水管道结合周边工程(如雨污分流工程、道路升级改造工程、水浸内涝点改造工程等)进行升级改造。

（3）河道整治

根据《广州市内涝治理系统化实施方案(2021—2025 年)》《广州市防洪排涝建设工作方案(2020—2025 年)》的相关内容,为保障分区内防洪排涝安全,同时兼顾景观等多种功能要求,对广钢新城范围内东塱涌及裕安涌支涌进行河道整治,具体内容如下:东塱涌整治工程,河道整治长度约 3.5 km;裕安涌支涌整治工程,河道整治长度约 0.5 km。

（4）防涝设施规划

根据《广州市内涝治理系统化实施方案(2021—2025 年)》《广州市防洪排涝建设工作方案(2020—2025 年)》的相关内容,现状广钢新城范围内已存在剑沙涌水闸泵站和西塱涌水闸泵站,运行状况良好,无提升改造需求,为提升片区排涝能力,改善水环境,提出了新增 3 处末端调蓄设施,其情况如表 7.18 所示。

表 7.18　广钢新城分区规划新增防洪排涝设施情况统计表

序号	防洪排涝设施名称	设施规模
1	剑沙调蓄设施(一)	不少于 10000 m^3 的调蓄容积
2	剑沙调蓄设施(二)	不少于 10000 m^3 的调蓄容积
3	西塱调蓄设施	不少于 10000 m^3 的调蓄容积

(5)易涝风险点

分区范围内在百年一遇的降雨条件下,有两处存在较大的水浸风险。第一处为裕安涌两侧裕安新村周边。分析风险点周边管线地形资料后可知,该风险点产生的原因主要为此处地势低洼,且管网不满足 5 年一遇的水力条件,雨势较大时容易排水不及时。第二处为西塱小学周边,分析风险点周边管线地形资料可知,该风险点产生的原因主要为此处地势低洼,容易排水不及时。

西塱小学与裕安新村风险点周边正在进行项目建设,建议在建设过程中注意分区竖向标高控制。具体内容如下:在确定新建道路的控制标高时,除与现状道路及已建场地在竖向上合理衔接外,其片区开发竖向控制策略与其所在大区域荔湾区芳村围保持一致。

4. 水生态保护及优化方案

广钢新城分区现状东塱涌大部分河段目前已经是生态驳岸,而东塱涌少部分河段、裕安涌和西塱涌仍为垂直式硬质驳岸,为提升片区内河涌生态环境,对东塱涌驳岸和裕安涌驳岸进行改造建设,将现状垂直式硬质驳岸改造为生态驳岸,湖泊岸线建设遵循生态学原则,通过设置生态砾石床、岸坡丁坝,在岛屿的岸坡预留鱼巢等措施,尽可能地将堤岸硬化恢复为天然岸坡的形态。

5. 广钢新城分区方案综合

管控单元内各工程方案梳理如下。

①源头减排工程:区域内各类在建地块共计 47 个,项目总面积约 54.54 hm^2。

②系统治理工程:新建 3 处末端调蓄设施;对裕安涌支涌进行河道整治,长度约 0.5 km;对东塱涌进行河道整治,长度约 3.5 km。

广钢新城分区内各管控单元的年径流总量控制率经统计后,AF0401、

AF0601、AF0604 管控单元可在中期达到规划要求,而 AF0220、AF0404、AF0402 管控单元可在远期达到规划要求,统计表格如表 7.19 所示。

表 7.19 分区年径流总量控制率统计表

序号	分区名称	面积/hm²	现状年径流总量控制率	目标年径流总量控制率	2022—2023年年径流总量控制率	2024—2025年年径流总量控制率	2026—2030年年径流总量控制率	达标时序
1	AF0220	75.60	43%	93%	43%	43%	93%	2025 年后达标
2	AF0601	137.57	50%	80%	50%	50%	80%	2025 年达标
3	AF0404	96.45	42%	80%	42%	42%	80%	2025 年后达标
4	AF0401	82.25	40%	90%	40%	90%	90%	2025 年达标
5	AF0402	91.05	42%	71%	42%	42%	71%	2025 年后达标
6	AF0604	105.97	45%	68%	45%	68%	68%	2025 年达标
广钢新城分区		588.89	44%	80%	44%	55%	80%	/

7.1.5 广船排水分区系统化方案

(1)分区总概述

广船分区位于芳村围片区的东南部,总面积约 1.38 km²。现状大部分区域建成度低,下垫面基本为裸地,同时还分布有东塱村和鹤洞村等城中村,下垫面本底总体较好,分区内大面积地块正在实施项目建设;内河涌水质良好,雨污水管网规划排水体制为分流制,范围内点源污染、内源污染现状基本已解决,面源污染通过分区源头地块建设过程中严格落实海绵管控进行解决;分区范围内河涌已达防洪潮标准,部分防洪排涝设施建设年代久远,仍有待提升。

（2）分区海绵城市目标管控

根据芳村围片区年径流总量控制率目标，协调其他分区实际建设条件，结合现状下垫面情况，确定广船分区规划年径流总量控制率为84%。

（3）分区编制重点

本分区海绵城市系统化编制的重点包括：严格把控地块开发建设，分区内项目需结合实际情况建设源头减排类海绵设施，提高片区内年径流总量控制率。建设时注意地面标高的衔接，按照规划建设超标雨水径流排放路径，对分区内防洪排涝设施进行升级改造，提升分区防涝能力。

1. 源头减排方案

（1）现状建设概况

①道路。

广船分区内正在实施建设，分区内无现状道路，可按照规划形成"两横两纵"的骨架路网，加密项目内部的支路网络，疏解干道交通压力。

②地块。

现状分区内基本为裸土和东塱村，范围内地块均按照规划建设，将广船片区打造为海洋船舶总部集聚区。

（2）近期实施项目

根据《荔湾区海绵城市建设实施方案（2021—2025）》，以及实地现场踏勘收集的资料，近期分区内在建拟建的项目共计有2个，1个为建筑小区项目，另外1个为公园绿地项目，如表7.20所示。主要采用的源头改造措施包括建设透水铺装、绿色屋顶、下沉式绿地、雨水花园、生态树池、植草沟、雨水罐等。

表 7.20　广船片区在建项目表

序号	项目名称	面积/hm²	类型
1	广船滨江公园	3.52	公园
2	广船一期地块	5.35	居住＋商业

（3）海绵城市目标管控

根据芳村围片区年径流总量控制率目标，结合各管控单元中各地块的规划用地性质及建设状态，将年径流总量控制率分解至地块。广船分区地块海绵城市建设目标见表7.21。

表 7.21　广船分区地块海绵城市建设目标表

| 名称 | 面积/hm² | 约束性指标/(%) | | | | | 鼓励性指标/(%) | | 海绵设施调蓄量/m³ | 建设阶段 | 备注 | 管控单元 |
		年径流总量控制率	径流污染削减率	下沉式绿地率	室外可渗透地面率	雨水资源利用率	绿色屋顶率	透水铺装率				
广船滨江公园	3.52	86%	65%	/	/	/	/	/	832	在建	在建	AF0403-1
广船一期地块	5.35	81%	60%	/	/	/	/	/	1092	在建	在建	AF0403-1
AF0403-1管控单元A7地块	0.02	75%	60%	50	40	3	60	70	3	拟建	/	AF0403-1
AF0403-1管控单元B2地块	5.25	80%	60%	50	40	3	80	70	1039	拟建	/	AF0403-1
AF0403-1管控单元G2地块	1.94	90%	70%	50	40	3	/	/	513	拟建	/	AF0403-1
AF0403-1管控单元R2二地块	2.48	85%	65%	50	40	3	70	70	568	拟建	/	AF0403-1
AF0403-1管控单元U1供地块	0.30	80%	60%	50	40	3	60	70	59	拟建	/	AF0403-1
AF0403-1管控单元G1地块	15.38	95%	75%	50	40	3	/	70	4635	拟建	/	AF0403-1
东裕围	37.75	67%	54%	50	40	3	70	70	4865	拟建	/	AF0403-1

名称	面积/hm²	约束性指标/(%)					鼓励性指标/(%)		海绵设施调蓄量/m³	建设阶段	备注	管控单元
		年径流总量控制率	径流污染削减率	下沉式绿地率	室外可渗透地面率	雨水资源利用率	绿色屋顶率	透水铺装率				
AF040307	1.64	95%	75%	50	40	3	70	70	495	拟建	/	AF0403-1
AF040308	0.67	85%	65%	50	40	3	70	70	155	拟建	/	AF0403-1
AF040309	0.18	95%	75%	50	40	3	70	70	53	拟建	/	AF0403-1
AF040311	0.05	95%	75%	50	40	3	70	70	14	拟建	/	AF0403-1
AF040334	0.04	89%	70%	50	40	3	70	70	11	拟建	/	AF0403-1
AF040301	2.41	83%	65%	50	40	3	70	70	522	拟建	/	AF0403-1
AF040302	0.06	77%	60%	50	40	3	70	70	11	拟建	/	AF0403-1
AF040303	0.76	64%	50%	50	40	3	70	70	87	拟建	/	AF0403-1
AF040305	1.46	95%	75%	50	40	3	70	70	439	拟建	/	AF0403-1

2. 水安全提升方案

(1)源头雨水控制

经统计,可计算出广船分区内源头海绵设施雨水调蓄量共计 15393.76 m³。地块源头控制设施雨水调蓄量统计情况如表 7.22 所示。

表 7.22　地块源头控制设施雨水调蓄量统计表

管控单元名称	分区面积/hm²	雨水调蓄量/m³	平均可调蓄深度/m
AF0403-1	138.05	15393.76	0.15
汇总	138.05	15393.76	0.15

（2）雨水管网规划

连片更新区域内新建雨水管网按不低于 5 年一遇重现期设计,片区内过流能力不足的现状雨水管道可结合周边工程(如雨污分流工程、道路升级改造工程、水浸内涝点改造工程等)进行升级改造。

（3）防洪排涝设施规划

根据《广州市内涝治理系统化实施方案(2021—2025 年)》《广州市防洪排涝建设工作方案(2020—2025 年)》中相关内容,广船分区内鹤洞水闸泵站、东塱水闸泵站因建设年代久远,不能满足现状的排水能力要求,为提升片区排涝能力,提出鹤洞水闸泵站和东塱水闸泵站重建工程。同时,新规划的鹤洞调蓄设施也对分区内防洪排涝能力进行了提升。防洪排涝设施情况见表 7.23。

表 7.23　广船分区防洪排涝设施情况统计表

序号	防洪排涝设施名称	设施规模
1	鹤洞水闸泵站	闸孔总净宽 6 m,泵站设计流量 8 m³/s
2	鹤洞调蓄设施	不少于 10000 m³ 的调蓄容积
3	东塱水闸泵站	闸孔总净宽 3.5 m,泵站设计流量 8.8 m³/s, 装机功率为 800 kW

（4）片区开发竖向控制

在确定新建道路的控制标高时,其片区开发竖向控制策略与其所在大区域保持一致。

3. 水系岸线及重要节点提升

（1）分区内碧道规划布局

①碧道建设规划概况。

根据《荔湾区碧道建设专项规划》确定广船分区属于芳村围组团的"禅穗融创"主题游径,全长约 11.3 km,拥有国际医药港、新水产市场、广州圆等特色资源,有较大的发展空间。

②定位。

依托重点碧道平洲水道，以两城共创、粤村风貌为特色，串联南漖村中心公园、裕安围革命老区纪念馆、南漖村居民点等特色资源，让游客尽享两城交融师、古村新韵。

③布局。

依托东塱涌、南漖西涌、平洲水道和花地河（西塱工业区—中烟工业段）、珠江后航道（医药港—海珠体育园段）5条重点碧道，构成两城融创游径。

④周边资源。

"禅穗融创"主题游径周边一公里范围内的资源点有国际医药港、广州圆、南漖村居民点、南漖村中心公园、南漖天市、新水产市场以及《广州市岭南文化中心区（荔湾片区）发展规划》中提到的广船文化科技长廊等。

⑤重要节点。

规划打造国际医药港段、东洛围段、百年船坞段、南漖村段4个主题节点，均在现有基础上提升改造。

(2)分区重点碧道规划策略

"禅穗融创"主题游径包括平洲水道、珠江后航道（医药港—海珠体育园段）、东塱涌、南漖西涌、花地河（西塱工业区—中烟工业段）5条重点碧道，该片区以两城共创、粤村风貌为特色，串联周边历史资源，打造可体验两城交融、古村新韵的碧道。

广船分区主要属于珠江后航道（医药港—海珠体育园段）碧道。该碧道属于都市型碧道，范围内的沿线资源点有荔湾百年船坞、车歪炮台等。

"禅穗融创"主题游径布局图如图7.1所示。珠江后航道（医药港—海珠体育园段）碧道策略如表7.24所示。

图7.1　"禅穗融创"主题游径布局图

表 7.24　珠江后航道(医药港—海珠体育园段)碧道策略一览表

珠江后航道 (医药港—海珠 体育园段)	水资源 (1 条)	开展主要断面生态流量监控工作,建立健全生态流量监测预警机制
	水安全 (2 条)	1.完善外江堤防,完善区域防洪体系; 2.强化水闸泵站调度
	水环境 (4 条)	1.污水处理系统提升改造,提高污水入厂浓度,提升污水处理率; 2.加快实施排水单元达标改造; 3.水域清洁净化; 4.加快实施截污边渠工程
	水生态 (1 条)	开展岸边带生态修复
	景观与游憩 体系构建 (6 项)	1.滨水公园建设; 2.岸边采用观赏性较强的乡土植物,重要节点结合植物季相变化合理配置植物; 3.贯通滨水断点,环岛碧道实现漫步道、跑步道、骑行道"三道"贯通; 4.串联廊道周边人文资源、公园绿地,以水路游径串联全区历史人文资源和公园; 5.配套完善水岸游憩设施,增加基础座椅、观景平台、植被科普设施的建设,完善照明、公厕、座椅等服务设施的建设; 6.完善与周边慢行系统、城市绿道的互联互通

4. 广船分区方案综合

分区内各工程方案梳理如下。

①源头减排工程:区域内共包含在建的源头减排工程共计 2 项,1 项为建筑小区类项目,1 项为公园绿地类项目,项目总面积约 8.87 hm²。

②系统治理工程:鹤洞水闸泵站重建工程和东塱水闸泵站重建工程,鹤洞调蓄设施 1 座。

图 7.2 为广船分区方案综合图。

经分析,广船分区内 AF0403-1 管控单元在远期能达到规划要求,统计表格见表7.25。

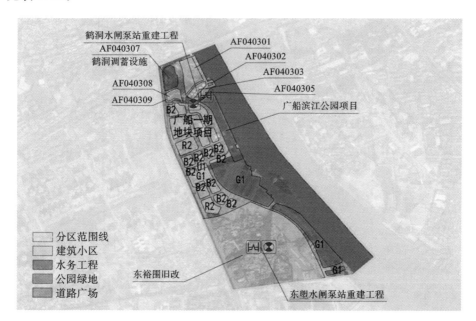

图 7.2 广船分区方案综合图

表 7.25 广船分区年径流总量控制率统计表

序号	分区名称	面积/ hm²	现状年径流总量控制率	目标年径流总量控制率	2022—2023年年径流总量控制率	2024—2025年年径流总量控制率	2026—2030年年径流总量控制率	达标时序
1	AF0403-1	138.05	68%	84%	68%	68%	84%	2025年后达标
	广船分区	138.05	68%	84%	68%	68%	84%	/

7.1.6 南漖沙洛分区系统化方案

(1)分区总概述

南漖沙洛分区位于编制区南部,总面积约 4.85 km²,包括 AF0603-1、AF0605-1、AF0606、AF0607-1、AF0608-1 管控单元;现状建成度高、建设密度大,保留沙洛村和南漖村等城中村;现状有南漖涌、沙洛涌和东沙涌等河涌,现状内河涌水质相对较好,雨污分流项目正在推进过程中;分区内现状无内涝点,内河涌堤防均已达标;现状分区内大部分河涌驳岸为生态驳岸,仅沙洛涌部分驳岸为垂直式硬质驳岸。

(2)分区海绵城市目标管控

根据芳村围片区年径流总量控制率目标,协调其他分区实际建设条件,结合现状下垫面情况,确定南漖沙洛分区规划年径流总量控制率为 69%。

(3)分区编制重点

本分区海绵城市系统化编制的重点包括:结合分区内实际地块建设情况实施源头减排方案,落实海绵管控;继续推进分区内雨污分流工程项目,实现污水全收集、雨水排河涌。对河涌进行整治,提升分区防涝能力,确保河涌能有效应对百年一遇暴雨。同步建设生态岸线,关注岸线与周边环境的协调,达到人与自然和谐相处的目的。

1.源头减排方案

(1)现状建设概况

①道路:南漖沙洛分区主要道路有玉兰路、喜闻路、东沙大道、翠园路等市政道路。现状道路维护管养到位,状态良好,无专门进行改造的必要。

②地块:本分区地块用地类型丰富,包括居住用地、公建用地、工商业用地等,且建设密度较大。其中广州卷烟厂、广州圆等建设用地年代较短,建筑及场地较新,维护管养到位。同时也有在建的立白综合科技园和东新高速沙洛村安置房等。

(2)近期在建项目

南漖沙洛分区范围内近期在建项目共 6 个。因此,这几个项目列入近期海绵城市建设源头减排项目,落实海绵管控。南漖沙洛分区近期源头海绵建设项目如表 7.26 所示。

表 7.26　南漖沙洛分区近期源头海绵建设项目一览表

序号	项目名称	面积/hm²	用地类型
1	广东中烟中心成品库建设项目	0.77	工业
2	立白综合科技园	2.33	工业
3	沙洛高新创意园项目	3.79	商业
4	黄沙水产新市场	2.36	商业

序号	项目名称	面积/hm²	用地类型
5	东新高速沙洛村安置房	1.11	居住
6	广州国际医药港	15.32	商业

（3）海绵城市目标管控

根据芳村围片区年径流总量控制率目标，结合各管控单元中各地块的规划用地性质及建设状态，将年径流总量控制率分解至地块。南漖沙洛分区地块海绵城市建设目标见表7.27。

表7.27　南漖沙洛分区地块海绵城市建设目标表

名称	面积/hm²	约束性指标/（%）					鼓励性指标/（%）		海绵设施调蓄量/m³	建设阶段	备注	管控单元
		年径流总量控制率	径流污染削减率	下沉式绿地率	室外可渗透地面率	雨水资源利用率	绿色屋顶率	透水铺装率				
广东中烟中心成品库建设项目	0.77	77	60	/	/	/	/	/	139	已建	在建	AF06 03-1
佳泰大厦规划道路	0.31	/	45	50	40	/	/	70	30	拟建	/	AF06 05-1
立白综合科技园地块	2.33	80	60	/	/	/	/	/	462	在建	/	AF06 05-1
南漖村旧改	25.44	75	60	50	40	3	70	70	4301	拟建	/	AF06 05-1
南漖村东R地块	10.38	73	55	50	40	3	70	70	1643	拟建	/	AF06 05-1
南漖村东A地块	3.12	75	60	50	40	3	60	70	527	拟建	/	AF06 05-1

名称	面积/ hm²	约束性指标/(%)					鼓励性 指标/(%)		海绵 设施 调蓄 量/m³	建 设 阶 段	备 注	管控 单元
		年径 流总 量控 制率	径流 污染 削减率	下沉 式绿 地率	室外 可渗 透地 面率	雨水 资源 利用 率	绿色 屋顶 率	透水 铺装 率				
医药港 北侧 B 地块	5.27	82	65	50	40	3	80	70	1108	拟 建	/	AF06 06
广州国 际医药港	15.32	70	55	50	40	3	70	70	2187	拟 建	/	AF06 06
AF0606 单元 B 地块	1.19	86	65	50	40	3	80	70	281	拟 建	/	AF06 06
AF0606 单元 G1 地块	0.86	95	75	50	40	3	/	70	259	拟 建	/	AF06 06
AF0606 单元 G2 地块	1.33	85	65	/	/	/	/	/	305	拟 建	/	AF06 06
沙洛高 新创意 园项目	3.79	70	55	/	/	/	/	/	542	在 建	/	AF060 7-1
东新高 速沙洛 村安置房	1.11	70	55	/	/	/	/	/	159	在 建	/	AF06 07-1
广州国 际医药港	2.99	80	60	50	40	3	70	70	591	拟 建	/	AF06 07-1

| 名称 | 面积/hm² | 约束性指标/(%) | | | | | 鼓励性指标/(%) | | 海绵设施调蓄量/m³ | 建设阶段 | 备注 | 管控单元 |
		年径流总量控制率	径流污染削减率	下沉式绿地率	室外可渗透地面率	雨水资源利用率	绿色屋顶率	透水铺装率				
AF0607-1单元B2地块(医药港北侧)	7.41	80	60	50	40	3	80	70	1466	拟建	/	AF0607-1
AF0607-1单元A地块	6.50	80	60	50	40	3	60	70	1286	拟建	/	AF0607-1
AF0607-1单元S地块	0.89	70	55	50	40	3	/	70	127	拟建	/	AF0607-1
AF0607-1单元G1地块(医药港北侧)	3.13	90	70	50	40	3	/	70	825	拟建	/	AF0607-1
AF0607-1单元B2地块(医药港南侧)	3.70	85	65	50	40	3	80	70	850	拟建	/	AF0607-1
AF0607-1单元R地块	3.34	80	60	50	40	3	70	70	661	拟建	/	AF0607-1

续表

| 名称 | 面积/hm² | 约束性指标/(%) | | | | | 鼓励性指标/(%) | | 海绵设施调蓄量/m³ | 建设阶段 | 备注 | 管控单元 |
		年径流总量控制率	径流污染削减率	下沉式绿地率	室外可渗透地面率	雨水资源利用率	绿色屋顶率	透水铺装率				
AF0607-1单元G1地块(医药港南侧)	2.00	95	75	50	40	3	/	70	601	拟建	/	AF0607-1
AF0607-1单元G2地块	1.46	85	65	50	40	3	/	70	335	拟建	/	AF0607-1
黄沙水产新市场	2.36	75	60	/	/	/	/	/	398	在建	/	AF0608-1
AF0608-1单元G地块	8.37	90	70	50	40	3	/	70	2210	拟建	/	AF0608-1

注:道路侧绿化带宽度≥2 m时,下沉式绿地率为约束性指标。

2. 水环境改善方案

(1)源头减排

片区内连片更新区域源头减排方案同白鹅潭排水分区。

(2)过程控制

经资料分析与现场踏勘,南漖沙洛分区现状仍存在一些错混接现象,需要进行排水单元雨污分流改造,改造面积约 94.17 hm²,分区内正在实施的雨污分流工程为荔湾区花地河以东片区(鹤洞路以南)配套公共管网完善工程,待分区内雨污分流工程完成后,实现分区内污水收集进厂,雨水就近入涌。南漖沙洛分区排水体制类型及面积统计如表 7.28 所示。

表 7.28 南澎沙洛分区排水体制类型及面积统计表

排水体制类型	面积/hm²	面积占比/(%)
完全分流制	229.32	71
不完全分流制	11.06	3
合流制	83.12	26

（3）系统治理

为削减面源污染提升水质,遏制初期雨水溢流污染,拟利用南澎沙洛分区的规划河涌边绿地,建立 2 座人工湿地,接收上游雨水管道收集的初期雨水,通过植被拦截及土壤下渗作用减缓地表径流流速、去除径流中的部分污染物,增加入渗、延长汇流时间以达到削减径流污染的作用,规划拟建人工湿地约 0.20 hm²。

基于《雨季初期溢流污染控制标准技术研究》的研究结果,末端初期雨水截流管均按照 5 mm 进行布置,沿规划河涌周边绿地布置人工湿地处理初期雨水,人工湿地名称及参数见表 7.29。

表 7.29 人工湿地名称及参数表

序号	湿地名称	人工湿地参数		
		水力负荷/[m³/(m²·d)]	占地面积/m²	总占地面积/m²
1	沙洛人工湿地(一)	1.5	734.8	1050
2	沙洛人工湿地(二)	1.5	686.4	981

3. 水安全提升方案

（1）源头雨水控制

经统计,可计算出南澎沙洛分区内源头海绵设施雨水调蓄量共计 29374.67 m³。地块源头控制设施雨水调蓄量统计情况如表 7.30 所示。

表 7.30 地块源头控制设施雨水调蓄量统计情况

管控单元名称	分区面积/hm²	雨水调蓄量/m³	平均可调蓄深度/m
AF0603-1	85.06	8221.41	0.15
AF0605-1	137.17	6962.65	0.15
AF0606	76.31	4139.87	0.15
AF0607-1	99.16	7442.33	0.15

续表

管控单元名称	分区面积/hm²	雨水调蓄量/m³	平均可调蓄深度/m
AF0608-1	87.77	2608.41	0.15
汇总	485.47	29374.67	0.15

（2）雨水管网规划

①现状雨水管网。

南漖沙洛分区现状雨水主管较为完善，但由于建设年代较为久远，排水能力不足，管网 5 年一遇的达标率相对较低。

②雨水管网规划。

连片更新区域内新建雨水管网按不低于 5 年一遇重现期设计，片区内过流能力不足的雨水管道结合周边工程（如雨污分流工程、道路升级改造工程、水浸内涝点改造工程等）进行升级改造。

（3）河道整治

根据《广州市内涝治理系统化实施方案（2021—2025 年）》《广州市防洪排涝建设工作方案（2020—2025 年）》的相关内容，为保障沙洛涌的防洪排涝安全，兼顾景观等多种功能要求，提出沙洛涌河涌整治工程，河道整治长度约 1.79 km。

（4）防涝设施规划

根据《广州市内涝治理系统化实施方案（2021—2025 年）》《广州市防洪排涝建设工作方案（2020—2025 年）》的相关内容，南漖沙洛分区内沙洛水闸和东沙水闸泵站因建设年代久远，不能满足现状的排水能力要求，故提出沙洛水闸重建工程和东沙水闸泵站重建工程（见表 7.31）。

表 7.31　南漖沙洛分区规划排涝水闸工程列表

序号	水闸名称	设施规模	完成时间
1	沙洛水闸	闸孔总净宽为 4.8m	2022 年底
2	东沙水闸泵站	闸孔总净宽为 3.5m	2025 年底

（5）易涝风险点

分区范围内南漖村在百年一遇的降雨条件下，存在较大的水浸风险，分析风险点周边管线地形资料可知，该风险点产生的原因主要为此处地势低洼，且管网不满足 5 年一遇的水力条件，容易排水不及时。

由于南漖村后续存在拆迁计划，结合周边建设情况，建议做好该风险点的应

急布防抢险预案,完善管理制度,督促养护单位加强日常巡查,做好维修养护,确保相关排水设施能正常使用,保障片区水安全。

4. 水系岸线及重要节点提升

南漖沙洛分区现状东沙涌和南漖涌目前已经是生态驳岸,沙洛涌中间河段仍是垂直式硬质驳岸,本方案提出将沙洛涌现状垂直式硬质驳岸改造为生态驳岸。同时,根据《荔湾区碧道建设专项规划》,范围内南漖涌需进行碧道建设,建设类型为基本标准都市型碧道,长度约 0.6 km。南漖沙洛分区水系生态岸线规划情况如表 7.32 所示。

表 7.32　南漖沙洛分区水系生态岸线规划情况表

序号	河涌名称	河涌长度/km	起端位置	结束位置	河涌宽度/m	现状驳岸类型	规划驳岸类型
1	东沙涌	1.68	南漖村内	平洲水道	8~15	生态驳岸	生态驳岸
2	南漖涌	0.68	西塱涌	南漖水闸	8~16	生态驳岸	生态驳岸
3	沙洛涌	1.79	东塱涌	平洲水道	5~35	硬质驳岸+生态驳岸	生态驳岸

5. 南漖沙洛分区方案综合

管控分区各工程方案梳理结果如下。

①源头减排工程:区域内共包含源头减排工程共计 24 项,其中 5 项为在建工程,均为建筑小区类项目,总面积约 10.37 hm²。其余 19 项为拟建地块,总面积约 103.98 hm²。

②系统治理工程:对沙洛水闸和东沙水闸泵站进行重建;对沙洛涌进行河道整治,长度约 1.79 km;对南漖涌进行碧道建设,长度约 0.6 km;建立两座人工湿地,面积约 0.2 hm²。

图 7.3 为南漖沙洛分区方案综合图。

南漖沙洛排水分区内各管控单元的年径流总量控制率经统计后,AF0603-1 管控单元可以在近期达到规划要求,AF0607-1 管控单元可在中期达到规划要求,AF0605-1、AF0606、AF0608-1 管控单元在远期能达到规划要求,统计表格如下:

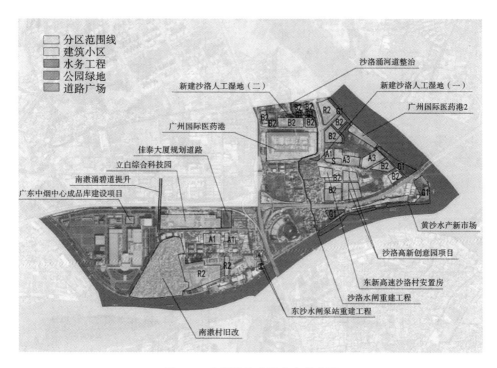

图 7.3　南澳沙洛分区方案综合图

表 7.33　南澳沙洛排水分区年径流总量控制率统计表

序号	分区名称	面积/hm²	现状年径流总量控制率	目标年径流总量控制率	2022—2023年年径流总量控制率	2024—2025年年径流总量控制率	2026—2030年年径流总量控制率	达标时序
1	AF0603-1	85.06	67%	68%	67%	68%	68%	2022年达标
2	AF0605-1	137.17	55%	65%	55%	55%	65%	2025年后达标
3	AF0606	76.31	41%	57%	41%	41%	57%	2025年后达标

续表

序号	分区名称	面积/hm²	现状年径流总量控制率	目标年径流总量控制率	2022—2023年年径流总量控制率	2024—2025年年径流总量控制率	2026—2030年年径流总量控制率	达标时序
4	AF0607-1	99.16	73%	82%	73%	82%	82%	2025年达标
5	AF0608-1	87.77	64%	70%	64%	64%	70%	2025年后达标
	南澍沙洛分区	485.47	60%	69%	60%	62%	69%	/

7.2 黄埔区科学城、永和片区分区系统化实施方案

7.2.1 科学城片区系统化实施方案

根据《黄埔区海绵城市专项规划(2019—2035年)》,结合实际情况进行分析,对科学城片区30个管控单元年径流总量控制率目标进行微调,该片区年径流总量控制率总目标保持不变。科学城片区指标调整见表7.34。

表7.34 科学城片区指标调整表

编制片区	排水分区	管控单元	管控单元面积/km²	现状年径流总量控制率/(%)	区专规年径流总量控制率/(%)	本方案规划年径流总量控制率/(%)
科学城片区	天麓湖	AG0402	6.31	73	53	89
	科学城北	AG0404-2	5.46	70	71	80
		AG0405	2.81	52	72	80
	科学城核心	AT0117-2	0.17	40	75	75
		AT0305-2	0.17	56		
		AG0406-2	1.26	48		

续表

编制片区	排水分区	管控单元	管控单元面积/km²	现状年径流总量控制率/(%)	区专规年径流总量控制率/(%)	本方案规划年径流总量控制率/(%)
科学城片区	科学城核心	AT0117-2	0.17	40	75	75
		AT0305-2	0.17	56		
		AG0406-2	1.26	48		
		AG0407	1.23	49		
		AG0408	0.78	47		
		AG0409-2	1.24	44		
		AG0102-2	0.23	18		
		WC-15-1	0.64	49		
		WC-15-2	12.2	50		
		AT1002-2	0.35	46		
		AG0421	0.48	48		
		AG0108-2	1.85	65	75	68
		AG0417	0.64	48	74	54
	科学城南	WC-18	4.5	50	71	51
	香雪城	AG0101	0.7	54	78	80
		AG0102-1	0.46	46	76	49
		AG0104	0.79	58	74	58
		AG0105	0.31	34	72	44
		AG0106	0.96	53	73	74
		AG0107	0.27	41	71	74
		AG0114-1	0.91	38	73	52
		NG-29	7.35	47	73	54
		NG-67-1	3.67	51	72	55
		NG-67-2	0.4	61	72	61
		AG0209-1	0.42	45	75	45
		AG0209-2	0.58	40	75	54
	细陂河	AG0211	1.08	42	73	59
合计			58.2	54	71	71

1. 源头减排方案

（1）源头减排项目海绵城市指标分配

根据《黄埔区广州开发区城市更新专项总体规划》及《黄埔区 2022 年海绵城市建设项目库信息细化表》，科学城片区建设项目分为 2 种，其中在建项目 9 个，总面积 107.73 hm²，拟建项目 10 个，总面积 207.45 hm²，共计 19 个项目。本实施方案对科学城片区谋划改造项目 5 个，总面积 6.15 hm²。该片区项目共计 24 个，项目类型涵盖了道路、城中村、工业用地、行政办公用地、商业用地、居住用地等，因此将这 24 个项目列入源头海绵改造项目。

由于科学城片区旧村连片改造的区域较多，目前部分已落实改造方案，部分未落实更新改造方案，在城市更新改造方案落实后均需落实本方案的海绵城市建设指标。科学城片区源头海绵改造项目一览见表 7.35。

表 7.35　科学城片区源头海绵改造项目一览表

名称	面积/hm²	约束性指标/（%）					鼓励性指标/（%）		海绵设施调蓄量/m³	建设阶段	备注	管控单元
		年径流总量控制率	径流污染削减率	下沉式绿地率	室外可渗透地面率	雨水资源利用率	绿色屋顶率	透水铺装率				
黄陂公司旧村改造项目-1	87	74	50	50	40	3	70	70	14490	拟建	/	AG0404-2、AG0405
班岭村旧村改造项目	2.62	80	55	50	40	3	70	70	528	拟建	/	AG0405、AG108-2
暹岗社区旧村改造项目	8.05	76	55	/	/	/	/	/	1431	在建	/	AG0417
姬堂旧村改造项目	18.31	72	50	50	40	3	70	70	2852	拟建	/	WC-18

续表

| 名称 | 面积/hm² | 约束性指标/(%) | | | | | 鼓励性指标/(%) | | 海绵设施调蓄量/m³ | 建设阶段 | 备注 | 管控单元 |
		年径流总量控制率	径流污染削减率	下沉式绿地率	室外可渗透地面率	雨水资源利用率	绿色屋顶率	透水铺装率				
广州知识产权法院微改造项目	1.74	72	50	/	/	/	/	/	271	已建	新增改造	AG0105
黄埔区人民检察院微改造项目	0.99	72	50	/	/	/	/	/	154	已建	新增改造	AG0105
广州开发区供水管理中心微改造项目	1.13	72	50	/	/	/	/	/	176	已建	新增改造	AG0105
中国南方电网(广州黄埔供电局)微改造项目	1.34	72	50	/	/	/	/	/	209	已建	新增改造	AG0105
黄埔区税务局微改造项目	0.95	72	50	/	/	/	/	/	148	已建	新增改造	AG0105

续表

名称	面积/hm²	约束性指标/(%)					鼓励性指标/(%)		海绵设施调蓄量/m³	建设阶段	备注	管控单元
		年径流总量控制率	径流污染削减率	下沉式绿地率	室外可渗透地面率	雨水资源利用率	绿色屋顶率	透水铺装率				
萝岗社区经济联合社留用地项目A1、A2	10.15	71	50	/	/	/	/	/	1528	在建	/	AG01 14-1
大塱村旧村改造项目	16.04	73	50	/	/	/	/	/	2584	在建	/	AG01 14-1
协鑫南方总部建设项目	4.5	80	55	/	/	/	/	/	907	在建	/	NG-29、NG-6 7-1
石桥村改造项目	6.33	82	55	50	40	3	70	70	1355	拟建	/	NG-29
火村"三旧"改造项目	41.88	75	50	/	/	/	/	/	7208	在建	/	NG-29
火村"三旧"改造项目二期	18.45	78	55	50	40	3	70	70	3495	拟建	/	NG-29
萝岗水质净化厂二期建设项目	3.81	80	55	/	/	/	/	/	768	在建	/	NG-6 7-1

续表

| 名称 | 面积/hm² | 约束性指标/(%) | | | | | 鼓励性指标/(%) | | 海绵设施调蓄量/m³ | 建设阶段 | 备注 | 管控单元 |
		年径流总量控制率	径流污染削减率	下沉式绿地率	室外可渗透地面率	雨水资源利用率	绿色屋顶率	透水铺装率				
香雪城更新改造项目	17.13	76	55	/	/	/	/	/	3045	拟建	/	NG-67-1
刘村(华甫—荷村片)旧村改造项目	9.84	74	50	50	40	3	70	70	1639	拟建	/	NG-67-1
京广协同创新中心建设项目	18.29	80	55	/	/	/	/	/	3686	在建	/	AG02 09-2
宏仁企业集团旧厂项目	34.42	76	50	50	40	3	60	70	6119	拟建	/	AG0211
启润物流旧厂政府收储项目	6	76	50	50	40	3	60	70	1067	拟建	/	AG0211
融盛包装材料有限公司、广州融冠材料股份有限公司旧厂改造项目	7.35	76	50	50	40	3	60	70	1307	拟建	/	AG0211

续表

名称	面积/hm²	约束性指标/(%)					鼓励性指标/(%)		海绵设施调蓄量/m³	建设阶段	备注	管控单元
		年径流总量控制率	径流污染削减率	下沉式绿地率	室外可渗透地面率	雨水资源利用率	绿色屋顶率	透水铺装率				
才筑·科学家项目周边市政道路工程	总长418 m	/	50	/	/	/	/	/	/	在建	/	NG-29
香雪小学整体翻新改造及新建国际乒乓球培训中心工程	5.01	70	50	/	/	/	/	/	728	在建	/	AG0106

注:道路侧绿化带宽度≥2 m时,下沉式绿地率为约束性指标。

(2)源头减排项目示例一

①项目概况——黄陂水质净化厂二期。

项目位于黄埔区西部,广汕公路与乌涌交界处西北角,黄陂水质净化厂一期北侧。总服务面积28.01 km²,服务范围基本为开发区规划区域内广汕公路以北的乌涌上游流域。

拟建二期水质处理厂扩建考虑采用地下式建设形式,地面结合景观设计作为开放式水质净化科普示范基地。

②现状分析。

红线范围内现状杂草丛生,废弃厂房用于临时施工材料堆放;场地东侧为乌涌,与联华路相隔,市政绿地地形较高,视线隔断;北侧和西侧以住宅用地和商务办公用地为主,南侧为广汕公路,周边人流量大,交通四通八达。

③设计思路与目标。

湿地科普公园的构想是"联结",构建人与自然的联结、城市绿地与水岸的联结。

两方面的联结可建立完善的生态本底,打造活跃的城市水科普空间,呼应水质净化场地的特色。

该项目最终的设计目标为,结合市政公用设施打造市民共享的湿地科教活动基地。

④建设内容。

二期地块为新建地块,包括绿化设计、雨水花园、廊架、小品、照明及城市家具配套设施。图 7.4 为设计总平面图。设计遵循以下原则:

a. 场地车行流线与人行流线分离;

b. 塑造场地高差,融入生物净化水体概念;

c. 强化标识系统布置,科普水生态水净化相关内容;

d. 种植结合科学绿化需求,建筑两侧种植植物组团,较开阔场地设置草坪。

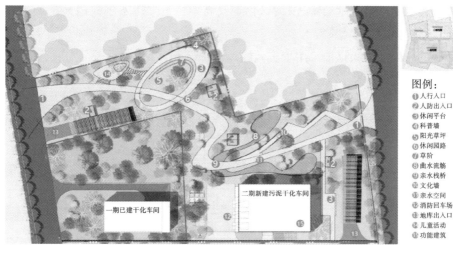

图 7.4　设计总平面图

(3)源头减排项目示例二

①项目概况——广州市开创大道以西、瑞祥路以北(AG0207 规划管理单元)。

项目地块位于黄埔区中心城区,萝岗政务中心研发办公组团南侧,开创大道以西、瑞祥路以北。距黄埔区政府 7 km,距香雪地铁站约 4 km。

②海绵设施。

根据《广州市开创大道以西、瑞祥路以北(AG0207 规划管理单元)控制性详细规划修改洪涝安全评估报告》,该项目从雨水调蓄设施、综合径流系数、年径流总量控制率、雨水径流量、绿地率、硬化地面中可渗透地面率、其他海绵指标管控要求七个方面进行海绵设施评估,后续项目实施按洪涝安全评估报告落实海绵城市建设。

(4)源头减排项目示例三

①项目概况——黄埔开放大道中段(东区规划十路—永和隧道南出口)建设工程。

开放大道中段:路线全长约 10.72 km。其中,主线路线起点为东区规划十路接姬火路,终点至永和隧道南出口,路线长约 7.29 km;开泰大道路线起点为开泰大道与荔红二路交叉口,终点至开泰大道与东明三路交叉口,路线长约 2.66 km。

②工程海绵措施。

a.非机动车道透水沥青、中央绿化带及高架桥下采用下沉式绿地＋雨水花园,退缩带与渠化岛局部做雨水花园。

b.2 m 以上侧绿化带采用下沉式绿地做法。

项目海绵工程量详见表 7.36。

表 7.36　项目海绵工程量表

节点位置	海绵设施	方案工程量/m²
东二环节点(姬火路—火村)	非机动车道透水沥青	7149
	雨水花园	5211
	下沉式绿地	14495
瑞和节点(火村—东会城)	非机动车道透水沥青	2510
	雨水花园	144
	下沉式绿地	7896
开泰节点(东荟城—伴河路—植树公园)	非机动车道透水沥青	11040
	雨水花园	5885
	下沉式绿地	18153
玉岩节点(植树公园—永和立交)	非机动车道透水沥青	15366
	雨水花园	1146
	下沉式绿地	16397

（5）源头减排项目示例四

①项目概况——黄埔区人民检察院微改造项目。

黄埔区人民检察院位于广州市黄埔区香雪五路与汇星路交叉口西北侧，占地面积 0.99 hm²，该地块本底条件较好，有很大的提升空间。

②海绵改造方案。

规划将建筑旁绿地改造成下沉式绿地，并把雨水立管进行断接，把雨水引进下沉式绿地中，并将人行道改为透水铺装。项目海绵指标见表 7.37。

表 7.37　项目海绵指标表

项目名称	建设状态	面积/hm²	约束性指标					鼓励性指标	
			年径流总量控制率/(%)	径流污染削减率/(%)	下沉式绿地率/(%)	室外可渗透地面率/(%)	雨水资源利用率/(%)	绿色屋顶率/(%)	透水铺装率/(%)
黄埔区人民检察院微改造项目	已建（新增改造）	0.99	72	50	/	/	/	/	/

2. 水环境综合整治方案

科学城片区范围内建设用地多为居住用地及工业用地，现状以雨污分流制为主，部分单元仍为合流制，雨污分流仍在推进中；存在较大范围的城市更新区域，公共管网仍有待完善；片区内上游有水口水库及黄鳝田水库，水系脉络较为发达，主要包含乌涌、南岗河等水体；范围内存在一处污水处理厂，即黄陂水质净化厂。

（1）控源截污

①点源。

科学城片区范围内点源污染最大来源为片区内雨污分流不彻底，部分污水未收集，通过雨水管网排入河道。本方案提出采用过程控制的措施，对片区范围内点源污染进行控制。现状仍存在雨污合流的区域，近期应结合城市建设与城市更新，加快雨污分流改造。已建区结合市政道路和城市更新等建设项目推进雨污水管网建设，通过管网完善、截流和溢流污染控制等措施，对存在错混接的区域进行改造；新建区采用完全分流制，建立完善的雨污分流管网系统，使雨水、污水分开，确保区域内旱天污水不入河，雨天溢流有控制，保障污水集中排入污水厂统一处理，力争实现城镇生活污水处理率达到100%。

编制区域内正在实施或已经实施完成的排水单元达标、清污分流工程项目主要有黄埔区四清河流域排水单元达标治理工程、天鹿湖周边污水治理工程、香雪小学排水单位达标治理工程、科学城中学排水单位达标治理工程、玉岩中学排水单位达标治理工程等。正在实施或已经实施完成的公共管网完善项目有香雪八路污水管网完善工程，开泰大道污水管网改造工程，东明一路、东明二路、瑞和路污水管网改造工程等。具体项目统计见表7.38。

表 7.38 范围内部分项目统计表

编号	项目名称	建设内容
1	黄埔区四清河流域排水单元达标治理工程	对赵溪村、大坑村等8个城中村进行雨污分流改造整治
2	天鹿湖周边污水治理工程	新建DN100排水立管4.9 km，新建DN150～DN500污水管道14 km，一体化污水提升泵4座
3	香雪小学排水单位达标治理工程	对排水单元进行雨污分流改造
4	科学城中学排水单位达标治理工程	对排水单元进行雨污分流改造
5	玉岩中学排水单位达标治理工程	对排水单元进行雨污分流改造
6	香雪八路污水管网完善工程	拟新建D1800污水管1450 m
7	伴河路（开创大道—瑞祥路段）污水管网完善工程	拟新建D800～D2200污水管3590 m
8	开泰大道污水管网改造工程	拟新建D500污水管1797 m
9	荔红一路、荔红二路污水管网改造工程	拟新建D500污水管1628 m
10	开源隧道立交区域污水管网改造工程	拟新建D600污水管1065 m，新建D800污水管1050 m
11	东明一路、东明二路、瑞和路污水管网改造工程	拟新建D800污水管1520 m
12	新阳东路污水管网改造工程	拟新建D500污水管240 m
13	大塱村污水管网完善工程	拟新建D500污水管480 m

编号	项目名称	建设内容
14	广汕公路(联华路—外环路 D 线段)管网完善工程	拟新建 D1000～D1600 污水管 6836 m,拟新建 D800 污水压力管 2710 m
15	永顺大道管网改造工程	拟新建 D1000 污水管 2255 m

②面源。

科学城范围内面源污染占比较高,主要来源为城市建成区范围内雨水冲刷地面污物形成的地面径流,汇集到雨水系统后排入下游河涌。科学城范围内分布着大量工业地块。工业地块主要分布在中部和南部,与河涌距离较近,工业区运输车辆较多,污染物产生量大,导致雨季时河涌水质受到影响。为进一步提高片区内河涌水体水质,需对科学城范围内的面源污染进行控制。

在编制片区范围内采取源头减排＋系统治理的海绵工程措施,通过合理分配各工程措施目标指标,确定工程规模,在确保工程经济性的基础上实现污染控制和削减要求。

源头减排方面,结合编制片区的建设情况,近期对城市更新片区内项目进行海绵城市要素管控,结合源头地块建设,落实下沉式绿地、雨水花园等海绵措施,确保项目达到对应的年径流总量控制率与年径流污染削减率指标;针对片区内非城市更新片区范围内工业区地块,要求有条件的工业区地块落实面源污染控制,包括但不限于建立初雨调蓄池等海绵措施,针对该类地块,明确要求年径流污染削减率需达到 50%;除上述区域外的范围,可根据结合实际情况,对有条件、有需求的地块进行海绵微改造,并在新建项目中落实海绵城市建设理念,实现城市降雨径流污染的源头化控制,保障污染物削减目标达成。结合源头减排方案中海绵设施建设完成后对片区的影响,科学城片区的年径流总量控制率为 71%。

系统治理方面,结合范围内拟实施的河涌整治项目,通过对雨水排口采取提升改造等措施,从末端进一步强化径流污染控制,范围内现有的河涌整治相关工程为四清河景观升级改造工程。

(2)生态修复

采取如 6.4.4 所述生态修复措施。

(3)活水提质

为维持科学城片区范围内水体环境健康,提高地表水环境质量,需对地表水

体进行生态补水。补水来源主要为上游水库和调蓄湖，如水口水库、黄鳝田水库、规划拟建的 6♯、7♯、8♯调蓄湖，植树公园调蓄湖，以及范围内的黄陂水质净化厂尾水。现状水口水库、黄鳝田水库、黄陂水质净化厂已对乌涌进行补水。

3.排水防涝整治方案

（1）排水防涝整治方案思路

根据《黄埔区防洪（潮）及内涝防治规划（2021—2035 年）——乌涌流域分报告》和《黄埔区防洪（潮）及内涝防治规划（2021—2035 年）——南岗河流域分报告》中关于乌涌流域和南岗河流域的防洪策略，根据各流域的特点及存在问题，采取的防洪策略为北部"水库挖潜、雨洪利用"，中部"河道整治、清淤疏浚、拆陂拓卡"，南部"堤岸加高、泵站强排"。本方案拟结合上位规划所提出的与前述分析中涉及的水安全问题，通过源头削减、过程控制、系统治理等各类措施进行整治提升，最后针对科学城片区范围内存在的山洪与内涝等排涝除险问题进行针对性的分析，并提出相应的改造策略。

（2）源头减排

①源头海绵设施。

根据源头减排方案，针对目前在建、拟建以及片区拆迁等项目均提出了海绵城市建设指标要求，其他非旧改区域严格按照各区海绵城市专项规划进行径流量和径流污染控制。

科学城片区旧改、拟建及改建项目拟开展 23 个，配建源头海绵设施合计调蓄容积约 5.50 万 m³。地块源头控制设施雨水调蓄量统计情况如表 7.39 所示。

表 7.39　地块源头控制设施雨水调蓄量统计情况

市级管控单元名称	分区面积/hm²	雨水调蓄量/m³	平均可调蓄深度/m
AG0404-2	545.52	3274	0.15
AG0405	281.4	11569	0.15
AG0108-2	185.10	175	0.15
AG0417	64.06	1431	0.15
WC-18	450.41	2852	0.15
AG0105	31.08	958	0.15
AG0114-1	90.61	4112	0.15
NG-29	735.4	12576	0.15

续表

市级管控单元名称	分区面积/hm²	雨水调蓄量/m³	平均可调蓄深度/m
NG-67-1	366.8	5841	0.15
AG0209-2	41.55	3686	0.15
AG0211	108.26	8492	0.15
AG0106	95.83	728	0.15
汇总	2900.19	54966	0.15

②源头调蓄设施。

根据《黄埔区防洪(潮)及内涝防治规划(2021—2035 年)》相关成果,乌涌流域和南岗河流域上游均需进行"水库挖潜、雨洪利用",通过水库挖潜减少下泄,挖潜流域调蓄空间,留存山水,削峰补枯。

本方案科学城片区乌涌流域范围内具体的内容如下:乌涌干流挖潜水口水库,通过汛限水位由 115 m 降低至 112 m,增加调蓄容积,控制 50 年一遇洪水不下泄。50 年一遇削减水库下泄流量约 21.49 m³/s;支流挖潜黄鳝田水库,通过汛限水位由 184 m 降低至 178 m,增加调蓄容积,20 年一遇削减水库下泄流量约 16 m³/s;充分利用和挖潜流域内调蓄空间,流域内设置 3 处调蓄湖,占地面积约 15 hm²,50 年一遇有效容积约 18.6 万 m³。配合预腾空,5 年一遇条件约可削减乌涌洪峰 8 m³/s。50 年一遇条件约可削减乌涌洪峰 16 m³/s。

南岗河流域范围内具体的内容如下:充分利用和挖潜流域内调蓄空间,流域内改造 1 处调蓄湖,利用植树公园现状景观湖改造成调蓄湖,改造后 50 年一遇有效容积约 5.17 万 m³。

(3)管网排放

①科学城片区范围内雨水管网总概述。

根据《黄埔区给排水系统专项规划(2019—2035 年)》成果,科学城片区主要涉及天麓湖分区、天麓湖南—黄陂分区、科学城西部分区、科学城中部分区、萝岗中心区南片区、科学城—东区分区及细陂涌流域分区等 7 个雨水分区。

②雨水排水分区。

a.乌涌流域。

根据《黄埔区防洪(潮)及内涝防治规划(2021—2035 年)——乌涌流域分报告》中关于雨水管网规划的内容,乌涌流域现状地形和竖向规划,以河涌支、干流

节点分界为划分基础,规划区域内共划分为36个雨水排水分区。乌涌流域雨水排水分区范围、面积及受纳水体详见表7.40。

表7.40　乌涌流域雨水排水分区表

序号	分区	汇水面积/km²	受纳水体	规划排水方式
1	WC-01	0.53	乌涌	自流排水
2	WC-02	1.74	乌涌、下沙涌、三厔涌	泵站强排水
3	WC-03	1.40	乌涌、三厔涌	泵站强排水
4	WC-04	0.56	三厔涌	自流排水
5	WC-05	1.36	乌涌左支涌、青年圳	自流排水
6	WC-06	1.22	乌涌、乌涌左支涌	自流排水
7	WC-07	0.82	乌涌	自流排水
8	WC-08	1.78	本田厂排水渠、乌涌	自流排水
9	WC-09	2.32	青年圳、莲塘渠、乌涌左支涌	自流排水
10	WC-10	2.42	莲塘渠、乌涌左支涌	自流排水
11	WC-12	1.43	乌涌左支涌	自流排水
12	WC-13	1.88	乌涌、乌涌左支涌	自流排水
13	WC-14	1.08	乌涌	自流排水
14	WC-15	0.60	乌涌左支涌	自流排水
15	WC-16	1.36	乌涌左支涌	自流排水
17	WC-17	0.67	小乌涌	自流排水
18	WC-18	1.32	乌涌、小乌涌	自流排水
19	WC-19	0.72	乌涌	自流排水
20	WC-20	0.38	乌涌左支涌	自流排水
21	WC-21	0.59	乌涌左支涌	自流排水
22	WC-22	0.38	乌涌左支涌	自流排水
23	WC-23	1.30	小乌涌	自流排水
24	WC-24	1.27	小乌涌	自流排水
25	WC-25	0.96	乌涌	自流排水
26	WC-26	1.40	乌涌	自流排水
27	WC-27	1.32	龙伏涌	自流排水
28	WC-28	0.90	乌涌	自流排水

序号	分区	汇水面积/km²	受纳水体	规划排水方式
29	WC-29	0.29	乌涌	自流排水
30	WC-30	0.56	乌涌、龙伏涌	自流排水
31	WC-31	1.51	龙伏涌	自流排水
32	WC-32	0.29	乌涌、黄陂新村排灌排渠	自流排水
33	WC-33	0.97	乌涌	自流排水
34	WC-34	0.56	乌涌、沙湾新涌	自流排水
35	WC-35	1.17	乌涌	自流排水
36	WC-36	0.25	乌涌	自流排水

乌涌流域总面积为 58.45 km²，根据现状管网、河道水位及地形竖向，规划划分为 36 个排水分区。

现状各排水分区自排片区 36 个，强排片区 0 个。其中现状满足 1 年一遇标准片区 11 个；满足 3 年一遇标准片区 11 个；满足 5 年一遇标准片区 7 个；不满足 1 年一遇标准片区 7 个。

b.南岗河流域。

根据《黄埔区防洪（潮）及内涝防治规划（2021—2035 年）——南岗河流域分报告》中关于雨水管网规划的内容，南岗河流域现状地形和竖向规划，以河涌支、干流节点分界为划分基础，规划区域内共划分为 25 个雨水排水分区。各流域雨水排水分区范围、面积及受纳水体详见表 7.41。

表 7.41　南岗河流域雨水排水分区表

序号	分区	汇水面积/km²	受纳水体	规划排水方式
1	NG-01	1.33	南岗河	自流排水
2	NG-02	0.28	南岗河	泵站强排水
3	NG-03	0.19	大迳涌	泵站强排水
4	NG-04	0.55	南岗河	泵站强排水
5	NG-05	1.03	宏岗河	自流排水
6	NG-06	1.39	宏岗河	自流排水
7	NG-07	1.28	南岗河	泵站强排水
8	NG-08	4.25	笔岗河、南岗河	自流排水
9	NG-09	1.54	南岗河	自流排水

序号	分区	汇水面积/km²	受纳水体	规划排水方式
10	NG-10	3.9	四清河、笔岗河	自流排水
11	NG-11	1.83	四清河、南岗河	自流排水
12	NG-12	2.14	南岗河	泵站强排水
13	NG-13	1.72	南岗河	自流排水
14	NG-14	0.89	南岗河	自流排水
15	NG-15	1.68	四清河	自流排水
16	NG-16	3.78	四清河、南岗河	自流排水
17	NG-17	4.29	四清河、南岗河	自流排水
18	NG-18	3.03	南岗河	自流排水
19	NG-19	2.61	天鹿河	自流排水
20	NG-20	2.1	南岗河	自流排水
21	NG-21	4.61	南岗河、塘尾涌	自流排水
22	NG-22	2.47	南岗河、沙田涌	自流排水
23	NG-23	2.39	龟咀涌、南岗河、塘尾涌	自流排水
24	NG-24	3.27	水声涌	自流排水
25	NG-25	2.07	水声涌	自流排水

南岗河流域总面积为 110.66 km²,根据现状管网、河道水位及地形竖向,规划划分为 25 个排水分区。现状各排水分区满足 1 年一遇标准片区 5 个;满足 3 年一遇标准片区 8 个;满足 5 年一遇标准片区 7 个;不满足 1 年一遇标准片区 5 个。

科学城片区内涉及的雨水排水分区有 NG-14、NG-16～NG-21 等 7 个,本方案仅对上述雨水排水分区内涉及的内容进行分析与统筹。

③片区范围内所涉及雨水排水分区建设方案。

根据《黄埔区防洪(潮)及内涝防治规划(2021—2035 年)——乌涌流域分报告》中关于雨水管网规划的的内容,片区内雨水管网需按照 5 年一遇的排水标准完善片区雨水管网,乌涌流域规划新建雨水管道及雨水箱涵共 19.38 km,管道规格为 DN600,尺寸为 3.0 m×2.0 m。对不满足 5 年一遇排水标准的现状雨水管渠进行改造扩建,扩建管道 6.90 km,管道规格为 DN1000～DN1500,扩建雨水箱涵 2.92 km,尺寸为 2.0 m×2.0 m～3.2 m×2.0 m 不等。

根据《黄埔区防洪(潮)及内涝防治规划(2021—2035 年)——南岗河流域分报告》(征求意见稿)中关于雨水管网规划的内容,片区内雨水管网需按照 5 年一遇的排水标准完善,南岗河流域规划新建雨水管道及雨水箱涵共 28.68 km,管道规格为 DN600,尺寸为 3.5 m×2.3 m。对不满足 5 年一遇排水标准的现状雨水管渠进行改造扩建,扩建管道 15.09 km,管道规格为 DN600～DN2200,扩建雨水箱涵 0.11 km,尺寸为 3.3 m×2.2 m。

(4)蓄排并举

①河道整治。

根据《黄埔区防洪(潮)及内涝防治规划(2021—2035 年)——乌涌流域分报告》相关成果,科学城片区乌涌流域范围内涉及 2 处河道整治工程,分别为科林路桥下游—南翔三路桥段和广汕公路上游 200 m—华扬路桥涵段,具体内容如下。

科林路桥下游—南翔三路桥段长 1.3 km:维持现有广州水系规划临水控制线和管理范围线位置,仅拓宽主河槽至 30 m,堤防加高 0.4 m。科林路桥下游—南翔三路段横断面如图 7.5 所示。

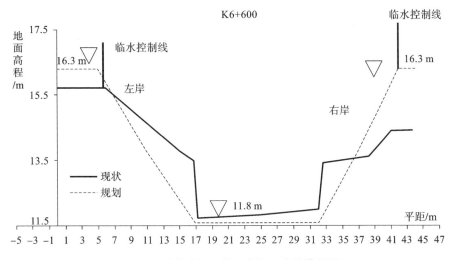

图 7.5　科林路桥下游—南翔三路段横断面

广汕公路上游 200 m—华扬路桥涵段长 1.2 km:临水控制线在现有广州水系规划临水控制线的基础上,两岸均外拓 5 m,共留出 10 m 的河道未来拓宽空间,堤防加高 0.6 m。广汕公路上游 200 m—华扬路桥涵段横断面如图 7.6 所示。

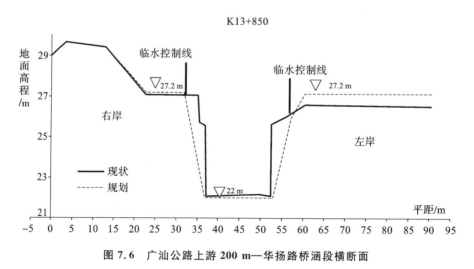

图 7.6　广汕公路上游 200 m—华扬路桥涵段横断面

沙湾新涌约 1.2 km 河段拓宽和加强日常管理维护措施,河道宽度由现状的 5 m 拓宽至临水控制线宽度 10 m,控制河底高程为 29.5～38.9 m,河道比降 6‰。沙湾新涌断面拓宽前后图面如图 7.7 所示。

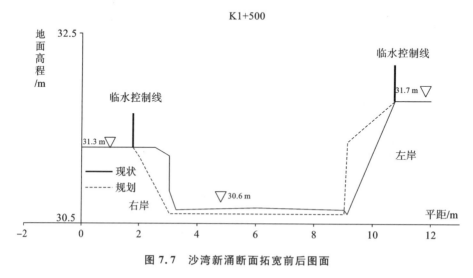

图 7.7　沙湾新涌断面拓宽前后图面

根据《黄埔区防洪(潮)及内涝防治规划(2021—2035 年)——南岗河流域分报告》相关成果,南岗河(开源大道桥—广园快速桥段)远期需按广州水系规划临水控制线拓宽河道(平均拓宽 5～15 m);范围内四清河正在实施四清河景观升级改造工程,具体内容为:四清河 K0+600 至 K1+350 段参考四清河景观升级改造工程清淤疏浚至河底坡降 2‰,使上下游平顺衔接;华浦涌周边需结合植树公园调蓄湖建设周边排洪渠,长度约 1.23 km;天鹿河与南岗河交界口处上游需新增 850 m 雨水箱涵,以满足过流要求。

②水陂改造。

根据《黄埔区防洪(潮)及内涝防治规划(2021—2035 年)》相关成果,结合乌涌流域范围内规划的河道扩宽、疏浚方案,对部分水陂进行改造。本方案编制范围内规划改造 3 座水陂,具体统计如表 7.42 所示。

表 7.42　现有水陂改造方案表

所属流域	编号	桩号	改造方案
乌涌	2#	K6+000	改造电动水陂
	3#	K7+850	改造电动水陂
	5#	K8+700	拆除
南岗河	1#	K12+560	原址重建电动水陂
	2#	K11+800	原址重建电动水陂
	3#	K11+410	原址重建电动水陂
	4#	K10+940	拆除
	5#	K10+330	拆除
	6#	K9+810	原址重建电动水陂
	7#	K9+100	拆除

③水系复涌。

早期城市开发建设填埋、覆盖了部分河涌,水系受到不同程度的侵占,水面萎缩。区域洪涝灾害频发,水安全、水环境治理难度大。根据区域地形地貌、水系分布特征及水系综合利用要求,结合城市更新,规划对水安全问题突出且具有一定恢复条件的河涌进行恢复,提升排水防涝和城市防洪减灾能力,保障雨洪安全。结合《黄埔区水系规划(2020—2035 年)》中关于河涌修复的相关内容,科学城片区范围内规划恢复黄陂新村灌排渠、天鹿河、沙湾新涌 3 条(段)河涌,恢复总长度为 3.75 km。科学城片区河涌修复规划成果如表 7.43 所示。

表 7.43　科学城片区河涌修复规划成果表

序号	河涌名称	长度/km	宽度/m	水面面积/万 m²	新增水面面积/万 m²	备注	所属流域
1	天鹿河	0.9	17	1.53	1.53	复涌,改道	南岗河
2	黄陂新村灌排渠	0.95	16	1.54	1.54	复涌	乌涌
3	沙湾新涌	1.9	10	1.9	1.9	复涌	乌涌
合计		3.75		4.97	4.97		

④河道疏浚。

根据现场踏勘情况,发现细陂涌河床受到非水生植物侵占,河涌水体流动缓慢,容易产生淤积,导致水质再度恶化。建议对细陂河河道进行疏通,将河中植物替换为水生植物,提升细陂河水生态和水环境品质,并保证河道行洪能力。

(5)超标应急

①山洪灾害防治。

乌涌流域整体北高南低,北部水汇集较快且未形成较为通畅的排水出路,造成科学城、中石化、雅居乐富春山居、华标峰湖御境、村庄等处遭受山洪威胁。乌涌流域内已布置一定的山洪沟设施,但部分设计方案线路不科学,山洪没有形成有效出路。为有效防治山洪灾害,结合《黄埔区防洪(潮)及内涝防治规划(2021—2035 年)》中相关成果,规划对山洪沟进行重建或新建。

a.规划山洪沟。

结合现状乌涌山洪沟现状复核状况,规划 12 条山洪沟,8 条山洪沟汇入河道、4 条山洪沟汇入管网。其中对暹岗村山洪沟进行改建,连接原有暹岗新村、圣贤街、尚山八街山洪沟,并可缓解锦林山庄凡谷山洪威胁。新建龙坑山洪沟,缓解原牛头山排洪渠过流能力不足的问题。对爱莎学校山洪沟进行改建,解决流域局部防洪问题。此外考虑乌涌流域防山洪缺口,结合规划用地,新建黄陂社区山洪沟、长安片区山洪沟、石化仓山洪沟等 10 条山洪沟。在本方案范围内的有 6 条,分别为 1♯、2♯、3♯、5♯、8♯、12♯山洪沟,具体特性详见表 7.44。

表 7.44　乌涌流域规划山洪沟特性表

编号	名称	规划标准	长度/m	坡度	设计流量/(m³/s)	集雨面积/hm²	起点尺寸/m	终点尺寸/m	是否加调蓄池	汇入对象	建设类型
1	牛头山山洪沟1	20年一遇	1753	0.01	3.5	31	1×0.8	1.2×1	是	乌涌	新建
2	龙坑山洪沟	20年一遇	1746	0.03	4.5	108	1×0.8	1.5×1.3	是	黄鳝田排洪渠	新建
3	黄陂社区山洪沟	20年一遇	1715	0.03	3.1	55	1×0.8	1.2×1	是	管网	新建
5	长安片区山洪沟	20年一遇	625	0.01	1.48	9	0.8×0.5	1×1	否	乌涌	新建
8	暹岗村山洪沟	20年一遇	1702	0.03	7.91	85	1×0.8	2×1.8	是	管网	改建
12	牛头山山洪沟2	20年一遇	1753	0.01	7.8	62	1×0.8	2×1.8	是	乌涌	新建

　　结合南岗河现状山洪沟复核状况,规划在本方案范围内共布设 4 条山洪沟,均汇入河道或水库。南岗河流域规划山洪沟特性如表 7.45 所示。

表 7.45　南岗河流域规划山洪沟特性表

编号	规划标准	长度/m	比降	设计流量/(m³/s)	起点尺寸/m	终点尺寸/m	是否加调蓄池	调蓄容积	汇入对象	性质
5	20年一遇	345	0.059	1.13	1×1	1×1	否	0	调蓄湖	新建
38	20年一遇	800	18.7	2.45	0.5×0.5	1×1.5	否	0	南岗河	改建
39	20年一遇	1100	3.6	3.72	0.5×0.5	1×1.5	否	0	南岗河	改建
40	20年一遇	1300	7.2	4.11	1×1	2.5×1	否	0	南岗河	改建

b. 规划调蓄池。

乌涌流域规划山洪沟中,1♯、2♯、2♯、6♯、8♯和12♯山洪沟布置调蓄池进行调蓄。根据《城镇雨水调蓄工程技术规范》(GB 51174—2017)调蓄容积计算公式计算得到调蓄池参数,如表7.46所示。

表 7.46　调蓄池参数表

编号	名称	容积/m³	进流量/(m³/s)	出流量/(m³/s)	脱过系数	占地面积/m²	用地类型
1	牛头山山洪沟1	493	1	0.5	0.5	1974	绿地
2	龙坑山洪沟	2278	4.5	2.25	0.5	1139	绿地
3	黄陂社区山洪沟	1570	3.1	1.55	0.5	785	绿地
5	长安片区山洪沟	750	105	0.8	0.5	450	绿地
8	暹岗村山洪沟	4003	7.91	3.96	0.5	2001.5	绿地
12	牛头山山洪沟2	3948	7.8	3.9	0.5	1974	绿地

②内涝隐患风险点整治。

乌涌流域、南岗河流域现状仍有不少的内涝点,结合《黄埔区防洪(潮)及内涝防治规划(2021—2035 年)》中相关成果,规划对内涝点进行整治。

a.天鹿南路往广汕路方向、天鹿南路天鹿花园南区路段内涝点现状及存在问题如表 7.47 所示。

表 7.47　内涝点现状及存在问题一览表

序号	易涝点	周边雨水管道	存在问题
1	天鹿南路往广汕路方向	天鹿南路现状 DN800～DN2000 雨水管道	天鹿南路管渠规模小,排水能力不足
2	天鹿南路天鹿花园南区路段	沙新街现状 DN1200～DN1800 雨水管道,天鹿南路现状 DN800～DN2000 雨水管道	管渠规模小,排水能力不足,且部分地势低洼

规划方案如下。

根据现状积水、地形、水系分布情况,高能饲料厂东路、兴沙街分别规划新建 DN1000～DN1200、DN1000 雨水管道,和沙街现状 DN1200～DN1800 雨水管道扩建为 3.0 m×2.0 m 排水箱涵,向东汇入乌涌。

规划对天鹿南路北侧雨水管道进行扩建,扩建为 DN2000 雨水管道以及 2.0 m×2.0 m 雨水箱涵。

规划在十八路、惠联路新建 DN1000～DN1200、DN600～DN1000 雨水管道,接入天鹿南路,汇入乌涌。

对乌涌(广汕公路上游 200 m—华扬路桥涵段长 1.2 km)干流段进行整治:临水控制线在现有广州水系规划临水控制线的基础上,两岸均外拓 5 m,共留出 10 m 的河道未来拓宽空间,堤防加高 0.6 m。

b.天鹿南路田心村牌坊至木棉新村路口。

天鹿南路田心村牌坊至木棉新村路口内涝点位于 WC-34 排水分区内,内涝点现状及存在问题见表 7.48。

表 7.48　内涝点现状及存在问题一览表

序号	易涝点	周边雨水管道	存在问题
1	天鹿南路田心村牌坊至木棉新村路口	天鹿南路现状 DN600～DN2000 雨水管道	田心村设施标准较低,排水能力不足

规划方案如下。

根据现状积水、地形、水系分布及规划路况,在该排水分区规划道路铺设雨水管道,规划十九路新建 DN1600～DN2000 雨水管道,规划二十一路和规划二十二路分别铺设 DN1200 和 DN1000 雨水管道接入天鹿南路,由北向南接入乌涌主涌。

对乌涌(广汕公路上游 200 m—华扬路桥涵段长 1.2 km)干流段进行整治:临水控制线在现有广州水系规划临水控制线基础上,两岸均外拓 5 m,共留出 10 m 的河道未来拓宽空间,堤防加高 0.6 m,提高乌涌下游过流能力。

c.凤凰山隧道。

凤凰山隧道内涝点位于 WC-35 排水分区内,内涝点现状及存在问题见表 7.49。

表 7.49　内涝点现状及存在问题一览表

序号	易涝点	周边雨水管道	存在问题
1	凤凰山隧道	经核,此处属于高速公路隧道	隧道排水泵抽水能力不足

规划方案:为解决凤凰山隧道积水问题,建议复核隧道排水设施,保证隧道排水安全。汛期应急布防值守,做好边沟清疏工作,属地街镇加强巡查,积水时封闭隧道。

d.荔红一路 10 号内涝点。

现状:荔红一路 10 号现状内涝原因为雨量过大,地势低洼,排水设施标准较低。

规划方案:对荔红一路、彩文路的管道进行扩建,改造长度共计 1240 m。

e.开创开源隧道内涝点。

现状:开创开源隧道内涝原因为开源路隧道泵房抽排能力标准较低,外水来时瞬时水量过大,超出泵的抽排量,且开源大道泵站无独立强排管。

规划方案:规划新建 1303 m DN1000 压力管沿开源大道排至华埔涌,建议开展开源大道立交隧道泵房及配套设施提升改造工程,重新复核隧道泵站规模,将排水泵站提升至安全运行高度,同时加强对立交桥(广园路范围)的排水设施清疏维管工作,确保排水顺畅。应对超标准暴雨时,对此隧道进行临时管控封闭。

f.市民广场 A、B 区地下停车场。

现状:市民广场 A、B 区地下停车场现状内涝原因为汇星路排水能力不够,大量路面积水汇入,停车场未做好防汛措施。

规划方案:规划在山香路、香雪二路上新建 1.0 m×1.0 m 箱涵,长度为 707.7 m,接至开创大道 DN1200 雨水主管。改造汇星路逆坡管道 DN1200～DN1500,长度为 225.1 m,同时在汇星路香雪二路位置新建 DN800 雨水管道 135.9 m,在黄埔供电局调度中心大楼南侧新建 DN800 雨水管道 51.9 m,分流汇星路雨水至开创大道雨水主管。

g. 东明二路与东明一路交界、东明二路与赵溪路交界、开源瑞和路口、开源东捷路隧道。

现状:东明二路与东明一路交界现状内涝原因为大量客水汇入,东明一路排水管道能力不足;东明二路与赵溪路交界现状内涝原因为大量客水汇入,赵溪路排水管道能力不足;开源瑞和路口现状内涝原因为瑞和路—开源大道段存在管径缩颈问题,开源大道北侧雨水管排水能力不足;开源东捷路隧道现状内涝原因为四清河过涌航油管阻塞,河涌水位过高顶托,泵房抽排能力标准较低。

规划方案如下。

规划扩建瑞和路缩颈管道,管径 1500 m,长度约 429.5 m。

开源大道汇水面积较大,东西侧的雨水管道均不能满足五年一遇标准,下游出口处存在倒洪,导致雨水无法快速排出,且隧道泵房建设标准偏低,规划对开源大道管道进行扩建,共扩建 DN800～DN1800 雨水管 2.45 km,3.3 m×2.2 m 雨水箱涵 107.1 m。建议重新复核开源大道东捷路隧道泵站规模,开展开源大道立交隧道泵房及配套设施提升改造工程,保证隧道排水安全。

规划对火村地区优化管网,减少各主管的汇水范围,使区域雨水多通道分流,分别在东明一路、东明二路及东明三路新建 DN2200 雨水管,总长约 797 m,收集火村地块中部及南部雨水,共新建 DN600～DN2200 管道 3.167 km,下游沿东明二路排入赵溪路新建 3.5 m×2.3 m 雨水渠。

规划在东明一路新建 DN1500 雨水管,长度约为 723 m,起始于东明二路,排入南岗河中。

h. 开创大道云埔一路广深桥底。

现状:开创大道云埔一路广深桥底内涝原因为客水汇入,排水管道能力不足。

规划方案:规划在云埔一路及北部规划道路上新建 518 m DN2000 和 376 m DN1600 的管道用于开创大道雨水分流,减轻开创大道雨水系统负荷,就近排入细陂河。

i.伴河路与果园一路交界处高速桥底内涝点。

现状:伴河路与果园一路交界处高速桥底内涝原因为地势低洼、南岗河水位顶托,排水设施标准较低,排水能力不足。

规划方案:规划在伴河路与果园一路交界处高速桥底增设强排泵站,有积水时开启强排。

③防洪排涝应急措施。

a.组织对排水管网、闸泵、涵闸等水务工程进行巡查。检查井算丢失或堵塞、井盖丢失或松动、检查井或雨水口坍塌等问题,以及排水管道渗漏、堵塞、变形、沉陷、断裂、脱节等问题;检查启闭设施能否正常运行,工程基础有无裂缝、断裂、沉陷等情况,电气设施设备、输电线路、备用电源等的工作情况等。

b.对拥堵路段进行交通引导,实施交通管控,及时向市民和车辆发布最新交通状况,提醒市民避开水浸及拥堵的路段。及时封闭行泄通道和隧涵,提前布防。地铁、地下商场、地下车库、地下通道等地下设施和低洼易涝地带做好防水浸、防倒灌措施,备足沙袋,备好挡雨板(易进水口要设置半米以上高度的围挡),确保地下空间安全。

c.强暴雨持续发生导致严重内涝时,组织开展排水管网等水务设施巡查,清理雨水口格栅及周边阻水物,打开雨水井盖排涝,确保排水管网排水通畅;及时在积水严重区域设置警示牌;不间断巡查布防范围内其余各处的排水设施运行情况、路面水浸情况;启动强排车抽水等保证排水设施的排水能力;根据内涝态势和外江水位,及时启动排水泵站等抽水设备进行强排;预判水浸发展态势,及时调动抢险力量投入内涝应急抢险工作。

4. 水系岸线及重要节点提升方案

根据《广州市碧道建设总体规划(2019—2035年)》,黄埔区规划至2025年建设136.6 km碧道,其中有乌涌、南岗河、生物岛、流沙河—凤凰湖4段重点碧道。依托乌涌、南岗河、永和河、金坑河、凤凰河、平岗河6条黄埔区主要河涌水系,建设都市生活走廊和城市休闲活动脉。根据《黄埔区碧道总体规划》,黄埔区水系涵盖水源地到江河入海口的多样水系形态,可以形成“山—湖—河—江—洲—洋”的完整碧道系统,全面承载了黄埔甚至广府滨水生态、生活、文化的方方面面,在广州市范围内独具特色。黄埔区碧道建设强调流域统筹治理,形成完整的碧道生态系统、游憩系统、文化系统。

编制区主要涉及流域为乌涌流域及南岗河流域,根据《黄埔区碧道总体规划》,目前已完成部分乌涌碧道建设,近期建设碧道主要为乌涌上游碧道、乌涌左支涌碧道、大坑涌碧道及华埔涌碧道,建设长度约 15.6 km。其中乌涌建设为都市型高标准碧道,其余建设为都市型基本标准碧道。

5.科学城片区方案综合

源头减排工程:科学城片区内包含源头减排工程共计 24 项,其中包括在建项目 8 项,项目总面积约 107.73 hm²,在建道路 1 项,长度约为 418 m;拟建地块 10 个,总面积约 207.45 hm²;新增改造项目 5 项,项目总面积约 6.15 hm²。

过程控制工程:河道内水陂改造 10 处;规划新建山洪沟 10 条,同步建设调蓄池;内涝点整治 9 处;结合城市更新完善片区内公共管网。

系统治理工程:水口水库挖潜工程;黄鳝田水库挖潜工程;新建 6♯、7♯、8♯调蓄湖和植树公园调蓄湖,调蓄容积分别为 5.38 万 m³、8.19 万 m³、13.36 万 m³、5 万 m³;乌涌河道整治(科林路桥下游—南翔三路桥段),整治长度约 1.3 km;乌涌河道整治(广汕公路上游 200m—华扬路桥涵段),整治长度约 1.2 km;沙湾新涌河道整治,整治长度约 1.2 km;南岗河河道(开源大道—广园快速路段)拓宽 5~15 m,长度约 1.6 km;水系复涌(黄陂新村灌排渠、天篷河、沙湾新涌)3 条,长度约 3.75 km;细陂河河道疏浚工程,长度约 1.2 km;近期建设碧道长度约 15.6 km。

科学城片区系统化实施方案沿用《黄埔区重点片区海绵城市建设系统化方案》中年径流总量控制率指标进行片区总体核算;AG0402、AG0101、AG0106、AG0107 管控单元已于 2021 年认定达标;剩余管控单元中,AG0417、AG0102-1、AG0104、AG0114-1、NG-67-2、AG0209-1 管控单元可以在近期达到规划要求;AG0105 管控单元可以在中期达到规划要求;AG0404-2、AG0405、AG0108-2、WC-18、NG-29、NG-67-1、AG0211 管控单元可以在远期达到规划要求,具体的统计表格如表 7.50 所示。

表 7.50　科学城片区达标时序表

序号	市级管控单元	面积/hm²	现状年径流总量控制率	规划年径流总量控制率	近期年径流总量控制率	中期年径流总量控制率	远期年径流总量控制率	达标时序
1	AG0402	630.86	89%	89%	89%	89%	89%	已达标
2	AG0404-2	545.52	70%	80%	70%	70%	80%	2025 年后达标

序号	市级管控单元	面积/hm²	现状年径流总量控制率	规划年径流总量控制率	近期年径流总量控制率	中期年径流总量控制率	远期年径流总量控制率	达标时序
3	AG0405	281.4	52%	80%	52%	52%	80%	2025年后达标
4	AT0117-2	17.3	75%	75%	75%	75%	75%	重点编制片区
5	AT0305-2	17.1	75%	75%	75%	75%	75%	重点编制片区
6	AG0406-2	125.54	75%	75%	75%	75%	75%	重点编制片区
7	AG0407	122.88	75%	75%	75%	75%	75%	重点编制片区
8	AG0408	78.23	75%	75%	75%	75%	75%	重点编制片区
9	AG0409-2	124.29	75%	75%	75%	75%	75%	重点编制片区
10	AG0102-2	22.98	75%	75%	75%	75%	75%	重点编制片区
11	WC-15-1	64.03	75%	75%	75%	75%	75%	重点编制片区
12	WC-15-2	1219.81	75%	75%	75%	75%	75%	重点编制片区
13	AT1002-2	34.96	75%	75%	75%	75%	75%	重点编制片区
14	AG0421	47.52	75%	75%	75%	75%	75%	重点编制片区
15	AG0108-2	185.1	65%	68%	65%	65%	68%	2025年后达标
16	AG0417	64.06	48%	54%	48%	54%	54%	2025年达标

续表

序号	市级管控单元	面积/hm²	现状年径流总量控制率	规划年径流总量控制率	近期年径流总量控制率	中期年径流总量控制率	远期年径流总量控制率	达标时序
17	WC-18	450.41	48%	65%	48%	48%	65%	2025年后达标
18	AG0101	69.91	80%	80%	80%	80%	80%	已达标
19	AG0102-1	45.62	46%	49%	49%	49%	49%	2022年达标
20	AG0104	78.76	58%	58%	58%	58%	58%	2023年达标
21	AG0105	31.08	34%	44%	34%	44%	44%	2024年达标
22	AG0106	95.83	74%	74%	74%	74%	74%	已达标
23	AG0107	26.51	74%	74%	74%	74%	74%	已达标
24	AG0114-1	90.61	38%	52%	38%	52%	52%	2025年达标
25	NG-29	735.4	45%	54%	45%	45%	54%	2025年后达标
26	NG-67-1	366.8	49%	55%	49%	49%	55%	2025年后达标
27	NG-67-2	40.09	61%	61%	61%	61%	61%	2022年达标
28	AG0209-1	41.55	45%	45%	45%	45%	45%	2022年达标
29	AG0209-2	57.89	40%	54%	54%	54%	54%	2023年达标
30	AG0211	108.26	41%	59%	41%	41%	59%	2025年后达标
31	汇总	5820.3	65%	71%	64%	66%	71%	/

7.2.2 永和片区系统化实施方案

根据《黄埔区海绵城市专项规划(2019—2035 年)》,结合实际情况进行分析,对永和片区 6 个管控单元年径流总量控制率目标进行微调,该片区年径流总量控制率总目标保持不变。永和片区指标调整情况如表 7.51 所示。

表 7.51 永和片区指标调整表

编制片区	排水分区	管控单元	管控单元面积/ km²	现状年径流总量控制率/(%)	区专规年径流总量控制率/(%)	本方案规划年径流总量控制率/(%)
永和片区	沙田排水分区	AG0122-2	6.38	76	82	87
	沙田北排水分区	YH-03-1	0.21	41	73	46
	永和河排水分区	AG0122-1	1.56	78	72	80
		YH-03	7.6	54	73	77
		YH-09	4.45	47	74	60
		YH-07	4.15	39	72	66
合计			24.35	57	75	75

1. 源头减排方案

根据《黄埔区广州开发区城市更新专项总体规划》及《黄埔区 2022 年海绵城市建设项目库信息细化表》,永和片区范围内在建项目 2 个,总面积 9.73 hm²,拟建项目 23 个,总面积 596.41 hm²,项目类型涵盖了道路、城中村、工业用地、居住用地等,因此将这 25 个项目列入源头海绵改造项目。同时由于永和片区范围内分布着大量工业地块,工业区内面源污染产生量大,导致雨季时影响下游河涌水质,选取 18 个非城市更新范围内工业地块进行源头改造,因此永和片区范围内源头海绵改造项目共计 43 个。

由于永和片区规划更新改造的地块较多,目前暂未落实更新改造方案,在城市更新改造方案落实后需落实本方案的海绵城市建设指标。永和片区源头海绵改造项目一览如表7.52所示。永和片区源头减排项目总图如图7.8所示。

表 7.52 永和片区源头海绵改造项目一览表(截取部分)

| 名称 | 面积/hm² | 约束性指标/(%) | | | | | 鼓励性指标/(%) | | 建设阶段 | 海绵设施调蓄量/m³ | 备注 | 管控单元 |
		年径流总量控制率	径流污染削减率	下沉式绿地率	室外可渗透地面率	雨水资源利用率	绿色屋顶率	透水铺装率				
贤江旧村全面改造项目	123.4	76	50	50	40	3	70	70	拟建	21546	/	YH-03-1、YH-03
YH03单元旧厂改造项目一	15	78	55	50	40	3	60	70	拟建	2791	/	YH-03
YH03单元旧厂改造项目二	30	79	55	50	40	3	60	70	拟建	5758	/	YH-03
YH03单元旧厂改造项目三	12	76	55	50	40	3	60	70	拟建	2095	/	YH-03
YH03单元旧厂改造项目四	34	80	55	50	40	3	60	70	拟建	6730	/	YH-03
YH03单元旧厂改造项目五	12	77	55	50	40	3	60	70	拟建	2163	/	YH-03

| 名称 | 面积/hm² | 约束性指标/(%) | | | | | 鼓励性指标/(%) | | 建设阶段 | 海绵设施调蓄量/m³ | 备注 | 管控单元 |
		年径流总量控制率	径流污染削减率	下沉式绿地率	室外可渗透地面率	雨水资源利用率	绿色屋顶率	透水铺装率				
长岭居YH-K2-2地块建设项目	7.27	75	55	/	/	/	/	/	在建	1229	/	YH-03
长岭居YH-K2-4地块建设项目	2.46	75	55	/	/	/	/	/	在建	416	/	YH-03
华峰中学改扩建工程	5.01	83	55	50	40	3	70	70	拟建	1085	/	YH-09
新庄(横坑四社、甘竹社)旧村全面改造项目	59.41	75	50	50	40	3	70	70	拟建	10042	/	YH-09、YH-07

注:道路侧绿化带宽度≥2 m时,下沉式绿地率为约束性指标。

2. 水环境综合整治方案

永和片区范围内建设用地多为居住用地及工业用地,现状以雨污分流制为主,部分单元仍为合流制,范围内雨污分流仍在推进中;存在较大范围的城市更新区域,公共管网仍有待完善;片区内上游有红旗水库,主要包含永和河等水体;范围内存在一处污水处理厂为永和南污水处理厂。

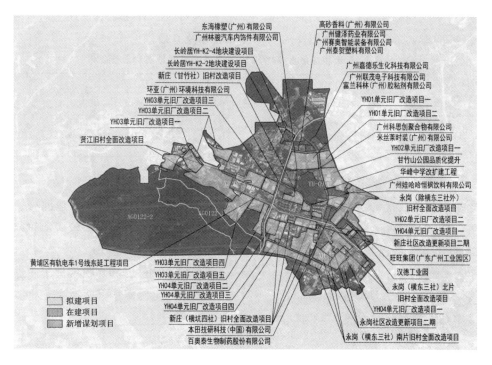

图 7.8　永和片区源头减排项目总图

（1）控源截污

①点源。

永和片区范围内点源污染最大来源与科学城片区一样，因此，其点源污染治理措施可参考科学城片区做法。

②面源。

永和片区范围内面源污染同样占比较高，主要来源也多为城市建成区范围内雨水冲刷地面污物形成的地面径流，汇集到雨水系统后排入下游河涌。永和片区范围内的工业地块主要分布在东部。其治理措施基本与科学城片区相似。

系统治理方面，拟在范围内永和河边新建一处人工湿地，接收上游雨水管道收集的初期雨水，通过植被拦截及土壤下渗作用减缓地表径流流速、去除径流中的部分污染物，增加入渗、延长汇流时间以达到削减径流污染的作用，规划拟建人工湿地总占地面积约 0.78 hm^2，结合源头减排方案中海绵设施的建设和系统治理方案中人工湿地建设完成后对片区的影响，永和片区的年径流总量控制率为 75%。

结合片区海绵城市建设，基于《雨季初期溢流污染控制标准技术研究》的结果,末端初期雨水截流管均按照 5 mm 布置,沿规划河涌周边绿地布置人工湿地处理初期雨水,编制区域内主要的人工湿地名称及参数详见表 7.53。

表 7.53 永和片区源头海绵改造项目人工湿地名称及参数

序号	人工湿地名称	人工湿地参数		
		水力负荷/[m³/(m²·d)]	占地面积/m²	总占地面积/m²
1	永和片区人工湿地	1.5	5490	7843

选取汉德工业园作为典型工业类项目进行海绵改造方案设计。

其基本情况为:汉德工业园位于香荔路与瑶田河大街东北侧,周边路网完善,交通便利,占地面积 6.45 hm²。该地块本底条件一般,地块内有较大面积的绿地,有很大的提升空间。

其海绵改造方案:规划将建筑与道路旁绿地改造成下沉式绿地,并把雨水立管进行断接,把屋面与路面雨水引入下沉式绿地中,并将停车场升级改造为生态停车场。项目指标如表 7.54 所示。

表 7.54 项目指标表

项目名称	建设状态	面积/hm²	约束性指标					鼓励性指标	
			年径流总量控制率/(%)	径流污染削减率/(%)	下沉式绿地率/(%)	室外可渗透地面率/(%)	雨水资源利用率/(%)	绿色屋顶率/(%)	透水铺装率/(%)
汉德工业园	已建(新增改造)	6.45	75	60	/	/	/	/	/

(2)活水提质

为维持永和片区范围内水体环境健康,提高地表水环境质量,需对地表水体进行生态补水,补水来源主要为上游红旗水库,以及范围内的永和南污水处理厂。现状红旗水库、永和南污水处理厂已对永和河进行了补水。永和片区补水设施布局如图 7.9 所示。

3. 排水防涝整治方案

(1)排水防涝整治方案思路

根据《黄埔区防洪(潮)及内涝防治规划(2021—2035 年)——永和流域分报

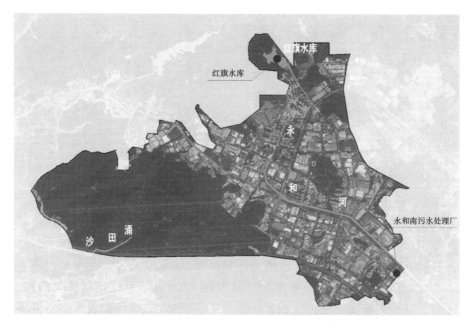

图 7.9　永和片区补水设施布局图

告》,结合永和流域范围内现状情况,分析出现状永和流域"上游山区山水入城、洪水下泄快、中下游平原区过流能力不足、沿程卡口众多"特点,规划拟在现状"自排为主"的排涝体系基础上,以提升河道过流能力为导向,山区采用截洪沟拦蓄山水,平地新建管渠及行泄通道,并结合旧改抬高地块高程,河道中下游采取卡口改造、水陂改造、河涌恢复等措施防止河道漫溢。根据永和河区域特点,提出"河道治理＋竖向加高＋拆陂拓卡"方案,形成"蓄排结合,以排为主"的排涝体系。

(2)源头减排

①源头项目海绵设施。

针对目前在建、拟建以及片区拆迁等项目均提出了海绵城市建设指标要求,其他非旧改区域严格按照各区海绵城市专项规划进行径流量和径流污染控制。

永和片区旧改、拟建及改建项目拟开展 25 个,配建源头海绵设施合计调蓄容积约 11.42 万 m³。地块源头控制设施雨水调蓄量统计情况如表 7.55 所示。

表 7.55　地块源头控制设施雨水调蓄量统计表

市级管控单元名称	分区面积/hm²	雨水调蓄量/m³	平均可调蓄深度/m
YH-03-1	21.03	379	0.15

市级管控单元名称	分区面积/hm²	雨水调蓄量/m³	平均可调蓄深度/m
YH-03	759.79	43125	0.15
YH-09	445.32	38139	0.15
YH-07	415.24	32569	0.15
汇总	1641.38	114212	0.15

②源头调蓄设施。

永和河分区内有甘竹山公园、华圣公园作为带有调蓄功能的公园绿地。为提升区域的径流控制能力,打通径流行泄通道,将原本与外界隔绝的湖区恢复为径流行泄的自然流动通道,结合公园微改造,在地块内沿线设置植草沟和线性排水沟,将山体、道路径流导流汇入场地湿塘。根据《黄埔区防洪(潮)及内涝防治规划(2021—2035年)——永和流域分报告》中绿地调蓄设施规划的相关内容,永和河片区内规划调蓄公园可调蓄水量共计约 0.57 万 m³。通过生态措施净化的雨水可作为城市生态用水。

现状华圣公园二期工程已于 2020 年完工,远期结合规划提出甘竹山公园生态改造工程,对甘竹山公园进行海绵化微改造,沿线设置植草沟和线性排水沟,导流山体、道路、地块径流,新增调蓄水量 0.27 万 m³。

(3)管网排放

根据《黄埔区防洪(潮)及内涝防治规划(2021—2035年)——永和流域分报告》中关于雨水管网规划的内容,结合永和河现状地形和竖向规划,以河涌支、干流节点分界为划分基础,永和流域内共划分为 4 个雨水排水分区。各雨水排水分区范围、面积及受纳水体详见表 7.56。其中现状达到 3 年一遇片区 1 个;5 年一遇片区 2 个。达标分区分布如图 7.10 所示。

表 7.56　永和流域雨水排水分区表

序号	分区	汇水面积/km²	受纳水体	规划排水方式
1	YH-01	4.92	永和河	自流排水
2	YH-02	3.90	永和河	自流排水
3	YH-03	4.40	永和河	自流排水
4	YH-04	4.91	洞尾河	自流排水

规划永和流域基本全部为自排区,靠重力排入永和河及洞尾河,部分局部低

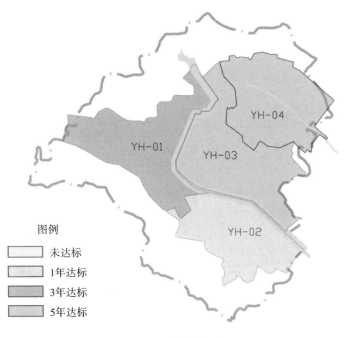

图例

未达标

1年达标

3年达标

5年达标

图 7.10　达标分区图

洼的更新地块竖向抬高。本方案范围内涉及的排水分区为 YH-01、YH-02 和 YH-03。

　　根据《黄埔区防洪(潮)及内涝防治规划(2021—2035 年)——永和流域分报告》,片区内雨水管网需按照 5 年一遇的排水标准完善,规划新建雨水管道共 16.25 km,管道规格为 DN600～DN2000。对不满足 5 年一遇排水标准的现状雨水管渠进行改造扩建,扩建管道 9.04 km,管道规格为 DN600～DN2200,扩建雨水箱涵 5.30 km,尺寸为 1.5 m×1.0 m～4.8 m×2.0 m 不等。

　　(4)蓄排并举

　　①河道整治。

　　根据《黄埔区防洪(潮)及内涝防治规划(2021—2035 年)——永和流域分报告》,永和河区域现状排涝标准为 10～20 年一遇,规划提升至 20 年一遇,而永和河支流现已达标。方案提出对永和河干流进行河道整治(整治河段为东江纵队纪念广场—摇田河大街段,河道长约 1.9 km):加强日常管理维护措施,控制河底高程为 32.05～43.81 m,河道比降 6‰。

　　②水陂改造。

　　对永和河干流 11 座水陂进行改造:保留现有 8 座溢流堰,9 号堰改为电动

水陂,10、11 号堰拆除。改造方案汇总如表 7.57 所示。

表 7.57　现有 11 座水陂改造方案

编号	桩号	顶高程/m	改造方案
1#	K0+000	31.87	保留
2#	K0+127	31.78	保留
3#	K0+192	30.64	保留
4#	K0+271.4	31.89	保留
5#	K0+499.5	32.98	保留
6#	K0+700	34.09	保留
7#	K0+898.7	32.68	保留
8#	K0+995.7	34.36	保留
9#	K1+322.7	35.81	改造为电动水陂
10#	K1+496.5	36.18	拆除
11#	K1+598.5	36.7	拆除

③卡口改造。

对来安三街、布岭路附近干流河道的新丰路卡口进行改造,具体改造方案如表 7.58 所示。

表 7.58　新丰路卡口改造方案

序号	名称	阻水比	壅水	改造方案
1	新丰路卡口	13%	0.2 m	两侧各顶 3 m×4 m(宽×高)箱涵穿越 新丰路,规划河宽 20 m

④竖向抬高。

贤江社区、永岗旧村、新庄旧村为旧村改造范围,结合旧村改造项目抬升地块高程,贤江社区地块高程抬高至 43 m,永岗旧村、新庄旧村地块高程抬高至 38 m。

⑤行泄通道规划。

规划在来安一街、二街新建两条排水箱涵作为行泄通道,总长度约 1402 m,在新业路扩建一条排水箱涵,长度约 1005 m,同时规划将 2 条道路作为承担涝水行泄的通道,如表 7.59 所示。

表 7.59 永和片区行泄通道一览表

序号	类别	行泄通道	长度/km
1	承担涝水行泄任务的排水箱涵	来安一街、二街 2.5 m×2.5 m 排水箱涵	1.4
2		新业路 4.8 m×2.0 m 排水箱涵	1
3	承担涝水行泄任务的道路	永顺大道行泄通道	2.83
4		沧海三路—田园路行泄通道	1.27

(5)超标应急

①山洪灾害防治。

永和流域整体北高南低,北部山水汇集较快且未形成较为通畅的排水出路,造成江东社、来安社等多处遭受山洪威胁。永和流域内已布置有山洪沟设施,但山洪沟措施尚未完善,未形成较为通畅的排水出路,根据《黄埔区防洪(潮)及内涝防治规划(2021—2035 年)——永和流域分报告》,方案提出对范围内山洪沟进行新建。

a.现状山洪沟。

永和流域现状山洪沟 1 座,为江东社排洪渠,下游汇入管网,已达到设计标准。

b.规划山洪沟。

结合现状永和河山洪沟状况,规划 15 条山洪沟,其中 2 条山洪沟汇入河道,13 条山洪沟需通过调蓄池调蓄后汇入雨水管道。永和片区行泄通道情况如表 7.60 所示。

表 7.60 永和片区行泄通道一览表

编号	名称	规划标准	长度/m	坡度	设计流量/(m³/s)	集雨面积/hm²	起点尺寸/m	终点尺寸/m	是否加调蓄池	汇入对象	建设类型
1	沧海五路截洪沟	20 年一遇	1291	0.0095	5.97	37.7	0.9×0.8	1.8×1.5	否	永和河支流	新建
2	沧海一路截洪沟	20 年一遇	1227	0.0052	7.49	50.9	1.0×0.8	2.0×1.5	是	管网	新建

249

续表

编号	名称	规划标准	长度/m	坡度	设计流量/(m³/s)	集雨面积/hm²	起点尺寸/m	终点尺寸/m	是否加调蓄池	汇入对象	建设类型
3	沧海四路截洪沟	20年一遇	2190	0.0070	9.09	70.0	1.0×1.0	2.0×2.0	是	管网	新建
4	新丰路截洪沟	20年一遇	1093	0.0102	2.17	11.2	0.6×0.5	1.2×1.0	是	管网	新建
5	田园西路截洪沟-1	20年一遇	560	0.0086	3.09	14.6	0.8×0.6	1.5×1.2	是	管网	新建
6	田园西路截洪沟-2	20年一遇	549	0.0050	6	33.6	1.0×0.8	2.0×1.5	是	管网	新建
7	贤江社区截洪沟-1	20年一遇	612	0.0133	2.76	13.5	0.6×0.5	1.2×1.0	是	管网	新建
8	贤江社区截洪沟-2	20年一遇	553	0.0175	2.28	9.5	0.6×0.5	1.2×1.0	是	管网	新建
9	中联寰宇物流南部截洪沟	20年一遇	505	0.0436	1.58	6.4	0.5×0.4	1.0×0.8	是	管网	新建
10	环岭路北部截洪沟	20年一遇	604	0.0050	7.7	47.4	1.0×0.8	2.0×1.5	是	管网	新建

续表

编号	名称	规划标准	长度/m	坡度	设计流量/(m³/s)	集雨面积/hm²	起点尺寸/m	终点尺寸/m	是否加调蓄池	汇入对象	建设类型
11	九岭路北部截洪沟	20年一遇	818	0.0623	8.27	45.9	1.0×1.0	2.0×2.0	是	管网	新建
12	禾丰新村截洪沟	20年一遇	923	0.0141	6.98	42.0	1.0×0.8	2.0×1.5	是	管网	新建
13	禾丰村南部片区截洪沟	20年一遇	1167	0.0437	1.58	7.2	0.6×0.5	1.2×1.0	否	洞尾河	新建
14	永华路北部截洪沟	20年一遇	1528	0.0467	5.32	31.2	1.0×0.8	2.0×1.5	是	管网	新建
15	永龙大道截洪沟	20年一遇	556	0.0468	4.29	19.6	0.9×0.8	1.8×1.5	是	管网	新建

c.规划山洪沟调蓄池。

永和流域规划山洪沟中,沧海一路、沧海四路截洪沟等14条截洪沟布置调蓄池进行调蓄。根据《城镇雨水调蓄工程技术规范》(GB 51174—2017)调蓄容积计算公式计算得到调蓄池参数,如表7.61所示。

表 7.61　永和流域山洪沟调蓄池参数表

编号	名称	容积/m³	进流量/(m³/s)	出流量/(m³/s)	脱过系数	占地面积/m²	用地类型
1	沧海一路截洪沟	2196	7.49	3.75	0.5	2196	绿地

续表

编号	名称	容积/m³	进流量/(m³/s)	出流量/(m³/s)	脱过系数	占地面积/m²	用地类型
2	沧海四路截洪沟	2665	9.09	4.55	0.5	2665	绿地
3	新丰路截洪沟	636	2.17	1.09	0.5	636	绿地
4	田园西路截洪沟-1	906	3.09	1.55	0.5	906	绿地
5	田园西路截洪沟-2	1759	6	3.00	0.5	1759	绿地
6	贤江社区截洪沟-1	809	2.76	1.38	0.5	809	绿地
7	贤江社区截洪沟-2	668	2.28	1.14	0.5	668	绿地
8	中联寰宇物流南部截洪沟	463	1.58	0.79	0.5	463	绿地
9	环岭路北部截洪沟	2257	7.7	3.85	0.5	2257	绿地
10	九岭路北部截洪沟	2424	8.27	4.14	0.5	2424	绿地
11	禾丰新村截洪沟	2046	6.98	3.49	0.5	2046	绿地
12	永华路北部截洪沟	1560	5.32	2.66	0.5	1560	绿地
13	永龙大道截洪沟	1258	4.29	2.15	0.5	1258	绿地
14	永盛路北部截洪沟	2621	8.94	4.47	0.5	2621	绿地

②内涝隐患风险点整治。

a.永顺大道贤江隧道易涝风险点。

此处内涝隐患风险点为隧道易涝风险点,暴雨期易出现客水汇入,泵站抽排能力不足的情况,建议复核隧道强排泵站规模,制定隧道应急响应方案,日常加强隧道汛期巡防工作和排水管网设施的清疏,出现积水时及时封闭隧道。

b.横迳旧村北片、井泉一路同德街一巷 5 号、永和街永茂新村、横迳旧村南片、永顺大道永岗居委门口内涝点。

此五个内涝点均为 2021 年新增的内涝点,内涝原因与规划整治方案见表7.62。

表 7.62　内涝点整治规划

序号	内涝点	排水分区	内涝原因分析	规划整治方案
1	横迳旧村北片	YH-02	旧村地势低洼,排水能力不足	规划扩建桑田三路 2.0 m× 2.0 m 雨水管渠,周边规划路新建 DN1200 雨水管,完善旧村雨水管网,提高地块排涝能力
2	井泉一路同德街一巷 5 号	YH-02	井泉一路排水管过小,排水能力不足	扩建井泉一路管道至 DN800,提高道路排涝能力
3	永和街永茂新村	YH-02	地势低洼,河道水位顶托,排水不畅	地块竖向抬高至 38 m 以上,河道经规划拓宽疏浚后水面线下降,地块可解决内涝排放问题
4	横迳旧村南片	YH-02	旧村地势低洼,桑田四路管道逆坡,排水能力不足	改造桑田四路逆坡 DN1200 管道,减少顶托
5	永顺大道永岗居委门口	YH-02	地势低洼,河道水位顶托,排水不畅	地块竖向抬高至 38 m 以上,河道经规划拓宽疏浚后水面线下降,地块可解决内涝排放问题

c.田心村、摇田河大街田心村口内涝点。

两个内涝点均为 2021 年新增的内涝点,内涝原因主要为田心村地势低洼,

摇田河大街 DN600 管道无法满足其过流要求,同时存在永和河水位顶托排水不畅等问题。摇田河大街 DN600 管道规划扩大至 DN1000 管道,同时河道经规划拓宽疏浚后水面线下降,地块可解决涝水排放问题。

③防洪排涝应急措施。

参考科学城片区防洪排涝应急措施。

4. 水系岸线及重要节点提升方案

编制区主要涉及永和河,目前永和河碧道已建成,近期建设碧道重点为永和河支涌碧道,约 1.35 km,建设为都市型基本标准碧道。

5. 永和片区方案综合

源头减排工程:永和片区内包含源头减排工程共计 43 项,其中在建项目 2 项,项目总面积约 9.73 hm²;拟建地块 22 个,总面积约 370 hm²;拟建道路项目 1 项,总长度 2.86 km;新增谋划项目 18 项,总面积约 126.65 hm²。

过程控制工程:水陂改造 11 处;新丰路卡口改造 1 处;规划新增 15 条截洪沟,同步建设配套调蓄池;内涝点治理 3 处;结合城市更新完善片区内公共管网。

系统治理工程:永和片区人工湿地建设一处,占地约 0.78 hm²;甘竹山公园生态改造工程;永和河河道(东江纵队纪念广场—摇田河大街段)整治工程,整治长度约 1.9 km;近期建设碧道长度约 1.35 km。

永和片区内各管控单元的年径流总量控制率经统计后,AG0122-2 已于2021 年认定达标,AG0122-1 管控单元在 2022 年达到规划要求;YH-09 管控单元可以在 2025 年达到规划要求,YH-03-1、YH-03、YH-07 管控单元可以在 2025年后达到规划要求,统计表格如表 7.63 所示。

表 7.63　永和片区达标时序表

序号	市级管控单元	面积/hm²	现状年径流总量控制率	规划年径流总量控制率	近期年径流总量控制率	中期年径流总量控制率	远期年径流总量控制率	达标时序
1	AG0122-2	637.78	87%	87%	87%	87%	87%	已达标
2	YH-03-1	21.03	41%	46%	41%	41%	46%	2025 年后达标

续表

序号	市级管控单元	面积/hm²	现状年径流总量控制率	规划年径流总量控制率	近期年径流总量控制率	中期年径流总量控制率	远期年径流总量控制率	达标时序
3	AG0122-1	155.89	78%	80%	80%	80%	80%	2022 年达标
4	YH-03	759.79	54%	77%	54%	54%	77%	2025 年后达标
5	YH-09	445.32	46%	60%	46%	60%	60%	2025 年达标
6	YH-07	415.24	39%	66%	39%	39%	66%	2025 年后达标
7	汇总	2435.05	60%	75%	60%	63%	75%	/

第8章 广州海绵城市建设与运营维护指引

8.1 概　述

在海绵城市建设片区系统化方案编制中,海绵城市建设指引是指对建筑与场地类、市政道路类、公园绿地、广场类、水体类等类型项目,以及透水铺装、绿色屋顶、雨水花园等各类设施提出建设与运营维护的建议和参考,引导具体项目规范建设。

海绵城市建设片区系统化方案为衔接上位规划与具体项目的关键环节,需要结合上位文件及规划对大尺度、大范围层次进行把控,对具体项目及设施等小尺度、小范围层次上的内容进行引导,既保证编制区域能系统化地统筹考虑,也保障了各项目各地块海绵城市的建设效果,是海绵城市建设效果经久保持的重要保证。

海绵城市建设与运营维护指引包括但不限于分类建设项目海绵城市建设指引、海绵城市各类设施建设指引及海绵城市设施管理养护指引等方面的内容。

(1)分类建设项目海绵城市建设指引

分类建设项目海绵城市建设指引需包含建筑与场地类、市政道路类、公园绿地、广场类、水体类等类型项目的建设思路、技术路线与建设要点。

(2)海绵城市各类设施建设指引

海绵城市各类设施建设指引需包含雨水调蓄池、植草沟、生物滞留设施、下沉式绿地、绿色屋顶、透水铺装等各类低影响开发设施的建设要点、适用范围与优缺点。

(3)海绵城市设施管理养护指引

海绵城市设施管理养护指引需包含设施维护、滞留设施、储存设施、调节设施、转输设施、截污净化设施等方面管理养护的规定与要求。

①设施维护。

设施维护方面应包含渗井、渗透塘、透水沥青路面、透水水泥混凝土路面、透水铺装地面等设施的养护规定与指引。

②滞留设施。

滞留设施方面应包含绿色屋顶、下沉式绿地、生物滞留设施等设施的养护规定与指引。

③储存设施。

储存设施方面应包含湿塘、雨水湿地、蓄水池、雨水罐等设施的养护规定与指引。

④调节设施。

调节设施方面应包含调节塘、调节池等设施的养护规定与指引。

⑤转输设施。

转输设施方面应包含植草沟、渗透管渠、雨水口、生态驳岸、屋面雨水收集系统、集水沟与溢流口等设施的养护规定与指引。

⑥截污净化设施。

截污净化设施方面应包含植被缓冲带、初期雨水弃流设施、人工土壤渗滤等设施的养护规定与指引。

8.2　分类建设项目海绵城市建设指引

本次规划对编制区域内海绵城市的建设管控做出如表 8.1 所述的总体规定。

表 8.1　建设管控通则体系列表

建设项目	用地类型	规划要点	推荐应用技术措施
建筑与小区	居住小区类	1.居住区雨水应以下渗为主,包括绿地入渗、道路广场入渗等; 2.新建居住小区屋面雨水应进行收集处理回用于小区绿化、洗车、景观、杂用等。如不收集回用,则应引入绿地入渗; 3.小区雨水利用应与景观水体相结合	1.透水下垫面; 2.绿色屋顶; 3.植生滞留槽; 4.生态树池; 5.植被草沟; 6.滞留(流)设施; 7.收集回用设施
	旧城改造	旧城区雨水利用应以道路广场绿地雨水入渗为主,改造中尽可能推广屋顶绿化	

续表

建设项目	用地类型	规划要点	推荐应用技术措施
建筑与小区	公共建筑类	1.公共建筑屋面应以道路广场绿地雨水入渗为主,改造中尽可能推广屋顶绿化; 2.绿地应建为下沉式,并在适当位置应建雨水滞留、渗透设施	1.透水下垫面; 2.绿色屋顶; 3.植生滞留槽; 4.生态树池; 5.植被草沟; 6.滞留(流)设施; 7.收集回用设施
	工业仓储类	1.工业区屋面应采用屋顶绿化的方式蓄存雨水; 2.厂区非机动车道路、人行道、小车停车场等应采用透水铺装地面; 3.工业区绿地应建为下沉式,并在适当位置建雨水滞留、渗透设施; 4.为避免地下水污染风险,存在特殊污染风险的厂区、道路不宜建设入渗设施	
市政道路	市政道路类	道路雨水应以入渗和调蓄排放为主。视道路类型不同,可设置不同的雨水入渗及调蓄排放设施	1.透水铺装; 2.植生滞留槽; 3.生态树池、人工湿地、植被草沟
公园绿地与广场	公园绿地、广场类	雨水利用应以入渗和调蓄为主,充分利用大面积绿地和水体。适当位置可建雨水调蓄设施和雨水湿地等雨水处理设施。部分不能入渗的建筑屋面雨水、绿地雨水和路面雨水可进行收集回用	1.收集回用设施; 2.植被草沟入渗设施; 3.滞留设施
城市水体	水体类	城市水体低冲击开发宜采用恢复河流自然生态的方式,结合湿地、初期雨水处理设施等提高水体对洪峰和污染物的控制能力	1.雨水湿地; 2.滞留设施; 3.生态驳岸/生态岛等; 4.雨水排出口末端处理设施

　　海绵城市设施的设计应按设计要点进行深化设计,各项设施具体参数及设计方法参照国家、地方相关规范。编制区域建设项目按照类别分为四级,分别给

出建设管理意见;按照建设用地类型分为七类,分别给出建设指引。

广州市编制区的建设项目分类指引划分如表 8.2 所示。

表 8.2　建设项目分类指引划分表

海绵城市设施设计要点分类	用地代码	用地类型
建筑与场地类	R	居住用地
	A	公共管理与公共服务设施用地
	B	商业服务业设施用地
	M	工业用地
	W	物流仓储用地
市政道路类	S	道路与交通设施用地
	U	公用设施用地
公园绿地、广场类	G	绿地与广场用地
水体类	E1	水域

8.2.1　建筑与场地类(R、A、B、M、W)

建筑与场地类项目雨水控制利用策略为实现中小降雨径流的自我消纳,控制面源污染,进行适度回用。在城市规划中,城市建筑与小区应作为城市安全级别最高,集地块蓄水、调水、控水、排水多功能为一体的块状结构存在,突出地块中建筑、绿化、道路和基础设施的布局比例和空间层次,有效改变传统地面的径流汇流规律,削减径流峰值、减少初期雨水污染,大大降低城市发展中不断加大的地块排水水力负荷及城市排水管网的压力。

针对片区地质情况、地块用地性质,建设"海绵城市"可采用的技术包括绿色屋顶(侧墙)技术、雨落管断接和绿地建设技术、雨水收集储存利用技术三项。

建筑与场地类主要可采用的工程项目有以下几个。

1. 绿色屋顶工程

实施目的:在空间层次上,由屋面实施绿色设施,在满足景观需求的基础上,逐层滞蓄雨水、削减峰值流量,净化雨水,减少初期雨水污染,改善地块水文过程(径流的产汇流过程),有重点、分目标地逐步在区域实施绿色屋顶推广工程。

实施方式:针对现有住宅建筑、商业服务业设施建筑、公共管理与公共服务建筑推广绿色屋顶改造,要求改造后绿色屋顶率达到各径流控制分区的指标,提升上述屋面对径流控制的能力,相应的改造工作由建筑主体单位负责实施,政府可给予相应的鼓励性奖励。

针对新建建筑,要求将绿色屋顶设计纳入项目设计过程,由建筑主体单位负责设计、实施,控制占比达到各径流控制分区的指标。

实施要点:现有建筑在进行绿色屋顶改造时,应对现状屋面结构做核算评估,对不适宜实施的屋面不予改造,可采用立面改造、立体绿化或小区下沉式绿地等措施,综合达到雨水滞蓄的要求。对新建住宅建筑,建筑屋顶结构及构造需按照绿色屋顶建设的要求进行设计实施。

屋顶坡度较小的建筑可采用绿色屋顶,绿色屋顶的设计应符合《屋面工程技术规范》(GB 50345—2012)的规定。

建筑材料也是径流雨水水质的重要影响因素,应优先选择对径流雨水水质没有影响或影响较小的建筑屋面及外装饰材料。

建筑与小区雨水径流组织技术路线图见图8.1。

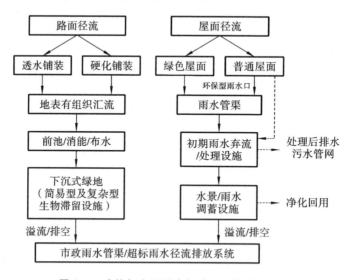

图 8.1　建筑与小区雨水径流组织技术路线图

2. 雨落管断接和绿地建设工程

实施目的:场地中绿地是目前消纳场地雨水的主要措施。现有场地建筑通过雨落管短接,将原本直接排入排水管线的雨水,引流至场地内绿化中,结合绿地下沉改造和局部雨水花园、生态滞留池建设,削减场地汇入市政管网的雨水量,有效缓解初期雨水面源污染。

实施方式:针对现有建筑小区雨落管进行断接改造,同步在断接的出水口设置渗井或其他缓冲设施。要求建筑小区场地内部绿地低影响开发设施覆盖率达到各径流分区指标要求。

针对新建建筑小区、商用建筑、公共管理建筑要求,在设计中引入雨落管,通过缓冲设施进入场地绿地(可明可暗),绿地全部按照下沉式绿地和雨水花园、雨水湿塘实施。

实施要点:绿地在满足改善生态环境、美化公共空间、为居民提供游憩场地等基本功能的前提下,应通过场地内部竖向调整,将雨水导流至同步实施的下沉式绿地、雨水花园或湿塘当中。对实施受限地区,采用渗管和渗井等达到同等滞蓄要求。实施过程需同步考虑通过溢流排放系统与城市雨水管渠系统和超标雨水径流排放系统有效衔接。

低影响开发设施内植物宜根据水分条件、径流雨水水质等进行选择。雨水花园中植物优先选用本土植物,适当搭配外来物种;选用根系发达、茎叶繁茂、净化能力强的植物;宜选择耐盐、耐淹、耐污等能力较强的植物,如细叶芒、旱伞草、凤眼莲等。

在暴雨过后需检查雨水花园的覆盖层及植被受损情况,及时更换受损的覆盖层材料与植物。定期清理雨水花园表面的沉积物,以免使其渗透能力下降,降低其效果。定期清除杂草,同时对生长过快的植物进行适当修剪。此外,根据植物生长状况及降水情况,适当对植物进行灌溉。

3. 场地雨水收集储存利用

实施目的:通过将场地屋面雨水、绿地渗滤雨水收集储存于储水模块中,经简单物化处理后,用于场地绿化浇灌景观补水,削减场地汇入市政管网的雨水量,缓解城市排水管网压力。

实施方式:针对住宅、商业服务场地、公共管理与公共服务、公用设施内建筑雨落管进行断接设计,通过评估场地内及周边雨水利用需求,设计雨水收集储存罐或模块,与其他径流控制措施并用,减少场地内部雨水外排量。对建筑实施以奖代补政策,即由政府按照一定的比例出部分资金进行奖励,由项目主体单位组织筹资筹劳配套建设,对有效收集利用雨水的项目给予后期运维补助。

实施要点:雨水收集储存罐或模块为地上或地下封闭式的简易雨水集蓄利

用设施,可用塑料、玻璃钢或金属等材料制成。雨水罐多为成型产品,施工安装方便,便于维护,但其储存容积较小,雨水净化能力有限。对雨水收集利用需求较大的场地,建议实施雨水收集模块,通过设计计算,确定模块容量。

雨水收集应采用具有拦污截污功能的雨水口。屋面及道路雨水收集回用前应设初期雨水弃流装置。雨水收集回用系统应设置净化设施,净化设施出水水质应满足相应用水水质标准要求。

在实际建设中,如场地条件允许,建议实施透水铺装,能够有效改善场地内部径流汇流特征、提升场地滞蓄雨水能力、削减峰值、减少初期雨水污染。

4. 老旧居住小区改造

①特点:a. 建筑密度大,地表硬化率高,绿化面积极其有限,综合径流系数大;b. 一般屋顶坡度较大;c. 多为合流制管道,溢流污染严重;d. 可利用空间有限,改造难度大。

②设计要点:a. 优先考虑雨落管断接方式,将建筑屋面、硬化地面雨水引入周边绿地中的分散式雨水控制利用设施(如雨水花园、植草沟、雨水桶等)下渗、净化、收集回用;b. 坡度较缓(小于15°)的屋顶或平屋顶、绿化率较低、与雨水收集利用设施相连的老旧居住区可考虑采用绿色屋顶;c. 对于建筑周围没有绿化空间的普通屋面可以选择雨水桶收集或者通过雨水口排入市政管道等方式,雨水口宜采用截污挂篮式;d. 住区无大容量汽车通过的路面、住区停车场、步行及自行车道应改造为渗透性铺装;e. 有条件的场地,结合小区内水景或广场、凉亭等设置雨水池、雨水模块收集雨水。

③技术流程与措施:老旧住区本身无法消纳的雨水,可以排入周边公园、广场内的低势绿地,利用周边雨水设施进行径流和污染物削减。

老旧住区一般径流污染和内涝问题较突出,低影响开发雨水系统改造如果以雨水径流削减及水质控制为主,应根据地形特征及竖向分布划分为若干个汇水区域,将雨水通过植被浅沟导入雨水花园或低势绿地,进行处理、下渗,将超标准雨水溢流排入市政管道。如果以雨水利用为主,可以将屋面雨水经弃流后导入雨水桶进行收集利用,道路及绿地雨水经处理后导入地下雨水池进行收集利用。老旧住区低影响开发改造流程图见图8.2。

④老旧住区低影响开发改造具体措施:考虑到老旧住区空间局促,充分利用现有局部绿化空间,可采用断接方法,将现状外排水雨水管线接入高位花坛进行净化、滞留,溢流排入雨水管网系统,以控制屋面径流量和径流污染。同时通过

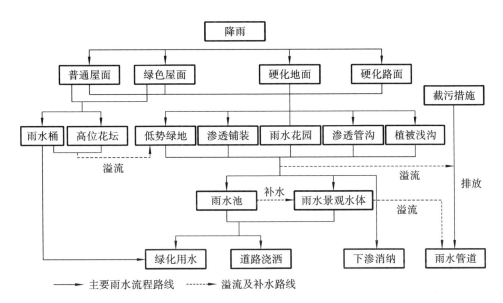

图 8.2　老旧住区低影响开发改造流程图

局部透水铺装改造,一方面可提升住区环境,另一方面提高住区渗透能力,提升小区道路路面径流的控制能力。对小区中存在中心绿地和空地的场所,结合小区雨水利用的实际需求,配建体量适宜的雨水调蓄设施,强化小区应对强降水的能力。

5. 新建成小区低影响开发建设

①特点:新建成的住区和商务、公共场地,其建筑多为高层建筑,同时配建较大面积的地下车库,地上与地下可利用面积有限,建筑排水主要采用外排水方式。

②设计要点:a.雨落管断接,增加雨水花园;b.人行步道、停车场等渗透铺装改造;c.车行道周边增加植草沟;d.管网节点设置雨水池、雨水模块收集雨水;e.雨水资源回用至现有景观,如旱溪。

通过上述低影响开发改造可综合实现住区年径流总量控制不低于 27.3 mm,年均雨水径流污染物总量削减不低于50%,雨水径流外排总量削减不低于30%的目标。

6. 新建场地海绵城市建设

①特点:规划新建场地,在项目方案阶段可将海绵城市建设各项控制指标纳

入设计方案中,合理控制开发强度,在城市中保留足够的生态用地,控制不透水面积比例。

a.注重景观绿化,地表绿化率较高,综合径流系数相对降低。

b.一般都设有景观水体、广场等设施。

c.排水体制为雨污分流。

d.径流污染相对较轻。

②设计要点:a.低影响开发改造应结合住区景观设计、建筑布局、景观水体、广场等,充分利用既有条件设置雨水湿地/雨水塘等调蓄设施;b.优先采用雨落管直接接入宅间绿地的方式,利用建筑周围宅间绿地设置雨水花园等承接、净化屋顶雨水;c.设计建筑屋顶应考虑绿色屋顶,一方面净化雨水,提高水质,另一方面可以延缓汇流时间,缓解住区内涝压力;d.住区内绿地应建设成下沉式绿地、植被渗透沟(槽)、雨水花园等滞留设施的形式,并设置溢流口。可结合景观设计采用微地形、下沉式绿地等措施,建议优先采用植被浅沟、渗透沟槽等地表排水形式输送、消纳、滞留雨水径流,间接提高住区内雨水管道排水能力。若必须设置雨水管道,宜采用雨水口截污挂篮、环保雨水口等措施;e.雨水径流经各种处理后方作为景观水体补水和绿化用水,严格限制自来水作为景观水体的补水水源;f.因地制宜地开展雨水积蓄利用,采用经济、适用的措施进行雨水收集;收集雨水优先用于绿化、喷洒道路、补充景观水体。

③技术流程与措施:降落在屋面(普通屋面和绿色屋面)的雨水经过初期弃流,可进入高位花坛和雨水桶,并溢流进入低势绿地,雨水桶中的雨水作为就近绿化用水使用。降落在道路、广场等其他硬化地面的雨水,应利用可渗透铺装、渗透管沟、低势绿地、雨水花园、植草沟等设施对径流进行净化、消纳,超标准雨水可就近排入雨水管道。在雨水口可设置截污挂篮、旋流沉砂池等设施截留污染物。

新建住区绿化面积较高,对于有水景的住区改造应优先利用水景收集调蓄区域内雨水,同时兼顾雨水渗蓄利用及其他措施。将屋面及道路雨水收集汇入景观水体,并根据月平均降雨量、蒸发量、下渗量以及浇洒道路和绿化用水量来确定水体的体积,对于超标准雨水进行溢流排放。对于没有水景的新建住区,可以参考"4.老旧居住小区改造"的低影响开发雨水系统改造措施,来进行雨水径流削减、水质控制或雨水利用。

7. 各类建筑与场地适宜采用的海绵设施总结

①居住小区类(R1、R2)适宜采用的设施:透水下垫面、绿色屋顶、渗井、植生滞留槽、生态树池、植被草沟、雨水储存罐/池。

②旧城改造类(R3)适宜采用的设施:透水下垫面、绿色屋顶、下沉式绿地、生态树池。

③公共建筑类(A、B)适宜采用的设施:透水下垫面、绿色屋顶、植生滞留槽、生态树池、植被草沟、滞留(流)设施、收集回用设施。

④工业仓储类(M、W)适宜采用的设施:透水下垫面、绿色屋顶、植生滞留槽、生态树池、植被草沟、滞留(流)设施、收集回用设施。

8.2.2　市政道路类(U、S)

市政道路类项目应最大限度地增加滞蓄空间,通过植物根系和土壤削减初期雨水污染。市政道路类项目也是雨水径流污染较为严重的下垫面之一,应通过滞留净化削减道路外排污染物负荷。市政道路类项目径流组织技术路线图如图 8.3 所示。

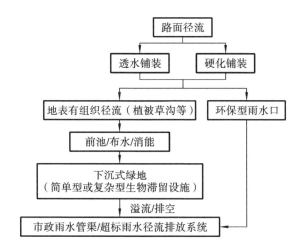

图 8.3　市政道路类项目径流组织技术路线图

适宜采用的设施:透水下垫面、植生滞留槽、生态树池、植被草沟、渗管/渠。

道路绿化带低影响开发集成设计包含非机动车道路面、道路附属绿地、路缘石和排水系统四个方面。其中道路附属绿地、路缘石和排水系统设计要点如下。

①道路附属绿地:道路绿化带高程低于路面,依据不同设置形式布置溢流口或储

水池。②路缘石:采用空口路缘石、格栅路缘石,确保雨水径流能够顺利进入绿化带。③排水系统:a.雨水口设置于绿化带内,高程高于绿地、低于路面;b.道路沿线按排水需要选择性设置雨水调蓄池,可选用人工调蓄池,亦可结合沿线渠道水体等;c.在有条件设计雨水湿地滞洪区时,可将道路雨水引入其中储存处理,设计雨水湿地滞洪区应兼具雨水处理、调蓄、储存的功能。

对砂层埋深较小,且渗透系数较大,渗透能力较好的土壤,可以通过雨水沿侧向道路路缘石开口进入装配式砾石沟,净化后的雨水下渗到砾石蓄水层,经穿孔管收集后排入市政管线或蓄水池。

植物作为道路绿化带低影响开发集成设施中的主要构成要素,发挥着至关重要的作用:植物根系与土壤之间的相互作用可吸收、净化雨水径流中携带的污染物,保护水环境;植物茎、叶、根系滞留和渗透雨水,可减少雨水径流量、减缓流速;植物根系吸收渗透到土壤中的雨水,并通过茎叶的蒸腾作用向大气中释放;植物根系固定土壤,防止土壤侵蚀;植物是重要的景观元素,使低影响开发设施充满生机和美感,具有显著的环境教育功能;植物改善空气质量、缓解热岛效应、调节微气候、提高生物多样性。

低影响开发措施中植物的选择方法有别于一般的园林绿地,除考虑景观功能外,更重要的是植物在特殊环境下的生长状况以及在雨水设施中的特殊功能。生物滞留设施的设计渗透时间一般不大于48h,需要选择既可耐短期水淹,又有一定抗旱能力的植物。生物滞留设施中不同种植区的水淹情况有所不同,一般可将种植区分为蓄水区、缓冲区和边缘区,三个分区水淹状况依次递减。植物在这三个分区中的配植要充分考虑到不同植物的耐水、耐旱特性。为了提高对雨水中污染物的去除能力,尤其是道路径流中重金属污染物等,需要选择根系发达、净化能力强的植物,不选择乔木,宜配置耐湿耐旱的地被植物。

保护绿地系统的生物多样性,保护具有地带性特征的植物群落,包括有丰富乡土植物和野生动植物栖息地的荒废地、湿地、低洼地、沙地等生态脆弱地带;保护乡土树种及稳定区域性植物群落组成,有节制地引种。合理配置植物种类,形成结构合理、功能齐全、种群稳定的复层群落结构和稳定的生态系统。在适地适树、因地制宜的原则下,尽量选择乡土树种及耐寒能力强的植物,以降低维护成本。

对于规划道路,按照片区各红线宽度标准横断面图,将其分为单幅路、三幅路及四幅路,构建低影响开发雨水系统。

8.2.3 公园绿地、广场类(G)

公园绿地及广场应为周边客水预留滞蓄空间,为周边地块预留集中调蓄容积,以使排水区域整体达到目标要求。公园绿地及广场也是雨水回用的主要对象,通过绿化浇洒等措施回用雨水。

片区城市绿地广场宜优先采用以雨水湿地、湿塘为主的集中调蓄设施,构建多功能的调蓄水体或湿地公园,同时利用雨水湿地、生态堤岸等提高对水体的自净能力;其次可利用透水铺装、生物滞留设施、植草沟等小型、分散的技术手段消纳雨水。公园绿地类项目径流组织技术路线如图 8.4 所示。

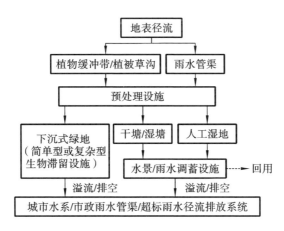

图 8.4 公园绿地类项目径流组织技术路线图

1. 生态绿地

生态绿地作为城市中的非建设用地,通常生态环境较好,植被覆盖程度高,有较高的可渗透性和雨水滞蓄性,具备消纳周边区域雨水径流的能力。生态绿地的海绵城市建设应最大限度保护和恢复自然生态环境,根据区域发展需求,综合统筹生态系统保护、生态恢复与修复,以及雨水综合管理低影响开发的目标,以生态手段保护、修复绿地的渗、滞、蓄、净等功能为主,并依据所在区域的海绵城市规划和生态规划要求,合理确定雨水径流管理的目标和指标。

(1)片区生态绿地特点

片区生态绿地污染小,基本内部蓄渗不外排,毗邻水体,水域面积大,植被覆盖程度高,雨水蓄渗能力强。

（2）海绵建设思路

湿地型生态绿地主要依托河流、湖泊等天然海绵体，自身具备较强的雨水调蓄能力。总体思路是以雨水管理为主，严格控制湿地及外围区域开发建设，减少对湿地的破坏；建立连续的雨洪滞蓄、净化流线，丰富现有湿地植物群落配置，利用植物保护和净化水体。生态绿地海绵建设思路如图8.5所示。

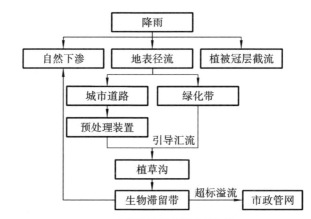

(a) 生态绿地海绵建设总体思路

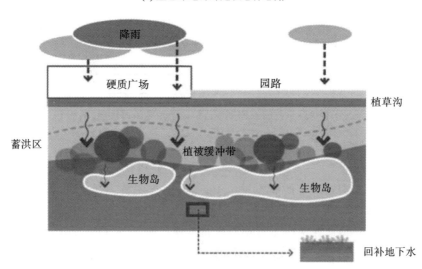

(b) 生态绿地海绵建设示意图

图 8.5　生态绿地海绵建设思路

（3）建设要点

①严格控制建设活动。

严格控制在湿地型生态绿地及周边区域的开发建设活动，维护其自然积存、自然渗透、自然净化的状态。

②生态修复。

对于湿地型生态绿地,宜采用恢复河流、湖泊自然生态的方式,结合湿地、雨水净化设施提高水体对洪峰和污染物的控制能力;水质要求较高的区域,可利用合适的生物净化措施对水体进行净化、修复。

③水域保护。

对现状环境条件好的湿地,外部雨水进入湿地前必须经过净化设施处理,保护其自然水体形态和安全。可适当通过调整地形的方式保证内水不外排,并提高消纳周边区域雨水的能力。

④多功能化。

公园宜建设为多功能化湿地,具备较强去除污染物、滞留雨洪的能力,充分考虑周边区域水质净化需求。河道类湿地应注重河道的行洪功能,尽量利用河道蓝线以内用地。

⑤合理维护。

尽量采用维护、管理方便的形式建设调蓄设施,设施的布置尽量与水利、景观相协调。

(4)技术选择

湿地型生态绿地的海绵化建设应以保护性措施为主,海绵城市技术设施的布置为辅。对于城市建设过程中被破坏的区域运用生态措施修复,减少外围区域对湿地的破坏和污染,通过丰富植被群落、水生植物净化、保护水体等措施提高湿地的雨洪调蓄、净化能力。

2. 综合性公园

公园绿地作为绿化用地比例较高的用地类型,具有构建低影响开发雨水系统的优势条件,首先应消纳自身降水,保证雨水不外排,并尽可能收集利用;在满足植物生长条件与景观塑造的前提下,如上位规划对绿地有雨水调蓄的功能需求,可协助消纳周边区域雨水径流,提高区域雨洪利用效率及防洪排涝能力。技术选择上需要根据绿地规模和用地条件,合理应用。

(1)片区综合性公园绿地特点

综合性公园具有污染小,径流依靠内部蓄排不外排,绿化面积大,植被覆盖程度高,景观塑造要求高的特征。

（2）海绵建设思路

综合性公园应根据绿地的特点，科学布局和选用低影响开发技术，分区域控制雨水，分散削减径流，净化径流污染，合理存蓄雨水并加以回用。尽量保证雨水不外排，根据实际需要净化后回用于设施补水、绿化浇灌等，最大限度实现雨水在公园内的积存和渗透。有条件的公园可通过新建或扩建景观水体，提高公园的雨洪调蓄能力。综合性公园海绵建设思路如图 8.6 所示。

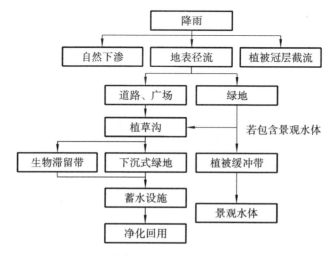

(a) 综合性公园海绵建设总体思路

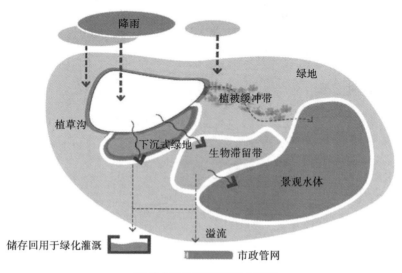

(b) 综合性公园海绵建设示意图

图 8.6　综合性公园海绵建设思路

（3）建设要点

①保证基本功能，灵活布局。

综合性公园的海绵化建设需要尊重已建成公园内的历史文化与既有园林风貌，在保护原有公园风貌和谐统一的基础上应用海绵城市技术，灵活布局各设施，与公园现有景观和设施协调。

②构建复合植物群落，提升雨水滞蓄、净化功能。

在公园现状绿地植物配置基础上，丰富乔灌草各层次植物种类，增强阔叶树种、灌木及地被的栽植，通过植被冠层滞留雨水，减少雨水径流，增加雨水渗透时间。

③合理化竖向设计。

结合公园现有竖向规划，合理调整地形，在具备一定规模的绿地中布置雨水花园、下沉式绿地、植被缓冲带等，形成可分散、疏导雨水的绿地空间。

④优化调整道路径流组织。

合理调整道路、场地的排水坡度，使用平缘石或穿孔路缘石使雨水进入绿地，路侧可布置植草沟，分散疏导雨水，使其进入雨水滞蓄、净化、收集设施。

⑤充分利用水体建设。

公园内若存在湖泊、河道等景观水体，可在不影响景观和安全功能的前提下合理设置景观水位、调蓄水位和溢水口，较大程度提升公园对雨洪的调蓄能力；较大规模的公园，建议开展景观水体的建设。

⑥合理存蓄，对雨水收集净化利用。

结合公园的地形汇水特点，在汇水低点设置雨水花园、渗透塘、雨水湿地等，渗透铺装尽量选择结构性透水材质，并在末端布置雨水储存设施，雨水流经滞留、净化设施后，合理收集再利用，减少雨水资源浪费。

⑦安全优先。

公园中雨水的疏导、分散和汇集应避免形成较大的水流，设施的选用和布局应考虑游览安全；超标雨水排放系统需与市政管网相接。

⑧城市水系岸线注重生态驳岸设计。

城市水系岸线应设计为生态驳岸，并根据其水位变化选择适宜的水生与湿生植物，生态驳岸设计应根据水系流量、流速满足耐冲蚀要求。

（4）技术选择

综合性公园的海绵措施选择范围较大，可选择下沉式绿地、生物滞留设施、透水铺装等渗透技术，以及植被缓冲带、初期雨水弃流等净化技术。

3. 专类公园

专类公园包含儿童公园、动物园、植物园、历史名园、风景名胜园、游乐公园、体育公园、纪念性公园等,按照低影响开发雨水系统的构建思路可以分为三种类型。其中植物园、风景名胜园、纪念性公园的低影响开发雨水系统构建基本与综合性公园一致;儿童公园、游乐公园的低年龄层次游客居多,需做相应考虑;动物园、体育公园、历史名园的主题性强,并且存在较大面积的专用场地。

(1)片区专类公园绿地特点

片区重点建设区内专类公园有游乐公园、体育公园、主体活动公园等类型。游乐公园活动设施用水量大,可充分利用收集雨水,主要应用"滞、蓄、净、用"等类型技术和设施。体育公园的主题性强,专用场地占地面积大,应减少绿地承担雨洪的量,主要应用"渗、滞、净"等类型技术和设施。

(2)海绵建设思路

游乐公园海绵城市建设思路与综合性公园相似,但应重点考虑儿童游乐设施与低影响开发设施的布局协调,以及低年龄层次游客的安全问题。技术选择以"滞、蓄、净、用"为主,"渗、排"为辅。

体育公园主题性强,专用场地占地面积大,绿化景观与场地风貌统一性强,可应用海绵城市技术的绿地空间较为有限。因而此类专类公园应以市政基础设施排水防涝为主,绿地辅助承担部分雨水的渗透、滞蓄和净化功能。

(3)建设要点

①滞留和存蓄雨水的设施布局应相对远离人群集中区域,避免暴雨带来的积水对儿童造成危害。

②植物种植应选择无刺、无毒、对人体无害的树种,避免对儿童造成伤害。

③净化、存蓄的雨水再利用应注意应用场合,可考虑绿化浇灌、场地清洗、景观补水等,不可作为直接与皮肤接触用水。

④滞留的雨水在设施中的停留时间应不超过 24 h,降低蚊虫滋生的影响。

对于体育公园,低影响开发设施应布局于公园相对隐蔽处,降低对公园原有风貌的影响;低影响开发设施应考虑公园已有设施,尽量于集中绿地布置,减少对体育设施的影响。

(4)技术选择

专类公园的海绵措施可选择下沉式绿地、生物滞留设施、透水铺装等渗透技术;渗管渗渠等转输技术;植被缓冲带、初期雨水弃流等净化技术。

4. 带状公园

（1）道路型带状公园

道路型带状公园主要沿城市道路分布，可协助调蓄道路产生的雨水径流，主要应用"渗、滞、净"等类型技术设施。

道路型带状公园沿道路整体呈狭长带状，以滞蓄、净化自身径流雨水不外排为原则，应用"渗、滞、蓄、净、用"为主的技术设施，对雨水调蓄、净化和收集回用。如规划对绿地有承接周边道路雨水排放的需求，则需强调雨水净化设施的作用。

（2）滨水型带状公园

滨水型带状公园沿河道、水系分布，整体呈狭长带状形态，由于邻近天然水体，绿地选用以"滞、净、排"为主的技术设施，对内部或周边区域产生的径流雨水汇集、净化并最终排入水系，减少对河道、水系水质的污染。

滨水型带状公园建设要点如下：

①统筹考虑内部及周边汇水，协调周边硬质区域、市政排水系统的关系，应用的技术设施不破坏原有河道绿化的滞尘、遮阴、景观功能；

②控制进入绿地的雨水水质、水量，对外部区域进入绿地的雨水进行检测，对污染较大的区域雨水进行弃流处理；

③优化竖向设计，利用绿地与水体的竖向高差布置多级雨水净化设施，提高单位面积对雨水径流的净化作用；

④公园形态为带状，因而转输设施的布局路径相对较长，可以将净化设施与转输设施结合，提高雨水净化效率。

8.2.4　水体类（E1）

片区水系，应充分保护自然水体（河流、湖泊、湿地、坑塘、沟渠等），充分利用滨水绿化控制线范围内的城市公共绿地，如设计湿塘、雨水湿地、植被缓冲带等。局部区域可根据新区规划建设情况适当采取扩大水体水域面积的方式，增大雨水调蓄空间。

城市水系被看作整个城市的蓝绿基础设施，有效的城市水文和景观设计可以减少城市内洪水风险，改善水质，并对雨水进行回收和储存，以便水能在干旱期间被重新利用。

在城市空间规划中，城市河道不再单纯作为一个线性水系结构存在，而是集景观娱乐、水文管理、城市职能于一体的生态高效的可持续和可实现的现代城市

结构。城市河道应作为城市排水防涝的一级单元,是保障城市排水安全的最后一道防线,在系统竖向布局上,应向上与城市绿色基础设施、排水管渠、调蓄泵站等工程设施相衔接,向下与外河水系沟通,作为城市排水防涝的"大动脉",起到最重要的结构性和功能性作用。

8.3 海绵城市各类设施建设指引

1. 透水铺装

透水铺装按面层材料可分为透水水泥混凝土、透水沥青混凝土、透水砖、胶筑透水石、嵌草砖等。

透水铺装结构应符合《透水砖路面技术规程》(CJJ/T 188—2012)、《透水沥青路面技术规程》(CJJ/T 190—2012)、《透水水泥混凝土路面技术规程》(CJJ/T 135—2009)等标准规范的规定。

适用性:透水砖铺装和透水水泥混凝土铺装主要适用于广场、停车场、人行道以及车流量和荷载较小的道路,如建筑与小区道路、市政道路的非机动车道等,透水沥青混凝土路面还可用于机动车道。

优缺点:透水铺装适用区域广、施工方便,可补充地下水并具有一定的峰值流量削减和雨水净化作用,但易堵塞,寒冷地区有被冻融破坏的风险。

2. 绿色屋顶

绿色屋顶也称种植屋面、屋顶绿化等。根据种植基质深度和景观复杂程度,绿色屋顶又分为简单式和花园式,基质深度根据植物需求及屋顶荷载确定,简单式绿色屋顶的基质深度一般不大于150 mm,花园式绿色屋顶在种植乔木时基质深度可超过600 mm,绿色屋顶的设计可参考《种植屋面工程技术规程》(JGJ 155—2013)。

适用性:绿色屋顶适用于符合屋顶荷载、防水等条件的平屋顶建筑和坡度不大于15°的坡屋顶建筑。

优缺点:绿色屋顶可有效减少屋面径流总量和径流污染负荷,具有节能减排的作用,但对屋顶荷载、防水、坡度、空间条件等有严格要求。

3. 下沉式绿地

下沉式绿地具有狭义和广义之分,狭义的下沉式绿地指低于周边铺砌地面或道路在 200 mm 以内的绿地;广义的下沉式绿地泛指具有一定的调蓄容积(在以径流总量控制为目标进行目标分解或设计计算时,不包括调节容积),且可用于调蓄和净化径流雨水的绿地,包括生物滞留设施、渗透塘、湿塘、雨水湿地、调节塘等。

适用性:下沉式绿地可广泛应用于城市建筑与小区、道路、绿地和广场内。对于径流污染严重、设施底部渗透面距离季节性最高地下水位或岩石层小于 1 m 及距离建筑物基础小于 3 m(水平距离)的区域,应采取必要的措施防止次生灾害的发生。

优缺点:狭义的下沉式绿地适用区域广,其建设费用和维护费用均较低,但大面积应用时,易受地形等条件的影响,实际调蓄容积较小。

4. 生物滞留设施

生物滞留设施指在地势较低的区域,通过植物、土壤和微生物系统蓄渗、净化径流雨水的设施。生物滞留设施分为简易型生物滞留设施和复杂型生物滞留设施,按应用位置不同又称作雨水花园、生物滞留带、高位花坛、生态树池等。

适用性:生物滞留设施主要适用于建筑与小区内道路及停车场的周边绿地,以及城市道路绿化带等城市绿地。

对于径流污染严重、设施底部渗透面距离季节性最高地下水位或岩石层小于 1 m 及距离建筑物基础小于 3 m(水平距离)的区域,可采用底部防渗的复杂型生物滞留设施。

优缺点:生物滞留设施形式多样、适用区域广、易与景观结合,径流控制效果好,建设费用与维护费用较低;但地下水位与岩石层较高、土壤渗透性能差、地形较陡的地区,应采取必要的换土、防渗、设置阶梯等措施避免次生灾害的发生,将增加建设费用。

5. 植草沟

植草沟指种有植被的地表沟渠,可收集、输送和排放径流雨水,并具有一定的雨水净化作用,可用于衔接其他各单项设施、城市雨水管渠系统和超标雨水径流排放系统。除转输型植草沟外,还包括渗透型的干式植草沟及常有水的湿式

植草沟,可分别提高径流总量和径流污染控制效果。

湿式植草沟做防下渗处理,主要功能为转输雨水,兼具净化作用,通常在末端接雨水处理和储存再利用设施。干式植草沟不做防下渗处理,主要功能为转输雨水,兼具下渗雨水作用。

适用性:植草沟适用于建筑与小区内道路、广场、停车场等不透水面的周边,城市道路及城市绿地等区域,也可作为生物滞留设施、湿塘等低影响开发设施的预处理设施。植草沟也可与雨水管渠联合应用,场地竖向允许且不影响安全的情况下也可代替雨水管渠。

优缺点:植草沟具有建设及维护费用低,易与景观结合的优点,但已建城区及开发强度较大的新建城区等区域易受场地条件制约。

6. 湿塘

湿塘指具有雨水调蓄和净化功能的景观水体,雨水同时作为其主要的补水水源。湿塘有时可结合绿地、开放空间等场地条件设计为多功能调蓄水体,即平时发挥正常的景观及休闲、娱乐功能,暴雨发生时发挥调蓄功能,实现土地资源的多功能利用。

湿塘一般由进水口、前置塘、主塘、溢流出水口、护坡及驳岸、维护通道等构成。

适用性:湿塘适用于建筑与小区、城市绿地、广场等具有空间条件的场地。

优缺点:湿塘可有效削减较大区域的径流总量、径流污染和峰值流量,是城市内涝防治系统的重要组成部分,但对场地条件要求较严格,建设和维护费用高。

7. 雨水湿地

雨水湿地利用物理、水生植物及微生物等作用净化雨水,是一种高效的径流污染控制设施,雨水湿地分为雨水表流湿地和雨水潜流湿地,一般设计成防渗型,以便维持雨水湿地植物所需要的水量,雨水湿地常与湿塘合建并设计一定的调蓄容积。

雨水湿地与湿塘的构造相似,一般由进水口、前置塘、沼泽区、出水池、溢流出水口、护坡及驳岸、维护通道等构成。

适用性:雨水湿地适用于具有一定空间条件的建筑与小区、城市道路、城市绿地、滨水带等区域。

优缺点:雨水湿地可有效削减污染物,并具有一定的径流总量和峰值流量控制效果,但建设及维护费用较高。

8.调节池

调节池为调节设施的一种,主要用于削减雨水管渠峰值流量,常用溢流堰式或底部流槽式,可以是地上敞口式调节池或地下封闭式调节池,其典型构造可参见《给水排水设计手册》(第 5 册)。

调节池布置形式宜采用溢流堰式和底部流槽式。

①溢流堰式调节池:调节池通常设置在干管一侧,有进水管和出水管。进水管较高,其管顶一般与池内最高水位持平;出水管较低,其管底一般与池内最低水位持平。

②底部流槽式调节池:雨水从上游干管进入调节池,当进水量小于出水量时,雨水经设在池最底部的渐缩断面流槽全部流入下游干管而排走。池内流槽深度等于池下游干管的直径。当进水量大于出水量时,池内逐渐被高峰时的多余水量所充满,池内水位逐渐上升,直到进水量减少至小于池下游干管的通过能力时,池内水位才逐渐下降,至排空为止。

适用性:调节池适用于城市雨水管渠系统。

优缺点:调节池可有效削减管渠峰值流量,但其功能单一,建设及维护费用较高,宜利用下沉式公园及广场等与湿塘、雨水湿地合建,构建多功能调蓄水体。

9.蓄水池

蓄水池指具有雨水储存功能的集蓄利用设施,同时也具有削减峰值流量的作用,主要包括钢筋混凝土蓄水池,砖、石砌筑蓄水池及塑料蓄水模块拼装式蓄水池,用地紧张的城市大多采用地下封闭式蓄水池。蓄水池典型构造可参照国家建筑标准设计图集《海绵型建筑与小区雨水控制及利用》(17S705)。

蓄水池宜设置在室外地下。室外地下蓄水池的人孔或检查口应设置防止人员落入水中的双层井盖。雨水蓄水池设在室外地下的好处是排水安全和环境温度低、水质易保持。水池人孔或检查孔设双层井盖的目的是保护人身安全。

雨水蓄水池也可以设在其他位置:①设置在屋面上时,可以节省能量,不需要给水加压,维护管理较方便,多余雨水由排水系统排出;②设置在地面时,维护管理也较方便;③设置于地下室内的雨水蓄水池,能重力溢流排水,适用于大规模建筑,能够充分利用地下空间和基础。

雨水储存设施应设有溢流排水措施,溢流排水措施宜采用重力溢流。雨水收集系统的蓄水构筑物在发生超过设计能力降雨、连续降雨或处于某种故障状态时,池内水位可能超过溢流水位发生溢流。重力溢流指靠重力作用把溢流雨水排放到室外,且溢流口高于室外地面。室内蓄水池的重力溢流管的排水能力应大于进水设计流量。

出水和进水都需要避免扰动沉积物。出水的做法有:设浮动式吸水口,保持在水面下几十厘米处吸水;或者在池底吸水,但吸水口端设矮堰与积泥区隔开等。进水的做法是淹没式进水且进水口向上、斜向上或水平。进水端均匀进水方式包括沿进水边设溢流堰进水或多点分散进水。

蓄水池应设检查口或人孔,池底宜设集泥坑和吸水坑。当蓄水池分格时,每格都应设检查口和集泥坑。池底设不小于 5% 的坡度,坡向集泥坑。检查口附近宜设给水栓和排水泵的电源插座。当采用型材拼装的蓄水池,且内部构造具有集泥功能时,池底可不做坡度。

当不具备设置排泥设施或排泥确有困难时,排水设施应配有搅拌冲洗系统,应设搅拌冲洗管道,搅拌冲洗水源宜采用池水,并与自动控制系统联动。同时,应在雨水处理前自动冲洗水池池壁和将蓄水池内的沉淀物与水搅匀,随净化系统排水将沉淀物排至污水管道,以免在蓄水池内过量沉淀。

溢流管和通气管应设防虫措施。蓄水池宜采用耐腐蚀、易清洁的环保材料。

适用性:蓄水池适用于有雨水回用需求的建筑与小区、城市绿地等,根据雨水回用用途(绿化、道路喷洒及冲厕等)不同需配建相应的雨水净化设施;不适用于无雨水回用需求和径流污染严重的地区。

优缺点:蓄水池具有节省占地、雨水管渠易接入、避免阳光直射、防止蚊蝇滋生、储存水量大等优点,雨水可回用于绿化灌溉、冲洗路面和车辆等,但建设费用高,后期需重视维护管理。

10. 雨水罐

雨水罐也称雨水桶,为地上或地下封闭式的简易雨水集蓄利用设施,可用塑料、玻璃钢或金属等材料制成。

适用性:适用于单体建筑屋面雨水的收集利用。

优缺点:雨水罐多为成型产品,施工安装方便,便于维护,但其储存容积较小,雨水净化能力有限。

11. 雨水断接

根据地块场地绿地和建筑的布局,将建筑雨落管向外断接,断接雨水沿散水坡流向建筑周边设置的雨水花园。

12. 植被缓冲带

植被缓冲带为坡度较缓的植被区,经植被拦截及土壤下渗作用减缓地表径流流速,并去除径流中的部分污染物,植被缓冲带坡度一般为 2%～6%,宽度宜不小于 2 m。

适用性:植被缓冲带适用于道路等不透水面周边,可作为生物滞留设施等低影响开发设施的预处理设施,也可作为城市水系的滨水绿化带,但坡度较大(大于 6%)时其雨水净化效果较差。

优缺点:植被缓冲带建设与维护费用低,但对场地空间大小、坡度等条件要求较高,且径流控制效果有限。

13. 初期雨水弃流设施

初期雨水弃流指通过一定方法或装置将存在初期冲刷效应、污染物浓度较高的降雨初期径流予以弃除,以降低雨水的后续处理难度。弃流雨水应进行处理,如排入市政污水管网(或雨污合流管网)由污水处理厂进行集中处理等。常见的初期弃流方法包括容积法弃流、小管弃流(水流切换法)等。弃流形式包括自控弃流、渗透弃流、弃流池、雨落管弃流等。初期雨水弃流设施典型构造如图8.7 所示。

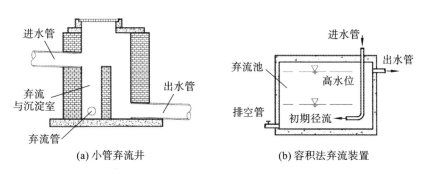

(a) 小管弃流井　　　　　(b) 容积法弃流装置

图 8.7　初期雨水弃流设施典型构造

适用性:初期雨水弃流设施是其他低影响开发设施的重要预处理设施,主要

适用于屋面雨水的雨落管、径流雨水的集中入口等低影响开发设施的前端。

优缺点：初期雨水弃流设施占地面积小，建设费用低，可降低雨水储存及雨水净化设施的维护管理费用，但径流污染物弃流量一般不易控制。

8.4　海绵城市设施管理养护指引

8.4.1　设施维护

1.透水铺装地面的维护规定

①透水铺装地面交付使用后应定期进行养护，保证其正常的透水功能。

②面层出现破损时应及时进行修补或更换。

③修补材料应与修补前渗透设施的材料一致或采用达到渗透设施设计要求的材料。

④出现不均匀沉降时应进行局部整修找平。

⑤应定期对透水铺装进行冲洗，可利用高压水流冲洗透水铺装表面或利用真空吸附法清洁透水铺装表面进行恢复。

⑥应定期对透水路缘石等排水设施进行检查，发现堵塞或淤积导致过水不畅时，应及时清理垃圾与沉积物。

⑦透水铺装地面的养护，应符合现行行业标准《城镇道路养护技术规范》（CJJ 36—2016）的规定。

2.透水水泥混凝土路面的维护规定

①透水水泥混凝土路面养护应包括下列主要内容：

a.日常巡查、小修、养护；

b.周期性的灌缝；

c.对路面发生的病害及时进行处理；

d.按周期有计划地安排中修、大修、改扩建项目，提高道路的技术状况。

②透水水泥混凝土路面投入使用后，为确保透水水泥混凝土的性能，可使用高压水（5～20 MPa）冲刷孔隙洗净堵塞物，或采用压缩空气冲刷孔隙使堵塞物去除，也可使用真空泵将堵塞孔隙的杂物吸出。

③出现不均匀沉降时应先进行局部整修找平处理。处理完毕后,方可进行新的透水水泥混凝土铺装。

④修补材料应与修补前渗透设施材料一致或采用达到渗透设施设计要求的材料。

⑤透水水泥混凝土路面出现裂缝和集料脱落的面积较大时,必须进行维修。维修时,应先将路面疏松集料铲除,清洗路面去除孔隙内的灰尘及杂物后,方可进行新的透水水泥混凝土铺装。

⑥透水水泥混凝土路面的养护,应符合现行行业标准《城镇道路养护技术规范》(CJJ 36—2016)的规定。

3. 透水沥青路面的维护规定

①透水沥青路面必须进行经常性和预防性养护。当路面出现裂缝、松散、坑槽、拥包、啃边等病害时,应及时进行保养小修。

②修补材料应与修补前渗透设施的材料一致或采用达到渗透设施设计要求的材料。

③养护时应及时清除表面存在的黏滞性抛洒物,宜采用专用透水路面清洗养护车定期对路面的堵塞物质进行清除。

④透水沥青路面面层不得采用水泥混凝土进行修补。

⑤当透水沥青路面摊铺面积大于 500 m² 时,宜采用摊铺机铺筑。

⑥采用铣刨机铣刨的路面,在修补前应将残料和粉尘清除干净。黏层油宜选择乳化沥青。

⑦透水沥青路面的养护,应符合现行行业标准《城镇道路养护技术规范》(CJJ 36—2016)的规定。

4. 渗透塘的维护规定

(1)塘底维护

①日常检查。

a.每年汛期前和汛期后,养护单位必须组织相关专业技术人员进行全面检查各一次。

b.塘底检查的重点部位应包括:前置塘塘底、蓄渗区有无淤积,排放管有无淤积,塘底有无障碍物和废弃物。

②塘底断面监测。

a.每年枯水期应进行特设断面测量,以测定塘底冲淤程度。

b.断面监测数据应能反映塘底冲刷、淤积变化等情况,为塘底养护提供依据。

③塘底清淤。

a.养护单位应根据渗透塘的水位标准及水深,地形、水文、气象、地质、泥土外运、施工等条件,编制渗透塘清淤计划,定期对塘底进行清淤。

b.清淤设备应满足工程进度、工程质量、清淤物处理和作业安全的要求。

c.清淤工作应保证堤防护岸安全,防止塌岸,对塘内的土工布及滤料层应予以保护,防止因土工布或滤料层的破坏导致其功能丧失。

d.渗滤体土壤渗滤能力不足时,应及时更换渗滤体。

e.淤积物的运输和处理方案应得到住建、城管、水务、环保和交通等相关部门的同意。

f.应定期清理排水出口,防止淤积物堵塞。

g.应及时清除塘底内的阻水障碍物。

(2)堤岸维护

①堤岸检查。

a.暴雨、洪水、台风等自然灾害前后及某些人为损坏情况后应进行检查。

b.检查堤岸有无塌陷、裂缝,有无渗漏、管涌现象,顶面和坡面受雨水淋蚀、冲刷情况。

c.检查堤岸有无蚁穴、兽洞。

d.检查泄水孔是否通畅。

②堤防护岸监测。

a.每年汛期前,应测量堤顶(含墙顶)高程。发现有较大变化,应及时采取处理措施。

b.每年汛期最高水位时,应监测堤防护岸各部位是否有渗水现象。

c.对各种原因造成堤防护岸显著变形应进行跟踪观测,观测内容主要是水平与垂直位移、渗水及裂缝变化。

③堤防护岸保养和维修。

a.养护单位应通过巡视、检查、保养、维修、加固等方法,对堤防护岸及时进行养护。

b.应定期查找和预防动物对各类堤防护岸可能造成的危害。

c.草皮护坡应保证植物的存活率,根据植物的长势应适时修剪,防止其他杂草蔓延,并应注意病虫害的防治。

d. 应视季节与天气情况及时浇灌。

e. 及时补植、补栽或换种,保持土壤不裸露。

④堤防护岸应急抢险措施。

a. 堤防护岸及堤防护岸上建筑物或构筑物发生突发性险情时,应立即采取临时应急抢修措施,并设置安全警示标志,同时上报河道管理部门。河道管理部门应立即启动相应应急预案,迅速落实抢险方案。

b. 土堤堤身出现滑移迹象时,可针对产生原因按上部减载、下部压重的方法进行处理。

c. 遇自然灾害或其他原因造成堤身部分坍塌,可用麻袋或编织袋装土或沙石料堆筑临时围垦予以封堵,沙石料围堰应加防渗膜或防渗土体。

（3）水体养护

①一般规定。

a. 水体养护应通过控制污染、水质监测、生物培育等方式,改善水生态系统,建立生态河道。

b. 养护单位应熟悉各雨水排放口的位置、排水来源方向和收水范围等情况,对出现排水质量问题能快速进行评估。

c. 发现污水排入渗透塘,应记录在案,并报相关管理部门。

d. 有条件的地区宜培育水生植物、水生鱼类及有益微生物,提高水体自净能力。

②水体保洁。

a. 养护人员进行保洁前必须按规定穿戴救生衣及其他防护用品,并准备好作业器具。

b. 水体巡查应制定巡检周期。经常性巡查记录应定期整理归档,并提出处理意见。

c. 塘面保洁垃圾应当日清除外运,汛期保洁应服从防汛调度要求。

③水体监测。

a. 养护单位应对养护区域内渗透塘出水口水质进行定期监测,为水质污染综合防治提供决策依据。水质应达到《地表水环境质量标准》(GB 3838—2002)中相应类别的标准,并符合国家、地方环保部门对水功能区划的要求。监测频率为每月不少于 1 次。

b. 水质监测应由第三方专职技术人员负责。

c.采样点的位置确定后应设置标志物。每次采样要严格以标志物为准,使采集的样品取自同一位置,以保证样品的代表性和可比性。

d.水质监测指标和检测方法按照《地表水环境质量标准》(GB 3838—2002)有关规定执行。

(4)其他设施养护

①标志牌、警示牌。

a.标志牌、警示牌选用的材质应经济、耐用、防盗,紧急时可采用喷漆、安放移动标志牌等临时措施。

b.标志牌、警示牌表面应保持清洁,牌上字体应完整、清晰、镶嵌牢固。标志牌、警示牌被盗或牌上字体缺损变形应及时更换、维修。

c.标志牌、警示牌应安装牢固,立柱应保持直立,无摇动。

②安全、监控设施。

a.护栏、栏杆发生变形、损坏、风化应及时维修,立柱及水平构件松脱,应及时紧固或更换,护栏表面应保持洁净。金属护栏表面应定期油漆,一般为一年 1 次。护栏、栏杆修复后应与原结构、材质、色调一致。

b.监控设施应保持完好,发生失灵损坏应按原设计标准尽快修复。

c.护栏、监控设施等发生变形、损坏、缺失的,应及时修复或更换。

③排水设施应保持完好,排水管道应通顺。渗透管渠应定期检查、定期维护,保持良好的水力功能和结构状况。

④应定期疏通排水管道。阀门应定期保养。

5. 渗井的维护规定

①井下作业应符合以下规定。

a.井下清淤作业宜采用机械作业方法,并应严格控制人员进入管道内作业。

b.井下作业时,必须配备气体检测仪器和井下作业专用工具,并培训作业人员掌握正确的使用方法。

c.除上述要求外,井下作业应严格按照《广东省有限空间危险作业安全管理规程》的相关规定执行。

②管道巡查应符合以下规定。

a.经常性巡查内容应包括井盖设施完好情况。

b.经常性巡查中,当发现井盖设施丢失等影响道路安全运营情况时,第一发现人应按应急预案处置,立即上报、设置围栏,并应在现场监视。

c.井盖设施出现松动,或发现井座、盖板、箅子断裂、丢失,应立即维修补装完整。

　　③管道检查应符合以下规定。

　　a.检查管道内部情况时,宜采用电视检查、声呐检查和便携式快速检查等方式。

　　b.进行管道疏通时可采用穿竹片牵引钢丝绳疏通、推杆疏通及高压射水疏通等形式。

　　c.渗透管渠应定期检查、定期维护,保持良好的水力功能和结构状况。

　　④进水口出现冲刷造成水土流失时,应设置碎石缓冲或采取其他防冲刷措施。

　　⑤设施内因沉积物淤积导致调蓄能力或过流能力不足时,应及时清理沉积物。

　　⑥当渗井调蓄空间雨水的排空时间超过 36 h 时,应及时置换填料。

　　⑦除上述要求外,排水设施的维护工程应严格按照《城镇排水管道维护安全技术规程》(CJJ 6—2009)的相关规定执行。

8.4.2　滞留设施

1.绿色屋顶的维护规定

(1)植物养护

①绿色屋顶植物养护管理应符合下列规定。

　　a.绿色屋顶工程应建立植物养护管理制度。

　　b.定期观察、测定土壤含水量,并根据土壤含水情况灌溉补水。

　　c.根据季节和植物生长周期测定土壤肥力,可适当补充环保、长效的有机肥或复合肥。

　　d.定期检查并及时补充种植土。

　　e.应定期检查屋顶是否漏水。

②绿色屋顶可通过控制施肥和定期修剪控制植物生长。

③根据设计要求、不同植物的生长习性,适时或定期对植物进行修剪。

④及时清理死株,更换或补植老化及生长不良的植株。

⑤在植物生长季节应及时除草,并及时清运。

⑥植物病虫害防治应采用物理或生物防治措施,也可采用环保型农药防治。

⑦根据植物种类、季节和天气情况实施灌溉。

⑧根据植物种类、地域和季节不同,应采取防寒、防晒、防风、防火措施。

（2）设施维护

①定期检查排水沟、溢流口、落水口等排水设施,堵塞或淤积导致过水不畅时,应及时清理垃圾与沉积物。

②在每次大雨或暴雨前后,应进行检查,避免雨水冲刷的垃圾堵塞进水口、溢水口,以确保"小雨不积水,大雨不内涝"。排水层排水不畅时,应及时排查原因并修复。

③园林小品应保持外观整洁,构件和各项设施完好无损。

④应保持园路、铺装、路缘石和护栏等的安全稳固、平整完好。

⑤应定期检查、清理水景设施的水循环系统。应保持水质清洁,池壁安全稳固,无缺损。

⑥应保持外露的给排水设施清洁、完整,冬季应采取防冻裂措施。

⑦应定期检查电气照明系统,保持照明设施正常工作,无带电裸露。

⑧应保持导引牌、标识牌外观整洁、构件完整。应急避险标识应清晰醒目。

⑨屋顶出现漏水时,应及时修复或更换防渗层。

⑩设施损坏后应及时修复。

2. 下沉式绿地、生物滞留设施的维护规定

①应及时补种修剪植物、清除杂草。

②在每次大雨或暴雨过后,应加强检查,及时清理死株,更换老化及生长不良的植株或补植。

③进水口不能有效收集汇水面径流雨水时,应加大进水口规模或进行局部下沉等。

④进水口、溢流口因冲刷造成水土流失时,应设置碎石缓冲或采取其他防冲刷措施。

⑤进水口、溢流口堵塞或淤积导致过水不畅时,应及时清理垃圾与沉积物。

⑥在每次大雨或暴雨前后,应进行检查,避免雨水冲刷的垃圾堵塞进水口、溢水口,以确保"小雨不积水,大雨不内涝"。

⑦调蓄空间因沉积物淤积导致调蓄能力不足时,应及时清理沉积物。

⑧边坡出现坍塌时,应进行加固。

⑨当调蓄空间雨水的排空时间超过 36 h 时,应及时置换树皮覆盖层或表层

种植土。

⑩出水水质不符合设计要求时应换填填料。

⑪除上述要求外,排水设施的维护工程应严格按照《城镇排水管道维护安全技术规程》(CJJ 6—2009)的相关规定执行。

8.4.3　储存设施

1. 湿塘的维护规定

①湿塘应定期巡视,巡视内容应包括:进水口、溢流出水口是否因堵塞、淤积造成过水不畅;进水口、溢流出水口是否因冲刷造成水土流失;主塘、主塘与前置塘之间的区域种植的水生植物是否大量死亡;护坡是否有开裂、坍塌、管涌现象;维护通道是否有堆物或违章占用现象;护栏、警示标牌是否损坏、缺失等。

②应每年对湿塘进行1～2次蓄水量、排空能力的检测。

③对湿塘种植的水生植物应每年进行不少于2次的残体清理和1次植物收割。水生植物死亡率超过30%时应及时补种。

④对前置塘应每年不少于1次清淤工作,前置塘沉积物超过50%时应及时进行清淤。

⑤护坡出现坍塌、管涌现象时,应及时进行加固,加固方案应由维护作业单位和设计单位共同确定。

⑥护栏、警示标牌有损坏、缺失时,应及时进行修复和完善。

2. 雨水湿地的维护规定

①雨水湿地应定期巡视,巡视内容应包括:进水口、溢流出水口是否因堵塞、淤积造成过水不畅;进水口、溢流出水口是否因冲刷造成水土流失;沼泽区种植的水生植物是否大量死亡;护坡是否有开裂、坍塌、管涌现象;维护通道是否有堆物或违章占用现象;护栏、警示标牌是否损坏、缺失等。

②应每年对雨水湿地进行1次调节容积、排空能力的检测。

③与"1.湿塘的维护规定"的③～⑥条维护规定一致。

3. 蓄水池的维护规定

①蓄水池应定期巡视,巡视内容应包括:进水口、溢流出水口是否因堵塞、淤积造成过水不畅;蓄水池池壁是否有渗漏现象;蓄水池基础是否有下沉、开裂现

象;穿墙管处是否有渗漏现象;水泵、阀门是否正常工作;检查井井盖是否损坏、缺失等。

②应每年对蓄水池进行1~2次清淤工作。蓄水池沉积物淤积高度超过设计清淤高度时,应及时进行清淤。

③蓄水池清淤宜采用高压射水车、真空吸泥车、淤泥抓斗车等清疏设备。清疏设备应由专人操作,操作人员应接受专业培训,并持证上岗。使用清疏设备前,应对设备进行检查,并确保设备状态正常。当清疏设备运行中出现异常情况时,应立即停机检查,排除故障。当无法查明原因或无法排除故障时,应立即停止工作,严禁设备带故障运行。

④护栏、警示标牌、检查井井盖有损坏、缺失时,应及时进行修复和完善。

4.雨水罐的维护规定

①雨水罐应定期巡视,巡视内容应包括:进水口、溢流出水口是否因堵塞、淤积造成过水不畅;雨水罐是否有渗漏现象;雨水罐基础是否有下沉、开裂现象;穿墙管处是否有渗漏现象;水泵、阀门是否正常工作等。

②与"3.蓄水池的维护规定"的②~③条维护规定一致。

8.4.4　调节设施

1.调节塘的维护规定

①调节塘应定期巡视,巡视内容应包括:进水口、出水口是否因堵塞、淤积造成过水不畅;进水口、出水口是否因冲刷造成水土流失;调节区种植的水生植物是否大量死亡;挡水堤岸是否有渗漏、坍塌、管涌现象;排水管与挡水堤岸之间是否有渗漏现象;护栏、警示标牌是否损坏、缺失等。

②应每年对调节塘进行1~2次纳水量、排空能力的检测。

③对调节区种植的水生植物应每年进行不少于3次的残体清理和1次植物收割。水生植物死亡率超过30%时应及时补种。

④对前置塘应每年不少于1次清淤工作,前置塘沉积物超过50%时应及时进行清淤。

⑤挡水堤岸出现坍塌、管涌现象时,应及时进行加固,加固方案应由维护作业单位和设计单位共同确定。

⑥护栏、警示标牌有损坏、缺失时,应及时进行修复和完善。

2. 调节池的维护规定

①调节池应定期巡视,巡视内容应包括:进水口、出水口是否因堵塞、淤积造成过水不畅;调节池壁是否有渗漏现象;蓄水池基础是否有下沉、开裂现象;穿墙管处是否有渗漏现象;水泵、阀门是否正常工作;检查井井盖是否损坏、缺失等。

②应每年对调节池进行 1～2 次排空能力的检测。

③调节池池壁、穿墙管处有渗漏时,应及时进行处理,处理方案应由维护作业单位和设计单位共同确定。

④与 8.4.3 的"3.蓄水池的维护规定"的②～③条维护规定一致。

8.4.5　转输设施

1. 植草沟的养护规定

①植草沟范围内绿化养护按《园林绿地养护技术规范》(DB4401/T 6—2018)执行,城市建成区内的植草沟原则按"绿地——二级养护"质量标准执行,其他区域原则按"绿地——三级养护"质量标准执行。

②绿化植物年保存率达到 95％以上,无占绿、毁绿现象。草坪无霉污、病虫害、枯枝烂头、枝体倾斜、叶面破损等现象。

③养护内容的要求如下。

a.草坪养护内容为整地镇压、轧草修边、草屑清除、排除杂草、空秃补植、加土施肥、灌溉排水、防病除害、环境清理、设施维护等。

b.植草沟绿化确需使用化学防治的,应选用环保型药物,禁止使用长效剧毒高残留农药,防止对人、畜的伤害和水体污染。

c.应定期检查植草沟水生植物的情况,及时进行维护管理。

d.绿化区域内清洁垃圾应及时清运,减少蚊虫滋生,不得就地焚烧或堆肥,避免落入河中和造成二次污染。

e.河道管理范围内绿化养护应与周边环境的管养相协调。其余事项可参照《园林绿地养护技术规范》(DB4401/T 6—2018)执行。

f.植草沟渗管的养护应符合《城镇排水管渠与泵站运行、维护及安全技术规程》(CJJ 68—2016)及其他相关养护管理规范的要求。

2. 渗透管渠的养护规定

渗透管渠的养护除应符合国家现行标准《城镇排水管道维护安全技术规程》(CJJ 6—2009)的规定外,尚应符合下列规定。

①渗透管渠应定期检查、定期维护,保持良好的水力功能和结构状况。

②排水管道应定期巡视,巡视内容应包括管道塌陷、违章占压、违章排放、私自接管以及影响管道排水的工程施工等情况。

③渗透渠内不得留有石块等阻碍排水的杂物,其允许积泥深度应不大于渗渠深度的1/5。

④管道疏通宜采用推杆疏通、转杆疏通、射水疏通、绞车疏通、水力疏通或人工铲挖等方法。

⑤管道开挖修理应符合现行国家标准《给水排水管道工程施工及验收规范》(GB 50268—2008)的规定。

⑥封堵管道必须经排水管理部门批准。封堵前应做好临时排水措施。

⑦封堵管道应先封上游,再封下游口。拆除封堵时,应先拆下游,再拆上游。

⑧明渠的检查与维护应符合下列规定。

a. 及时清理落入渠内阻碍明渠排水的障碍物,保持水流畅通。

b. 每年枯水期应对明渠进行一次淤积情况检查,明渠的最大积泥深度应不超过明渠深度的1/5。

c. 定期检查渗透渠,发现裂缝、沉陷、倾斜、缺损等应及时修理。

3. 雨水口的养护规定

雨水口的养护除应符合国家现行标准《城镇排水管道维护安全技术规程》(CJJ 6—2009)的规定外,尚应符合下列规定。

①雨水口应定期检查、定期维护,保持良好的水力功能和结构状况。在每次大雨或暴雨前后,应进行检查,避免雨水冲刷的垃圾堵塞进水口、溢水口,以确保"小雨不积水,大雨不内涝"。

②排水管道应定期巡视,巡视内容应包括晴天积水、雨水箅子缺损、违章占压、违章排放、私自接管以及影响排水的工程施工等情况。

③雨水口内不得留有石块等阻碍排水的杂物,其允许积泥深度有沉泥槽的应不高于沉泥槽管底以下50 mm,无沉泥槽的应不高于管底以上50 mm。

④当发现井盖缺失或损坏后,必须及时安放护栏和警示标志,并应在8 h内

恢复。

⑤雨水箅子更换后的过水断面不得小于原设计标准。

⑥雨水口的清掏宜采用吸泥车、抓泥车等机械设备。

4. 生态驳岸的养护规定

①生态驳岸的养护应符合《涉河建设项目河道管理技术规范》(DB4401/T 19—2019)、《广州市城镇河道维修养护技术要求(试行)》、《广州市河道堤防维修养护管理暂行制度》及相关规范的规定。

②堤防护岸检查与监测应符合下列规定。

a. 日常检查。

(a)堤防护岸检查可分为经常检查、定期检测和特别检查。

Ⅰ.Ⅰ等养护的景观河道经常检查应至少每天巡查一次。Ⅱ等养护的景观河道经常检查应定期巡查。

Ⅱ.全面检查:每年 5 月和 10 月应各做一次全面检查。

Ⅲ.特别检查:暴雨、洪水、台风等自然灾害前后及某些人为损坏情况后应进行检查。

(b)检查内容应包括下列项目。

Ⅰ.堤岸有无塌陷、裂缝,有无渗漏、管涌现象,顶面和坡面受雨水淋蚀、冲刷情况。

Ⅱ.堤岸有无蚁穴、兽洞。

Ⅲ.墙体下沉、倾斜、滑动情况,墙基有无冒水、冒沙现象。

Ⅳ.防汛通道及墙后回填土的下沉情况。

Ⅴ.泄水孔是否通畅。

Ⅵ.墙前土坡或滩地受水流冲刷情况。

Ⅶ.砌石体表面松动、裂缝、破损、勾缝脱落、鼓肚、渗漏、坡脚淘沙情况。

Ⅷ.混凝土及钢筋混凝土结构表面脱壳、剥落、侵蚀、裂缝、碳化、露筋、钢筋锈蚀情况及橡胶坝坝带损坏情况。

Ⅸ.伸缩缝、沉降缝损坏,渗水及填充物流失情况。

Ⅹ.防汛闸门构件锈蚀、门体变形、焊缝开裂情况,支承行走构件运转及止水装置完好程度。汛前检查应对防汛闸门做启闭和渗漏试验。

b. 堤防护岸监测。

(a)每年汛期前,应测量堤顶(含墙顶)高程。发现有较大变化时,景观河道

291

管理部门应及时采取处理措施。

（b）每年汛期最高水位时，应监测堤防护岸各部位是否有渗水现象。

（c）对可能影响结构安全的裂缝，应选择有代表性的位置，设置固定观测标点。裂缝发展初期，应半个月观测一次，裂缝发展缓慢后可适当减少观测频次。裂缝有显著发展时，应增加观测频次。判明裂缝已不再发展后，可恢复正常观测或裂缝在允许范围内可不再观测。

（d）对各种原因造成堤防护岸显著变形应进行跟踪观测，观测内容主要是水平与垂直位移、渗水及裂缝变化情况。

c.堤防护岸保养和维修应符合下列规定。

（a）养护管理单位应通过巡视、检查、保养、维修、加固等方法，对堤防护岸及时进行养护。

（b）应定期查找和预防动物对各类堤防护岸可能造成的危害。一旦发现有动物危害，应及时采取措施。

（c）砌石护坡和混凝土护坡的养护应符合下列规定。

Ⅰ.砌石护坡应保持完好、表面平整、清洁。块石应整齐无松动、塌陷、隆起，砂浆勾缝应饱满、完整、无脱落。

Ⅱ.混凝土护坡应保持完好，表面平整、清洁、无裂缝。

Ⅲ.止水设施应完整无损，无渗水。

Ⅳ.缝内流失填料应及时填补。

Ⅴ.排水口应及时疏通或补设。

Ⅵ.应防止护坡背后掏空，产生流沙、水土流失现象，保持护坡的稳定性。

Ⅶ.根据护坡破损的程度和造成破损的原因，及时采取适当的措施进行修复，恢复护坡的完整性。

（d）草皮护坡、生态护坡的养护应符合下列规定。

Ⅰ.草皮护坡、生态护坡应保持植物的存活率，应根据植物的长势适时修剪，防止其他杂草蔓延，并应注意病虫害的防治。

Ⅱ.草皮干枯时，应及时浇水灌溉。

Ⅲ.草皮护坡、生态护坡应及时补植、补栽或换种，保持土层不裸露。

Ⅳ.生态袋应完整、无破损、无填充物外漏。

Ⅴ.生态袋标准扣应连接牢固、无松脱，背后填土密实、无水土流失。

③绿化养护应符合下列规定。

a.绿化区域内应无非法占用绿地、损坏绿地的现象。草坪、乔木、灌木等植物应无霉污、病枝、虫害、树干倾斜、叶面破损等现象。

b.对河道绿化中新引入的水生植物种类或品种,应监测其习性。

c.河道绿化确需使用药物防治的,应选用环保型药物,禁止使用长效剧毒高残留农药,防止对人、畜的伤害和水体污染。

d.应定期检查河道种植床、生物浮岛的完整性,发现破损应及时修复或更换。

e.秋冬季节应及时清理枯死、倒伏的水生植物,保护根系安全过冬。

f.绿化区域内清洁垃圾应及时清运,避免落入河中和造成二次污染。

g.绿化养护应符合《园林绿地养护技术规范》(DB4401/T 6—2018)的相关规定。

④安全设施养护应符合下列规定。

a.景观河道护栏应牢固可靠,处于完好状态。

b.护栏和栏杆发生变形、损坏、风化,应及时维修,立柱及水平构件松脱,应及时紧固或更换。护栏、栏杆修复后应与原结构、材质、色调一致。

c.护栏表面应保持洁净。金属护栏表面应定期油漆,宜一年一次。

d.采用绿篱带作为安全隔离的,应定期对绿篱带进行检查,出现缺损情况时,应及时更换植株,进行补种。

e.沿河护栏、杆线或建(构)筑物上悬挂、晾晒有碍景观的物品应及时清除。

f.标志牌、警示牌应齐全、完好,表面应洁净,标牌字体和符号应完整、清晰、镶嵌牢固,字体和符号缺损变形应及时维修或更换。标志牌、警示牌应安装牢固,立柱应保持直立,无摇动。标志牌、警示牌不应安设在无障碍道上,不应妨碍行人通行。

⑤排水设施养护应符合下列规定。

a.排水设施应保持完好,排水检查井、雨水边井应通畅。

b.穿越堤防的排水管道和涵洞,应防止高水位时洪水倒灌。外侧拍门及内侧闸门应确保正常启闭。

c.应定期疏通排水管道和涵洞,清捞排水检查井污泥。检查井盖损坏应及时更换。排水闸门及启闭设备应定期保养。

⑥景观河道养护应符合《景观河道养护技术规程》(DB13/T 1341—2010)的规定。

5. 屋面雨水收集系统、集水沟与溢流口的养护规定

①管理养护人员应经过专门培训上岗,在雨季来临前对各种设施进行清洁和保养,并在雨季定期对各部分设施的运行状态进行观测检查。

②在每次大雨或暴雨前后,应进行检查,避免雨水冲刷的垃圾堵塞进水口、溢水口,以确保"小雨不积水,大雨不内涝"。

③防误接、误用、误饮的措施应保持明显和完整。

④雨水入渗、收集、输送、储存、处理与回用系统应及时清扫、清淤,确保工程安全运行。

⑤严禁向雨水收集口倾倒垃圾和生活污废水。

⑥雨水入渗设施的维护管理,应包括雨水入渗设施的检查、清扫,渗透机能的恢复、修补,机能恢复的确认等,并应做维护管理记录。

8.4.6 截污净化设施

1. 植被缓冲带养护规定

①应及时补种、修剪植物、清除杂草,并应注意病虫害的防治,视季节与天气情况及时浇灌,保持土壤中的有效水分,避免植物萎蔫。植物的生长期,应经常进行中耕,使根部附近的表层土壤保持疏松和良好的透水、透气性。中耕深度以8～12 cm 为宜,同时应避免裸露或伤害目的植物的根系。中耕应选择晴天,并应在土壤不过分潮湿时进行。

②除杂草宜在杂草开花结实之前结合中耕进行,可采用物理或化学除草方法。使用化学方法除杂草时,应根据所栽培的目的植物和杂草种类的不同,选择适当的药剂,并采取适宜的方法和浓度,避免药剂喷洒到草坪植物以外的目的植物叶片和嫩枝上。

③有必要采用化学防治时,应选择符合环保要求,以及对有益生物影响小的高效、低毒农药。同时,应掌握适当的浓度,避免发生药害。对于同一种害虫,应避免长时间重复使用同一种农药。

④在开放性的绿地中喷药,应选择人流较少的时段进行。同时应采取必要的防护措施,避免危及人畜。

⑤及时清除死亡的园林植物并补植,保持种植土不裸露。发现因病虫害致死的植物,应对土壤进行消毒,并可更换种植穴内的土壤。对生长环境不适应或

与周围环境不协调的园林植物,应及时改植。

⑥应及时清除树体上孔洞的腐烂部分,必要时要设置加固或支撑,并用具有弹性的材料封堵孔洞,其表面色彩、形状及质感宜与树干保持基本一致。

⑦排水设施,应在每年雨季来临前全面清疏一次。绿地中的低洼地,应通过增设排水管道、雨水口或改良土壤的通透性等措施排除积水。暴雨后,应及时排去种植穴、树池内或草坪上的积水。

⑧进水口不能有效收集汇水面径流雨水时,应加大进水口尺寸或采取局部下沉等措施。

⑨进水口因冲刷造成水土流失时,应设置碎石缓冲或采取其他防冲刷措施。

⑩沟内沉积物淤积导致过水不畅时,应及时清理垃圾与沉积物。

⑪边坡出现坍塌时,应及时进行加固。

⑫当坡度较大导致沟内水流流速超过设计流速时,应增设挡水堰或抬高挡水堰高程。

⑬进水拦污设施、排水管应定期检查、定期维护,保持良好的水力功能和结构状况。

⑭排水管理部门应定期对排水进行水质、水量监测,并应建立管理档案。排放水质应符合国家现行标准《污水排入城镇下水道水质标准》(GB/T 31962—2015)的规定。

⑮排水管道维护应国家现行标准《城镇排水管道维护安全技术规程》(CJJ 6—2009)的规定。

⑯绿化养护应符合广东省《城市绿地养护技术规范》(DB44/T268—2005)及广州市《园林绿地养护技术规范》(DB4401/T 6—2018)的规定。

2. 初期雨水弃流设施养护规定

①进水管、排水管、弃流池、弃流井、进水口拦污设施、检测装置及自动控制系统等应定期检查、定期维护,保持良好的水力功能和使用状况。

②进水口、出水口堵塞或淤积导致过水不畅时,应及时清理垃圾与沉积物。

③养护管理单位应根据弃流设施的水位标准及水深、地形、气象、泥土外运、施工等条件,编制弃流设施清淤计划,定期对弃流设施进行清淤。清淤设备应满足工程进度、工程质量、清淤物处理和作业安全的要求。淤积物的运输和处理方案应得到住建、城管、水务、环保和交通等相关部门的同意。

④弃流设施清淤作业宜采用机械作业方法,作业时,应配备气体检测仪器和

井下作业专用工具,并培训作业人员掌握正确的使用方法。

⑤排水管道及相关设施维护应符合国家现行标准《城镇排水管道维护安全技术规程》(CJJ 6—2009)的规定。

3. 人工土壤渗滤养护规定

①应及时补种修剪植物、清除杂草。

②渗滤体土壤渗滤能力不足时,应及时更换渗滤体。

③渗管、排水管出现堵塞时,应及时疏通或更换等。

④防渗膜出现渗漏现象时,应及时修补或更换。

第9章 可达性分析与项目成效评估

9.1 可达性分析

片区项目建设方案评估完成后,要分析海绵城市建设指标可达性,主要针对年径流总量控制率、面源污染削减率、内涝防治等方面的定量性复核。

1.径流总量及污染物减排

根据《海绵城市建设评价标准》(GB/T 51345—2018),年径流总量控制率及径流体积控制应采用设施径流体积控制规模的核算、监测、模型模拟与现场检查相结合的方法进行评价。

(1)容积法

对项目年径流总量控制率对应渗透、渗滤及滞蓄设施的径流体积控制规模进行复核,可根据下列公式计算:

$$V_{in} = V_s + W_{in} \tag{9.1}$$

$$W_{in} = KJAt_s \tag{9.2}$$

式中:V_{in} 为渗透、渗滤及滞蓄设施的径流体积控制规模(m^3);V_s 为设施有效滞蓄容积(m^3);W_{in} 为渗透与渗滤设施降雨过程中的入渗量(m^3);K 为土壤或人工介质的饱和渗透系数(m/h),根据设施滞蓄空间的有效蓄水深度和设计排空时间计算确定,由土壤类型或人工介质构成决定,不同类型土壤的饱和渗透系数可按现行国家标准《建筑与小区雨水控制及利用工程技术规范》(GB 50400—2016)的规定取值;J 为水力坡度,一般取 1;A 为有效渗透面积(m^2);t_s 为降雨过程中的入渗历时(h),为当地多年平均场降雨历时,资料缺乏时,可根据平均场降雨历时特点取 2~12 h。

延时调节设施的径流体积控制规模按下列公式计算:

$$V_{ed} = V_s + W_{ed} \tag{9.3}$$

$$W_{ed} = (V_s / T_d) t_p \tag{9.4}$$

式中:V_{ed} 为延时调节设施的径流体积控制规模(m^3);W_{ed} 为延时调节设施降雨

过程中的排放量(m^3);T_d为设计排空时间(h),根据设计悬浮物(SS)去除能力所需停留时间确定;t_p为降雨过程中的排放历时(h),为当地多年平均场降雨历时,资料缺乏时,可根据平均场降雨历时特点取 2~12 h。

(2)模型法

在前文 4.2.2 有进行具体介绍。

(3)监测法

根据《海绵城市建设监测标准(征求意见稿)》,片区、项目及设施监测应以获取片区海绵城市建设前后内涝、外排径流总量、合流制溢流、受纳水体水量与水质等数据为目的,满足片区海绵城市建设本底与效果评价的要求。

应收集监测范围内及周边土地利用、水文地质、地形地貌、土壤渗透能力等基础资料。应收集监测范围内现状易涝点分布及其积水深度、积水范围、雨后退水时间调研数据与监测数据。应收集监测范围内市政排水管网的下列基础资料:①排水管渠、雨水管渠排放口、合流制溢流排放口、污水截流井、排水泵站、污水处理厂等排水设施的空间布局、属性和运行管理数据;②排水分区范围边界;③排水管渠病害探查数据;④限制排水系统转输、截流能力的管渠或构筑物的位置和能力;⑤合流制管渠旱流污水量;⑥雨水管渠混接污水量;⑦监测范围内相关规划、系统化方案、工程设计文件和竣工资料;⑧监测范围内现有的合流制溢流调蓄与处理设施以及污水处理厂的进、出水水量、水质监测数据;⑨现有的其他本底监测数据和效果监测数据。受纳水体监测应收集下列基础数据:①受纳水体流域范围、平面和断面尺寸、生态基流量、库容测量数据及水体水量调度数据;②现有的受纳水体水量、水质监测数据。应收集监测范围内及周边气象、水利、环保等监测站点位置信息和监测数据。

在源头设施、排水管网、受纳水体、排水分区排口等要素选择适宜的监测点,安装在线雨量计、在线液位计、在线流量计、在线 SS 分析仪等设备,并在设备中集成温度传感器,构建监测网络。

区域层级:①区域排口:排水分区内各河/湖的排口处进行液位、流量、水质在线监测,作为绩效考核评估的末端验证,为关键指标——年径流总量控制率、城市面源污染控制的计算提供依据;②河涌断面:在河涌关键断面进行流量、SS水质在线监测,并辅以合理的人工水质采样化验,作为海绵城市年径流总量控制率与水环境质量考核的依据,并通过上下游的液位监测进行降雨过程中河涌水位变化规律的监测及预警预报;③排水管网关键节点:在市政排水管道的关键节点处进行液位、流量监测,作为过程监测数据,并为运行评估及风险预警提供依据。

项目/地块层级:①典型下垫面:在海绵内的典型下垫面进行为期一年的降雨采样与水质监测,作为城市面源污染考核的背景值;②建设项目/地块:在项目/地块的出水口,根据项目工程量与项目性质,进行液位、流量、水质监测,作为源头监测数据,支持海绵城市考核指标计算数据溯源。

典型设施层级:对片区内的典型海绵设施,如绿色屋顶、生物滞留设施、透水铺装、生态旱溪、湿塘、蓄水池等进行监测。不同单体设施的效果主要通过雨水设施出水口,进行流量和 SS 浓度的监测,主要监测指标有年径流总量控制率、年径流 SS 污染削减率和雨水资源利用率。

通过全方位、全周期的监测,分析出水流量、SS 水质浓度,评估年径流总量控制率、径流污染削减等相关指标的达标情况,为片区的达标考核提供基础参数,并检验设施相关指标的控制效果。

2. 合流制溢流污染控制

编制片区若存在合流区域,应控制合流制溢流,采用现状截污,有效满足重点区合流制溢流频次削减的要求。

3. 污染减量化评估

为评估系统化方案实施后污染物减量化的程度(主要以 COD 计),设定基本分析条件主要如下:①典型年降雨总量;②片区现状采用截污形式,雨污分流工作正在推进中,近期片区基本完成雨水分流工作;③综合考虑广州市及其他城市下垫面径流污染平均负荷水平,输入模型模拟计算,评估系统化方案近期建设项目完成前后径流污染情况对比。

4. 洪涝风险控制

内涝防治设计标准是指用于进行城镇内涝防治系统设计的暴雨重现期,使地面、道路等地区的积水深度不超过一定的标准。

根据《室外排水设计标准》(GB 50014—2021),广州市现阶段的内涝防治标准为有效应对 100 年一遇(322 mm/24 h)降雨,片区达标则需要满足同等条件。评估报告内需含有构建片区 100 年一遇(322 mm/24 h)降雨条件下内涝风险水力模型模拟积水风险来评估拟达标片区是否达到内涝防治标准,要求模拟结果显示该达标片区内涝防治标准应有效应对不低于 100 年一遇(322 mm/24 h)降雨。

如猎德涌,猎德涌排水能力可有效应对 100 年一遇降雨,通过内涝积水点专项整治、雨水管网完善、截洪沟疏导、源头海绵化改造、活动闸坝及应急泵站等工程措施的实施,片区内涝防治标准有效提升。

9.2　项目成效评估——以天河区猎德涌海绵城市系统化方案为例

9.2.1　项目总体情况

为解决猎德涌编制区不同阶段面临的水体污染、内涝风险等问题,合计提出近、中期工程及非工程性措施项目 91 项,其中源头改造类项目 74 项,管井及管渠改造类项目,提升泵站、调蓄公园、河道闸坝、河床、驳岸及滨水空间改造等系统治理项目 14 项,非工程性措施项目 3 项。

9.2.2　项目投资分析

经统计分析,近、中、远期重点项目工程总投资约 4.92 亿元,其中政府投资约 2.74 亿元,社会投资约 2.18 亿元。为确保资金落实计划,对接《广州市内涝治理系统化实施方案(2021—2025 年)》《天河区内涝治理系统化实施方案(2021—2025 年)》等上位"十四五"实施方案,以及现状在建、拟建改造工程,目前已落实资金约 3.28 亿元(或已列入市、区现有工作计划及项目自行出资),需另外筹备资金约 1.64 亿元,其中政府出资 2922 万元,囊括 11 个项目;社会出资约 1.34 亿元,囊括 28 个项目。海绵城市建设投资共计约 1.19 亿元。猎德涌流域海绵城市建设投资年度统计详见表 9.1,猎德涌流域海绵城市建设系统化实施方案新增项目见表 9.2,猎德涌流域海绵城市建设系统化实施方案重点项目见表 9.3。

表 9.1　海绵城市建设投资年度统计表(单位:万元)

序号	项目时间	项目类型	合计	政府出资情况			社会投资情况		
				政府投资	已落实资金	需筹备资金	社会投资	已落实资金	需筹备资金
1	2021—2023 年	源头减排	6882.2	0	0	0	6882.2	1831.35	5050.8

续表

序号	项目时间	项目类型	合计	政府出资情况			社会投资情况		
				政府投资	已落实资金	需筹备资金	社会投资	已落实资金	需筹备资金
2	2021—2023 年	过程控制	6145.1	400	0	400	5745.1	5745.1	0
3		系统治理	935	935	0	935	0	0	0
4		小计	13962.3	1335	0	1335	12627.3	7576.45	5050.8
5	2024—2025 年	源头减排	2372.85	0	0	0	2372.85	750	1622.85
6		过程控制	500	500	0	500	0	0	0
7		系统治理	24528.8	24528.8	24496.8	32	0	0	0
8		小计	27401.65	25028.8	24496.8	532	2372.85	750	1622.85
9	2026—2030 年	源头减排	6762.75	0	0	0	6762.75	0	6762.75
10		过程控制	0	0	0	0	0	0	0
11		系统治理	500	500	0	500	0	0	0
12		非工程性措施	555	555	0	555	0	0	0
13		小计	7817.75	1055	0	1055	6762.75	0	6762.75
14	合计		49181.7	27418.8	24496.8	2922	21762.9	8326.45	13436.4

表 9.2 猎德涌流域海绵城市建设系统化实施方案新增项目汇总表

项目片区	项目分类	项目编号	项目名称	数量	单位	工程投资/万元	主管部门	建设周期	项目来源
猎德涌流域	源头减排工程	1	广州市信息技术职业学校（天河校区）改造工程	3.2	hm²	310.95	区住建园林局	2021—2023 年	自行出资
		2	工业和信息化部电子第五研究所/农科院桑蚕研究所改造工程	18.2	hm²	1781.55	区住建园林局	2021—2023 年	自行出资
		3	广东外语艺术职业学院（五山校区）/华南理工大学五山校区西区宿舍改造工程	16.9	hm²	1650	区住建园林局	2021—2023 年	自行出资
		4	广东工业大学五山校区宿舍/工商小区改造工程	4.3	hm²	424.35	区住建园林局	2021—2023 年	自行出资
		5	五山花园改造工程	4.4	hm²	430.35	区住建园林局	2021—2023 年	自行出资
		6	五山小学改造工程	1.6	hm²	159.3	区住建园林局	2021—2023 年	自行出资
		7	广东省农业科学院改造工程	3	hm²	294.3	区住建园林局	2021—2023 年	自行出资
		8	广东省农业机械研究所改造工程	2.7	hm²	264.75	区住建园林局	2024—2025 年	自行出资
		9	广东省机械研究所改造工程	0.8	hm²	79.35	区住建园林局	2024—2025 年	自行出资

续表

项目片区	项目分类	项目编号	项目名称	数量	单位	工程投资/万元	主管部门	建设周期	项目来源
猎德涌流域	源头减排工程	10	广州市天河区育华学校/岭南中英文学校改造工程	4.1	hm²	402.75	区住建园林局	2024—2025 年	自行出资
		11	华南师范大学附属中学改造工程	9	hm²	876	区住建园林局	2024—2025 年	自行出资
		12	星晖花苑/翠湖山庄改造工程	14.8	hm²	1446.75	区住建园林局	2026—2030 年	自行出资
		13	华江花园/东成花苑改造工程	7	hm²	689.85	区住建园林局	2026—2030 年	自行出资
		14	尚东柏悦府改造工程	1.6	hm²	156.75	区住建园林局	2026—2030 年	自行出资
		15	猎德村复建房改造工程	7.9	hm²	775.8	区住建园林局	2026—2030 年	自行出资
		16	天河中学-猎德实验学校改造工程	2.1	hm²	200.55	区住建园林局	2026—2030 年	自行出资
		17	凯旋新世界改造工程	3.3	hm²	326.85	区住建园林局	2026—2030 年	自行出资
		18	广粤天地改造工程	4.6	hm²	447.15	区住建园林局	2026—2030 年	自行出资
		19	凯旋新世界·广粤尊府改造工程	3.2	hm²	308.25	区住建园林局	2026—2030 年	自行出资
		20	力迅上筑-二期改造工程	1.8	hm²	175.5	区住建园林局	2026—2030 年	自行出资
		21	珠江新城海滨花园改造工程	5.4	hm²	527.1	区住建园林局	2026—2030 年	自行出资

项目片区	项目分类	项目编号	项目名称	数量	单位	工程投资/万元	主管部门	建设周期	项目来源
猎德涌流域	过程控制工程	1	天寿路泵站	5	m³/s	500	区水务局	2024—2025年	未立项，财政投资
		2	粤垦路渠箱暗渠调蓄工程	1	处	200	区水务局	2021—2022年	未立项，财政投资
		3	海安路渠箱暗渠调蓄工程	1	处	200	区水务局	2021—2023年	未立项，财政投资
	系统治理工程	1	生态岸线整治提升（结合碧道建设提升改造）双侧	6.63	km	663	区水务局	2021—2023年	未立项，财政投资
		2	生态修复（生态洲岛）	0.32	hm²	32	区水务局	2024—2025年	未立项，财政投资
		3	渠箱、雨水管网河涌排口生态化改造	20	处	200	区水务局	2021—2023年	未立项，财政投资
		4	珠江公园雨洪调蓄湖改造	5	处	500	区水务局	2026—2030年	未立项，财政投资
潭村涌流域	源头减排工程	1	跑马地花园改造工程	2.5	hm²	242.55	区住建园林局	2026—2030年	自行出资
		2	星汇雅苑改造工程	1.5	hm²	146.25	区住建园林局	2026—2030年	自行出资
		3	广电兰亭荟改造工程	0.8	hm²	78.6	区住建园林局	2026—2030年	自行出资
		4	骏逸苑改造工程	1.8	hm²	174	区住建园林局	2026—2030年	自行出资

续表

项目片区	项目分类	项目编号	项目名称	数量	单位	工程投资/万元	主管部门	建设周期	项目来源
潭村涌流域	源头减排工程	5	珠光·新城御景北区改造工程	3	hm²	290.7	区住建园林局	2026—2030 年	自行出资
		6	广州市南国学校改造工程	2.2	hm²	213	区住建园林局	2026—2030 年	自行出资
		7	南国花园改造工程	5.8	hm²	563.1	区住建园林局	2026—2030 年	自行出资
	系统治理工程	1	生态岸线整治提升双侧	0.72	km	72	区水务局	2021—2023 年	未立项,财政投资
非工程性措施		1	海绵城市监测	16	处	555	区水务局	2026—2030 年	未立项,财政投资
		2	管网普查、改造计划及运维	—	年	—	区水务局	2026—2030 年	
		3	地块排污监管改造	—	年	—	区水务局、区生态环境局	2026—2030 年	

表 9.3 猎德涌流域海绵城市建设系统化实施方案重点项目一览表

项目片区	项目分类	项目编号	项目名称	数量	单位	工程投资/万元	主管部门	建设周期	项目来源
猎德涌片区	源头减排工程	1	武警广东省总队医院排水单元达标改造	1.8	hm²	/	区水务局	2021—2022 年	

305

项目片区	项目分类	项目编号	项目名称	数量	单位	工程投资/万元	主管部门	建设周期	项目来源
猎德涌片区	源头减排工程	2	广东农工商职业技术学院排水单元达标改造	7	hm²	/	区水务局	2021—2022年	前航道片区（猎德西片）合流渠箱清污分流工程（粤垦路渠箱）
		3	红英小学排水单元达标改造	1	hm²	/	区水务局	2021—2022年	
		4	农垦总局小区排水单元达标改造	8	hm²	/	区水务局	2021—2022年	
		5	广东省军区广州第十七干休所排水单元达标改造	1.9	hm²	/	区水务局	2021—2022年	
		6	暨南大学华文学院排水单元达标改造	13.7	hm²	/	区水务局	2021—2022年	
		7	广州市幼儿师范学校排水单元达标改造	4.7	hm²	/	区水务局	2021—2023年	前航道片区（猎德西片）合流渠箱清污分流工程（龙口西路渠箱、天河北路东渠箱、林和路渠箱）
		8	恒达苑排水单元达标改造	0.4	hm²	/	区水务局	2021—2023年	

续表

项目片区	项目分类	项目编号	项目名称	数量	单位	工程投资/万元	主管部门	建设周期	项目来源
猎德涌片区	源头减排工程	9	紫荆小区排水单元达标改造	1.8	hm²	/	区水务局	2021—2023 年	前航道片区（猎德西片）合流渠箱清污分流工程（龙口西路渠箱、天河北路东渠箱、林和路渠箱）
		10	中怡城市花园排水单元达标改造	1.8	hm²	/	区水务局	2021—2023 年	
		11	荟雅苑排水单元达标改造	1.4	hm²	/	区水务局	2021—2023 年	
		12	华南理工大学北区排水单元达标改造	24.8	hm²	/	区水务局	2021—2023 年	猎德涌流域广深铁路、五山路合流渠箱雨污分流改造工程
		13	广州半导体材料研究所排水单元达标改造	2.2	hm²	/	区水务局	2021—2023 年	
		14	广东技术师范大学（西校区）排水单元达标改造	2.8	hm²	/	区水务局	2021—2023 年	
		15	广东省水利电力职业技术学院教职工宿舍区1排水单元达标改造	0.4	hm²	/	区水务局	2021—2023 年	

续表

项目片区	项目分类	项目编号	项目名称	数量	单位	工程投资/万元	主管部门	建设周期	项目来源
猎德涌片区	源头减排工程	16	金田花苑排水单元达标改造	3.3	hm²	/	区水务局	2021—2023年	猎德涌流域广深铁路、五山路合流渠箱雨污分流改造工程
		17	太阳广场（西）排水单元达标改造	1.1	hm²	/	区水务局	2021—2023年	
		18	天河科贸园排水单元达标改造	0.6	hm²	/	区水务局	2021—2023年	
		19	保利中宇广场排水单元达标改造	0.4	hm²	/	区水务局	2021—2023年	
		20	天河南小区排水单元达标改造	1.4	hm²	/	区水务局	2021—2023年	前航道片区（猎德西片）合流渠箱清污分流工程（天河路中渠箱、黄埔大道西渠箱、石牌西路渠箱、冼村渠箱）
		21	海运小区排水单元达标改造	4.3	hm²	/	区水务局	2021—2023年	
		22	玉兰阁排水单元达标改造	1.3	hm²	/	区水务局	2021—2023年	
		23	武警广州市支队排水单元达标改造	1	hm²	/	区水务局	2021—2023年	猎德涌—海安路渠箱清污分流工程
		24	龙凤苑排水单元达标改造	0.7	hm²	/	区水务局	2021—2023年	

续表

项目片区	项目分类	项目编号	项目名称	数量	单位	工程投资/万元	主管部门	建设周期	项目来源
猎德涌片区	源头减排工程	25	恒大珺睿排水单元达标改造	0.7	hm²	/	区水务局	2021—2023 年	猎德涌—海安路渠箱清污分流工程
		26	君怡大厦排水单元达标改造	0.7	hm²	/	区水务局	2021—2023 年	
		27	中海观园国际排水单元达标改造	1.6	hm²	/	区水务局	2021—2023 年	
		28	太阳新天地裕景花园排水单元达标改造	0.6	hm²	/	区水务局	2021—2023 年	
		29	体育东小区微改造项目	10.6	hm²	/	区代建局	2021—2023 年	老旧小区微改造、微更新项目
		30	天河南街六运小区改造项目	4.9	hm²	/	区代建局	2021—2023 年	
		31	惠兰阁、玉兰阁小区微更新项目	0.5	hm²	/	区代建局	2021—2023 年	
		32	南雅苑小区微更新项目	3.8	hm²	/	区代建局	2021—2023 年	

续表

项目片区	项目分类	项目编号	项目名称	数量	单位	工程投资/万元	主管部门	建设周期	项目来源
猎德涌片区	源头减排工程	33	体育东路13号微更新项目	6.3	hm²	/	区代建局	2021—2023年	老旧小区微改造、微更新项目
		34	华港西街华建小区微更新项目	0.4	hm²	/	区代建局	2021—2023年	
		35	天河东小区微改造项目	4.9	hm²	/	天河区政府	2021—2023年	
		36	龙口花苑小区微改造项目	3.2	hm²	/	天河区政府	2021—2023年	
		37	尚雅苑微改造项目	2.3	hm²	/	天河区政府	2021—2023年	
猎德涌片区	源头减排工程	38	广州市信息技术职业学校（天河校区）改造工程	3.2	hm²	310.95	区住建园林局	2021—2023年	自行出资
		39	工业和信息化部电子第五研究所/农科院桑蚕研究所改造工程	18.2	hm²	1781.55	区住建园林局	2021—2023年	自行出资

续表

项目片区	项目分类	项目编号	项目名称	数量	单位	工程投资/万元	主管部门	建设周期	项目来源
猎德涌片区	源头减排工程	40	广东外语艺术职业学院（五山校区)/华南理工大学五山校区西区宿舍改造工程	16.9	hm²	1650	区住建园林局	2021—2023 年	自行出资
		41	广东工业大学五山校区宿舍/工商小区改造工程	4.3	hm²	424.35	区住建园林局	2021—2023 年	自行出资
		42	五山花园改造工程	4.4	hm²	430.35	区住建园林局	2021—2023 年	自行出资
		43	五山小学改造工程	1.6	hm²	159.3	区住建园林局	2021—2023 年	自行出资
		44	广东省农业科学院改造工程	3	hm²	294.3	区住建园林局	2021—2023 年	自行出资
		45	广东省农业机械研究所改造工程	2.7	hm²	264.75	区住建园林局	2024—2025 年	自行出资
		46	广东省机械研究所改造工程	0.8	hm²	79.35	区住建园林局	2024—2025 年	自行出资

续表

项目片区	项目分类	项目编号	项目名称	数量	单位	工程投资/万元	主管部门	建设周期	项目来源
猎德涌片区	源头减排工程	47	广州市天河区育华学校/岭南中英文学校改造工程	4.1	hm²	402.75	区住建园林局	2024—2025年	自行出资
		48	华南师范大学附属中学改造工程	9	hm²	876	区住建园林局	2024—2025年	自行出资
		49	天河区冼村"城中村"改造项目	11.6	hm²	1258.5	区住建园林局	2021—2023年	自行出资
		50	广东省农垦科技中心天河区燕都路62号地块旧厂房改造项目	1.2	hm²	114.75	区住建园林局	2021—2023年	自行出资
		51	粤海总部大厦	3	hm²	293.55	区住建园林局	2021—2023年	自行出资
		52	广州市天河区龙口西小学太阳广场校区建设工程	0.6	hm²	59.55	区住建园林局	2021—2023年	自行出资
		53	珠江新城K2-4地块幼儿园	0.2	hm²	20.85	区住建园林局	2021—2023年	自行出资

续表

项目片区	项目分类	项目编号	项目名称	数量	单位	工程投资/万元	主管部门	建设周期	项目来源
猎德涌片区	源头减排工程	54	珠江新城K3-3地块幼儿园	0.3	hm²	25.5	区住建园林局	2021—2023年	自行出资
		55	珠江新城D7-1地块幼儿园	0.2	hm²	23.55	区住建园林局	2021—2023年	自行出资
		56	天河区跑马场改造项目	34.7	hm²	750	区住建园林局	2024—2025年	自行出资
		57	广州海关石牌西路配套小学建设工程	0.3	hm²	35.1	区住建园林局	2021—2023年	自行出资
		58	星晖花苑/翠湖山庄改造工程	14.8	hm²	1446.75	区住建园林局	2026—2030年	自行出资
		59	华江花园/东成花苑改造工程	7	hm²	689.85	区住建园林局	2026—2030年	自行出资
		60	尚东柏悦府改造工程	1.6	hm²	156.75	区住建园林局	2026—2030年	自行出资
		61	猎德村复建房改造工程	7.9	hm²	775.8	区住建园林局	2026—2030年	自行出资
		62	天河中学猎德实验学校改造工程	2.1	hm²	200.55	区住建园林局	2026—2030年	自行出资
		63	凯旋新世界改造工程	3.3	hm²	326.85	区住建园林局	2026—2030年	自行出资

续表

项目片区	项目分类	项目编号	项目名称	数量	单位	工程投资/万元	主管部门	建设周期	项目来源
猎德涌片区	源头减排工程	64	广粤天地改造工程	4.6	hm²	447.15	区住建园林局	2026—2030年	自行出资
		65	凯旋新世界·广粤尊府改造工程	3.2	hm²	308.25	区住建园林局	2026—2030年	自行出资
		66	力迅上筑二期改造工程	1.8	hm²	175.5	区住建园林局	2026—2030年	自行出资
		67	珠江新城海滨花园改造工程	5.4	hm²	527.1	区住建园林局	2026—2030年	自行出资
	过程控制	1	规划雨水管网建设（雨水管网建设完善，积水点优先建设）	4.3	km	5745.1	区水务局	2021—2023年	广州市防洪排涝建设工作方案（2020—2025年）
		2	天寿路泵站	5	m³/s	500	区水务局	2024—2025年	未立项，财政投资
		3	粤垦路渠箱暗渠调蓄工程	1	处	200	区水务局	2021—2022年	未立项，财政投资
		4	海安路渠箱暗渠调蓄工程	1	处	200	区水务局	2021—2023年	未立项，财政投资

续表

项目片区	项目分类	项目编号	项目名称	数量	单位	工程投资/万元	主管部门	建设周期	项目来源
猎德涌片区	系统治理	1	暨南大学及湖泊改造	56	hm²	4001.2	区水务局	2024—2025 年	广州市防洪排涝建设工作方案（2020—2025 年、广州市内涝治理行动方案（2021—2025 年）
		2	华南师范大学及其湖泊改造	76	hm²	4955.6	区水务局	2024—2025 年	广州市防洪排涝建设工作方案（2020—2025 年、广州市内涝治理行动方案（2021—2025 年）
		3	生态岸线整治提升（结合碧道建设提升改造）双侧	6.63	km	663	区水务局	2021—2023 年	未立项，财政投资
		4	生态修复（生态洲岛）	0.32	hm²	32	区水务局	2024—2025 年	未立项，财政投资
		5	猎德涌排水闸、涝泵站	140	m³/s	15400	区水务局	2024—2025 年	广州市内涝治理行动方案（2021—2025 年）

续表

项目片区	项目分类	项目编号	项目名称	数量	单位	工程投资/万元	主管部门	建设周期	项目来源
猎德涌片区	系统治理	6	猎德涌水电学院段涌底修复	140	m	140	区水务局	2024—2025 年	广州市内涝治理行动方案（2021—2025年）
		7	华农、华工人工湖水生态品质提升及校园源头改造工程	—	—	—	区水务局	2021—2023 年	方案前期阶段，财政投资
		8	渠箱、雨水管网河涌排口生态化改造	20	处	200	区水务局	2021—2023 年	未立项，财政投资
		9	珠江公园雨洪调蓄湖改造	5	处	500	区水务局	2026—2030 年	未立项，财政投资
潭村涌片区	源头减排工程	1	跑马地花园改造工程	2.5	hm²	242.55	区住建园林局	2026—2030 年	自行出资
		2	星汇雅苑改造工程	1.5	hm²	146.25	区住建园林局	2026—2030 年	自行出资
		3	广电兰亭荟改造工程	0.8	hm²	78.6	区住建园林局	2026—2030 年	自行出资
		4	骏逸苑改造工程	1.8	hm²	174	区住建园林局	2026—2030 年	自行出资

项目片区	项目分类	项目编号	项目名称	数量	单位	工程投资/万元	主管部门	建设周期	项目来源
潭村涌片区	源头减排工程	5	珠光·新城御景北区改造工程	3	hm²	290.7	区住建园林局	2026—2030 年	自行出资
		6	广州市南国学校改造工程	2.2	hm²	213	区住建园林局	2026—2030 年	自行出资
		7	南国花园改造工程	5.8	hm²	563.1	区住建园林局	2026—2030 年	自行出资
	系统治理	1	生态岸线整治提升双侧	0.72	km	72	区水务局	2021—2023 年	未立项,财政投资
	非工程性措施	1	海绵城市监测	16	处	555	区水务局	2026—2030 年	未立项,财政投资
		2	管网普查、改造计划及运维	—	年	—	区水务局	2026—2030 年	
		3	地块排污监管改造	—	年	—	区水务局、区生态环境局	2026—2030 年	

9.2.3　总体建设成效评估

1.径流总量及污染物减排

经总体评估,海绵城市项目完成后,编制区年径流总量控制率指标为70.36%,满足编制片区指标要求。年径流总量控制率占比情况见图9.1。

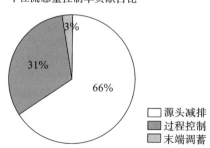

年径流总量控制率贡献占比

图 9.1　年径流总量控制率占比图

2. 合流制溢流污染控制

编制片区内经过雨污分流后,合流区域为石牌村,对应混接区域面积为27.5 hm²。片区末端人工湿地等措施,控制合流制溢流,采用现状截污后,有效实现重点区合流制溢流频次削减至约13天/年,年溢流频次控制率约为90%。

3. 污染减量化评估

为评估系统化方案实施后污染物减量化的程度(主要以 COD 计),设定基本分析条件主要如下:①典型年降雨总量 1816.5 mm;②片区现状采用截污形式,雨污分流工作正在推进中,近期片区基本完成雨水分流工作;③综合考虑广州市及其他城市下垫面径流污染平均负荷水平,模型参数参照本书 4.2.2 章节;④综合考虑广州市及其他城市合流制溢流污染平均负荷水平,合流制溢流污染平均浓度负荷(以 COD 计)取 180 mg/L。

经初步评估,系统化方案近期建设项目完成前,编制片区暂无直排污染,存在合流制溢流污染及雨水径流污染(以 COD 计)的基本情况如表 9.4 所示。

表 9.4　近期重点海绵城市项目完成前河道污染物输入情况分析

河道名称	污水厂尾水直排/(万 m³/a)	污水厂尾水直排/(t/a)	合流制溢流总量/(万 m³/a)	合流制溢流/(t/a)	雨水冲刷径流总量/(万 m³/a)	径流污染/(t/a)	入河污染总量/(t/a)
猎德涌流域	1825.0	365.0	534.5	962.1	1550.8	516.8	1833.9
潭村涌流域	—	—	—	—	123.4	47.7	47.7

系统化方案近期建设项目完成后,编制片区污染(以 COD 计)的基本情况如表 9.5 所示。

表 9.5　海绵城市项目完成后河道污染物输入情况分析

河道名称	污水厂尾水直排/（万 m³/a）	污水厂尾水直排/（t/a）	合流制溢流总量/（万 m³/a）	合流制溢流/（t/a）	雨水冲刷径流总量/（万 m³/a）	径流污染/（t/a）	入河污染总量/（t/a）
猎德涌流域	1825.0	270.4	4.7	8.46	926.9	396.6	675.5
潭村涌流域	—	—	—	—	84.1	31.0	31.0

4. 洪涝风险控制

经评估,猎德涌排水能力可有效应对 100 年一遇降雨,通过内涝积水点专项整治、雨水管网完善、截洪沟疏导、源头海绵化改造、活动闸坝及应急泵站等工程措施的实施,片区内涝防治标准有效提升。

第10章 广州海绵城市系统化方案编制保障体系

10.1 监测评估保障

1. 监测需求

兼顾建设项目分类、建设管控分区、建设时序分期等,为复核海绵城市建设效果,对编制片区进行海绵城市建设效果进行监测,核实海绵城市建设成效。

方案编制片区海绵城市监测系统主要由感知层、传输层、平台层、应用层构成(见图10.1)。

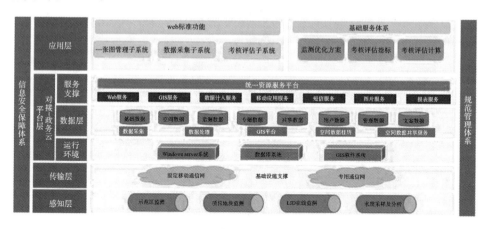

图 10.1　系统总体框架图

感知层主要包括示范区监测、项目地块监测、LID在线监测、水质采样及分析等各种信息采集点。

传输层包括移动网络、政务专网、采集专网、公共以太网、无线 GPRS(General Packer Radio Service,通用分组无线业务)等传输网络。

平台层主要包括统一数据监测平台、统一数据交换平台、统一数据服务平台、统一 GIS 服务平台等。

应用层主要包括面向业务的应用系统,如一张图管理子系统、数据采集子系统、考核评估子系统等。

2. 监测目的

一方面,评估片区海绵城市建设效果;另一方面,将监测结果作为评价片区排污行为的重要参考依据,加大违法排污、偷排乱排现象的行政处罚力度,并加强排污排水相关方面的宣传。

3. 监测方案

海绵城市建设评价应对典型项目、管网、城市水体等进行监测,以不少于 1 年的连续监测数据为基础,结合现场检查、资料查阅和模型模拟进行综合评价。

对源头减排项目实施有效性的评价,应根据建设目标、技术措施等,选择有代表性的典型项目进行监测评价。每类典型项目应选择 1～2 个监测项目,对接入市政管网、水体的溢流排水口或检查井处的排放水量、水质进行监测。

①典型排水分区。面积宜不小于 $10~hm^2$,接入受纳水体的排放口或接入下游管网的出口数量宜不多于 2 个,排放口或下游出口应自由出流且不易因潮水、洪水等形成倒灌,尽量避免选择易形成有压流的管段进行监测。对于排水分区较为分散的南方水网城市,管网长期淹没出流、依靠泵站强排进行排水的区域除外。

排水分区内源头减排设施的汇水面积(超出设施所在项目用地范围的汇水面积不计入在内)占排水分区总面积的比例宜不小于 40%。

②典型项目。应位于所选典型排水分区内,应包含建筑小区类源头减排项目,所选典型排水分区内源头减排监测项目的下游有过程或末端集中调蓄项目(如多功能调蓄公园项目、合流制溢流调蓄项目等)时,应对过程或末端集中调蓄设施进行监测。

项目内源头减排设施服务的不透水下垫面面积与项目不透水下垫面总面积的比值应不小于 60%,且项目的年径流总量控制率设计值宜满足"我国年径流总量控制率分区图"所在区域规定取值范围。

③典型设施。应位于所选监测项目内(也可单独对市政道路项目内的设施进行监测),且应包括生物滞留类设施等分散设施,所选典型监测项目内分散设施下游有雨水塘、合流制溢流调蓄池等相对集中的调蓄设施时,应同步对下游调蓄设施进行监测;分散设施的汇水范围应清晰且宜为单一不透水下垫面(如仅为屋面或道路),设施的年径流总量控制率设计值宜满足"我国年径流总量控制率

分区图"所在区域规定取值范围。

监测内容与监测目标情况如表 10.1 所示。

表 10.1　监测内容与监测目标

监测内容		监测目标
设施监测	土壤或人工介质渗透系数等监测	1.设施模型参数录入； 2.渗透能力的衰减规律等
	进水、出水等的水量、水质监测，调蓄水位监测	1.径流峰值流量、径流体积、峰现时间控制效果； 2.污染物去除能力(底部排放污染物浓度)、场/年污染物总量控制效果； 3.单一不透水下垫面的径流污染特征(如通过设施进水水质监测分析相应下垫面的初期效应)； 4.设施设计降雨量、排空时间等设计参数对控制效果的影响； 5.场降雨或年连续降雨水量平衡等
项目监测	接入市政管网或水体的检查井、溢流排水口处的水量、水质监测，易涝点监测，降雨与蒸发量等气象监测，地下水位监测	1.项目、排水分区模型的参数率定与验证； 2.设施对项目径流污染、径流体积、径流峰值、积水内涝、热岛效应、地下(潜水)水位下降等的控制效果； 3.场降雨或年连续降雨水量平衡等
管网关键节点监测	排放口、下游出口及上游关键节点水量、水位、水质监测	1.排水分区模型的参数率定与验证； 2.项目与设施对排水分区径流污染与合流制溢流污染、径流体积、径流峰值等控制效果等
受纳水体监测	流量、水位及水质监测	1.受纳水体模型的参数率定与验证； 2.排水分区对受纳水体的污染特征； 3.水体环境质量评价

根据《海绵城市建设评价标准》(GB/T 51345—2018)的要求,结合现状建设施工时序,选取某管控单元作为典型排水分区进行监测,选择该排水分区总排水

口作为监测点位。应获取至少 1 年的"时间-流量"序列监测数据,与分区内的监测项目同步进行连续自动监测。

对建筑小区、公园绿地、水务工程及道路广场建成项目作为典型项目监测,在典型项目中选取源头海绵设施作为典型海绵设施作为监测内容,按照"典型设施、典型项目、典型排水分区"三层级进行海绵城市建设效果评估,同时对河道水体水质展开监测。

10.2　管控机制建设

以考核指标为核心、全过程精细化管理为目标构建动态管理平台,可独立设置,也可与其他相关平台(水系监测平台、排水监测平台、防洪预警平台等)融合、联动。

1. 全流域全要素统一调度

加强流域水库、山塘、蓄滞洪区、调蓄池、水闸、泵站等各工程设施统一调度。基于四大流域管理机构,按照优化协同高效原则,加强流域水系全流域系统性调度,有效解决城市防洪排涝和水污染治理问题。一是在充分分析利用河道下泄洪水的基础上,加强流域内跨区域及重点水库防洪调度协调,适时运用水库、山塘、调蓄池拦蓄错峰,蓄滞洪区削峰滞洪,有效应对流域标准内洪水。提前做好受洪潮涝威胁地区人员转移安置,并加强工程监测、巡查、防守、抢险,应对超标准洪水,力保流域内重点保护对象防洪安全,尽可能减轻洪灾损失。二是加强防洪排涝工程安全督查,实行台账管理,消除安全运行隐患,确保各工程设施安全运行。三是依托智慧水务建设,开展流域、区域、片区智慧化调度,各工程错峰联合调度,综合集成水文模型、河道模型、管网模型等,结合深度学习、大数据分析、耦合模拟及并行计算,提高流域水工程调度的智能化和科学化水平,实现科学调度、自动控制全过程的联调联控,达到"全流域、全要素、全联动"的防洪排涝调度目标。

2. 健全城市防洪和排水防涝应急管理和预案体系

明确组织机构及职责,强化应急工作机制、预测预警机制、应急准备工作、应急响应、应急保障和后期处置工作内容。结合已有应急管理机制,以城市暴雨内涝监测预警平台为基础,建立气象短期预报、排水应急能力建设、河道管理应急

能力建设、交通管理部门能力建设和应急管理制度为主的应急机制,建立统一的工作频段。

水利信息化、智能化是水利现代化的重要标志之一,是智慧水务的核心与载体,是实现水务管理现代化的重要手段,以互联网思维为引领,以支撑水利行业强监管为目标。在广东省"数字政府"改革建设方案、《广东省"互联网+现代水利"行动计划》、广州智慧水务框架下,大力推进物联网、云计算、移动互联网、5G、大数据、人工智能、遥感、遥测无人机、BIM(building information modeling,建筑信息模型)等新技术与广州水务业务的深度融合,按照"数据信息全面获取、水务要素全面集成、管理行为全面智能"的建设目标,实现涉水事务感知、监管及决策的全过程智能管控,为先行示范区建设及流域水务强监管提供全面有效的信息化支撑。

(1)构建"一张网、一张图、一平台"的综合管理系统

一平台为流域指挥调度平台;一张图是综合 GIS、倾斜摄影、三维建模、数据挖掘等技术,对河道进行可视化;一张网是通过通信网和互联网的融合,建立起覆盖流域的有线、无线网络相结合的一张网。利用视频、水位、PLC(Programmable Logic Controller,可编辑的逻辑控制器)等各类传感器实时获得各流域工控信息,实现"一网全感知、一图知全局、一云助决策"的建设目标。融合降雨量、河道水位、积水点情况、泵站运行情况,接入实时水情,构建水情监测与分析模型和闸泵站群联合调度模型,科学地调度泵站和闸门,为防汛调度提供支撑,打造广州市智能高效、开放共享的智慧流域。

(2)构建防洪潮调度管理平台

利用智能感知和数据融合两大体系,实时掌控广州市雨情、水情、视频等监测信息,同时结合气象预报和水文预报,利用城市分布式水文、城市水动力学等基础模型和工程安全、河道水质模拟预测、河道防洪调度等专业模型,实现提前预估预判、科学合理调度。构建信息共享系统、实时监控系统、洪水预报系统和洪水调度系统,为广州河防洪潮调度工作提供科学、准确的决策依据。

(3)强化全过程监管体系

按照水利行业强监管的要求,深化创新河湖长制,完善河道管理法律规程,结合城市更新,加强城市规划建设管理,强化涉河建设项目管理,完善水土保持监管,加大监督管理力度,构建全方位全过程监管体系。

以现有洪水风险图为基础,进一步开展重点区域、水库工程的洪水风险图和内涝风险图编制及应用,适时更新洪水风险图,服务国土空间规划,在制定空间

规划和经济社会发展规划中,充分考虑洪、潮、涝水及风暴潮的风险,合理制定土地利用、产业布局,加强防洪风险管控。

10.3　制度保障

以规划引领,片区内各类新、改、扩建项目的海绵城市规划、设计、建设、运行维护及管理活动,涵盖核发用地规划设计条件、土地出让、方案设计及审查、项目立项、建设用地规划许可、设计招标、建设工程规划许可、工程设计及审查、建设施工许可、竣工验收、运行维护等环节都要落实海绵城市建设要求。

1. 设计阶段

项目建设方案、可行性研究报告、初步设计、施工图等各设计阶段,应编制海绵城市建设专篇。海绵城市建设专篇文件应包括海绵城市建设工程要求、项目规划、设计方案的相关要素、指标计算书(雨污管道设计计算书、年径流总量控制率、海绵城市设施规模计算、指标核算情况表等)、"四图三表"(即下垫面分类布局图、海绵设施分布总图、场地竖向及径流路径图、排水设施平面布置图、建设项目海绵城市目标取值计算表、建设项目海绵城市专项设计方案自评表、建设项目排水专项方案自评表)及其他相关内容,并提出工程造价(可含在主体工程造价中)。各类项目的海绵城市建设专篇深度按照该行业主管部门编制的海绵城市建设指引执行,并满足海绵城市建设规划要求。

严格执行《广州市海绵城市建设管理办法》文件规定,在项目全流程过程中落实海绵城市建设要求,海绵设施应与主体工程同步规划、同步设计、同步施工、同步验收、同步管理和运营。

2. 立项、用地规划许可阶段

政府投资类工程由区发改局在项目建议书及可行性研究报告中对海绵城市落实情况进行审查,主要包括海绵城市建设相关内容、投资合理性分析等。

社会投资类工程由区规划资源分局将年径流总量控制率等海绵城市建设指标和要求纳入建设用地条件、规划设计条件、用地清单和建设用地规划许可证审核范围。核发"一书两证"(建设项目用地预审与选址意见书、建设用地规划许可证、建设工程规划许可证),应按照市规划资源局相关文件载明海绵城市建设要求。

区发改局、区规划资源分局同步将海绵城市建设项目清单和目标要求抄送区海绵办，由区海绵办纳入"海绵城市拟建项目库"。

3. 工程建设许可阶段

政府投资类工程应按市海绵办《广州市海绵城市建设专篇编制要点》要求编制海绵城市专篇，同时上传联审决策平台征询区海绵办意见。项目主管部门应向区海绵办抄送意见落实情况，作为日后项目抽查、验收的必要材料。

社会投资类项目由区规划资源分局与区政务数据局依职责告知实施单位，实施单位按照"承诺制"的原则，在项目招标、设计、施工图审查等各个阶段严格落实海绵城市建设要求，开展海绵城市专篇编制工作，并报区海绵办征询意见。区海绵办定期抽查后发现未开展海绵城市专篇编制工作、未按海绵城市理念设计的将出具整改意见，多次整改无效的将纳入片区建设失信黑名单。

区住房建设局应告知审图单位开展海绵城市相关内容审查工作，并将涉及海绵城市建设相关内容报送区海绵办，协助区海绵办跟进施工图审查管控情况。

4. 施工许可阶段

区住房建设局、区农水局按职责将项目相关质监登记资料抄送区海绵办，配合区海绵办完善"在建海绵城市项目库"，同时配合区海绵办开展项目现场检查。区海绵办出具项目抽查整改建议，主管部门及实施单位应将落实情况抄送给区海绵办，用以项目竣工验收时备查。

5. 竣工验收阶段

严格执行《广州市海绵城市建设管理办法》有关规定，建设单位应在竣工验收报告中载明海绵城市有关工程措施的落实情况，并提交竣工验收备案机关备案。对未按通过审查的海绵城市建设设施施工图设计文件施工的项目，不得通过验收。工程竣工验收报告中，应当写明海绵工程措施的落实情况，并将相关信息报送区海绵办。

6. 项目运营阶段

政府投资类项目由行业主管部门统筹、社会资本投资类项目由建设单位统筹，做好建设项目海绵设施运营管养工作，并进行运行数据采集，上报区海绵办进行运营效果评估。

10.4　资 金 保 障

片区海绵城市建设实施责任主体为政府,除本级政府财政资金支持,申请广州市当选海绵城市建设示范城市后来自财政部的专项补贴资金,另提出以下资金保障措施。

1.市财政及区财政资金支持

在建设阶段可申请市财政或区财政给予必要的资金支持,保障海绵城市等民生基础设施的建设。

2.开发商自筹资金

对于居住、商业、商务办公等用地,可在土地出让阶段明确开发商的责任,要求在开发建设过程中采用海绵城市的技术理念与措施,项目建设过程中落实海绵城市规划建设指标。

3.利用 PPP 模式建设海绵城市

根据财政部建设海绵城市需要运用 PPP 模式的要求,积极吸引社会资本对海绵城市建设的投入,根据海绵城市建设的实际情况,可采用以下 PPP 模式。

(1)政府购买服务的模式

政府购买服务的模式一般是由私人公司负责项目的全部投资,建成后由政府对该项目以一定期限内每年购买项目服务的方式进行回购,项目的所有权在建成后交还给政府公共部门,项目的使用权回归公众,项目所产生的收益则归政府公共部门。

规划涉及的众多建设项目中,城市道路、城市公园、公共设施(包括建筑和场地)等海绵城市建设适用于该类项目运作模式,可吸引民营企业等私人公司参与项目投资建设,项目建成后所有权及管理权移交政府相应的管理部门。

(2)政府授权＋特许经营的模式

政府授权＋特许经营的模式是由私人负责项目的全部投资,并通过一定的合作机制与公共部门共担项目风险、共享项目收益。根据项目的实际收益情况,公共部门向特许经营公司收取一定的特许经营费或给予一定的补偿,项目的资产最终归公共部门保留,私人公司享有一定期限内的使用权和所有权,并享有期

限内的项目收益。

方案涉及的众多建设项目中,水系及河道两岸绿地景观的海绵城市建设适用于该类项目运作模式,这些项目在海绵城市建设的过程中,可结合片区特色进行景观提升、文化融入、旅游开发等,在项目完成后可收获一定量的项目利润。在吸引私人资金投入项目建设后,项目的最终所有权收归政府公共部门所有,以特许经营的方式,将项目的使用权给予私人公司,项目的收益也收归私人公司。

在实际操作过程中,可在雨水行业有投资经验的企业中择优选择一家民营企业,与当地一家国有企业共同成立海绵城市建设投资股份有限公司,负责示范区内公共建筑类等项目的融资、建设、运营。政府将通过授予若干年度特许经营权和收费权,另外不足部分由政府购买服务的方式保障 PPP 项目的运营、维护费用。

4. 设立海绵城市建设发展基金

为实现项目建设及运营的可持续发展,建立长效的海绵城市建设投融资体制,计划利用 PPP 模式和财政部补助节约的部分资金,同时,有效整合财政专项资金和结余资金以及一般预算资金,探索通过市场化的手段,引入实力较强的专业基金团队,共同设立海绵城市建设发展基金。投入海绵城市建设项目及相关产业,不仅能发挥财政资金杠杆的引导放大作用,达到"四两拨千斤"的目的,而且专业基金团队的参与将引入先进的经营管理理念,提高建设投资质量和营运效率,带动整个城市建设产业链的发展,不断提升城市综合建设管理能力,改善居民生活环境。

10.5 其 他 保 障

1. 建立完善的工作协调及考核机制

片区海绵城市建设领导小组统筹协调安排区域内的海绵城市建设事宜。在海绵城市建设考核机制下实施考核制度,结合海绵城市建设目标任务及年度计划安排,对海绵城市建设工程投资、建设、运营全过程进行考评,从项目、汇水区域、分地块等不同空间尺度进行绩效评价。

2. 宣传保障

正确协调好政府、企业和民间组织之间的关系,要强化市区联动、政企联动,发挥市、区牵头引领作用,引导社会力量共同推进海绵城市建设,着力建立"政府引导、水务牵头、部门联动、舆论宣传、公众参与"的互动机制,营造海绵城市建设的良好氛围。强化水务、环保、住建以及街道联动机制,形成海绵建设齐抓共管的局面。

着力推进规划实施的信息公开,健全政府与企业、市民的信息沟通和反馈机制,建立和完善社会公众的监督机制,加强与新闻媒体的联系沟通,畅通试点建设社会公示的渠道,广泛接受公众监督,形成全方位的社会监督机制,促进各级各类规划有效实施。

开展海绵城市宣传教育,倡导先进的海绵城市伦理价值观和适应海绵城市建设要求的生产方式,提升公众对海绵城市建设的认知、认可及参与。依托大观湿地等海绵城市建设项目,深入开展水情宣传和教育,增强全社会水忧患意识、水资源节约保护意识和水法治意识,在全社会形成节水、爱水、护水、亲水的文明行为,共同参与海绵城市建设。

对设计、监理等部门加强培训,强化海绵城市建设理念方面的学习,进一步提升海绵城市建设管理专业人员的技术水平和业务素质,加强人才队伍建设,打造一支政策理论水平高、业务素质强的海绵城市建设管理队伍。

3. 研究保障

在推进海绵城市建设过程中,充分加强海绵城市建设相关方面的研究,探索海绵城市在设计、施工、运维阶段各方面材料的应用,探讨片区的典型性做法,形成可推广、可复制的经验。

参 考 文 献

[1] 中华人民共和国国家质量监督检验检疫总局,中国国家标准化管理委员.污水排入城镇下水道水质标准:GB/T 31962—2015[S].北京:中国标准出版社,2016.

[2] 中华人民共和国住房和城乡建设部.城镇雨水调蓄工程技术规范:GB 51174—2017[S].北京:中国计划出版社,2017.

[3] 中华人民共和国住房和城乡建设部.城镇内涝防治技术规范:GB 51222—2017[S].北京:中国计划出版社,2017.

[4] 中华人民共和国住房和城乡建设部.给水排水管道工程施工及验收规范:GB 50268—2008[S].北京:中国建筑工业出版社,2009.

[5] 中华人民共和国住房和城乡建设部,南通英雄建设集团有限公司.城镇道路养护技术规范:CJJ 36—2016[S].北京:中国建筑工业出版社,2017.

[6] 陈伟.海绵城市理念在市政给排水设计中的应用[J].工程建设与设计,2023,No.499(05):95-97.

[7] 中华人民共和国住房和城乡建设部.透水砖路面技术规程:CJJ/T 188—2012[S].北京:中国建筑工业出版社,2013.

[8] 丁庆福.汤原县海绵城市规划与管理研究[D].哈尔滨:哈尔滨工业大学,2021.

[9] 财政部办公厅,住房城乡建设部办公厅,水利部办公厅.关于开展系统化全域推进海绵城市建设示范工作的通知(财办建〔2021〕35号)[EB/OL].(2021-04-25)[2023-11-06].https://www.gov.cn/zhengce/zhengceku/2021-04/26/content_5602408.htm.

[10] 广州市市场监督管理局.涉河建设项目河道管理技术规范:DB4401/T 19-2019[EB/OL].(2019-05-23)[2023-11-06].http://scjgj.gz.gov.cn/ztzl/bzhzt/gzsdfbzcx/content/post_8595241.html.

[11] 广州市市场监督管理局.园林绿地养护管理技术规范:DB4401/T 6—2018[EB/OL].(2018-06-26)[2023-11-06].http://scjgj.gz.gov.cn/ztzl/bzhzt/gzsdfbzcx/content/post_8595025.html.

[12] 广州市人民政府办公厅.广州市人民政府办公厅关于印发广州市海绵城市建设管理办法的通知(穗府办规〔2020〕27号)[EB/OL].(2020-12-31)[2023-11-06].https://www.gz.gov.cn/gfxwj/szfgfxwj/gzsrmzfbgt/content/post_7011120.html.

[13] 国务院办公厅.国务院办公厅关于加强城市内涝治理的实施意见(国办发〔2021〕11号)[EB/OL].(2021-04-25)[2023-11-06].https://www.gov.cn/zhengce/content/2021-04/25/content_5601954.htm.

[14] 国务院办公厅.国务院办公厅关于推进海绵城市建设的指导意见(国办发〔2015〕75号)[EB/OL].(2015-10-16)[2023-11-06].https://www.gov.cn/zhengce/content/2015-10/16/content_10228.htm.

[15] 中华人民共和国住房和城乡建设部.住房城乡建设部关于印发海绵城市建设技术指南——低影响开发雨水系统构建(试行)的通知(建城函〔2014〕275号)[EB/OL].(2014-11-03)[2023-11-06].https://www.mohurd.gov.cn/gongkai/zhengce/zhengcefilelib/201411/20141103_219465.html.

[16] 黄黛诗,吴连丰,李运杰,等.新城海绵城市建设系统化方案探索——以厦门翔安南部新城为例[J].给水排水,2019,55(11):51-56.

[17] 黄菊,朱玉玺,李垫.珠海市海绵城市专项规划体系分析[J].工程建设与设计,2021,No.470(24):59-62.

[18] 中华人民共和国住房和城乡建设部.透水水泥混凝土路面技术规程:CJJ/T 135—2009[S].北京:中国建筑工业出版社,2010.

[19] 马洪涛.关于海绵城市系统化方案编制的思考[J].给水排水,2018,54(04):1-7.

[20] 潘露,袁素勤,刘艺平.我国海绵城市建设现状及研究进展[J].四川水利,2022,43(06):131-134.

[21] 中华人民共和国住房和城乡建设部,国家质量监督检验检疫总局.屋面工程技术规范:GB 50345—2012[S].北京:中国建筑工业出版社,2012.

[22] 中华人民共和国住房和城乡建设部.城镇排水管渠与泵站运行、维护及安全技术规程:CJJ 68—2016[S].北京:中国建筑工业出版社,2017.

[23] 中华人民共和国住房和城乡建设部.室外排水设计标准:GB 50014—2021[S].北京:中国计划出版社,2021.

[24] 中国工程建设标准化协会.海绵城市系统方案编制技术导则:T/CECS

865—2021[S].北京:中国建筑工业出版社,2021.

[25] 孙静,张亮,吴丹.系统化全域推进海绵城市建设实施路径探讨——以深圳市深汕特别合作区为例[J].净水技术,2022,41(S2):153-160.

[26] 中华人民共和国住房和城乡建设部.城镇排水管道维护安全技术规程:CJJ 6—2009[S].北京:中国建筑工业出版社,2010.

[27] 王凯博.海绵城市建设现状及问题的研究与讨论[J].价值工程,2022,41(17):11-13.

[28] 卫超.海绵城市:从理念到实践[M].南京:江苏凤凰科学技术出版社,2018.

[29] 许可,郭迎新,吕梅等.对完善我国海绵城市规划设计体系的思考[J].中国给水排水,2020,36(12):1-7.

[30] 杨绪莲,柴艳龙.园林植物在海绵城市建设中的选择与应用[J].工程建设与设计,2020,No.423(01):111-113.

[31] 杨映雪,周飞祥,任希岩等.系统化全域推进海绵城市建设的长效管控机制研究[J].给水排水,2021,57(03):79-84.

[32] 张景舜.浅谈中国"海绵城市"建设现状及发展趋势[J].科技视界,2019,No.285(27):197-200.

[33] 张伟,王翔,赵晨辰,等.海绵城市建设实施路径探索——以宁波国家试点区系统化方案实施为例[J].给水排水,2021,57(S1):145-151.

[34] 张卫艳,李磊.海绵城市设计理念在城市建设中的研究与实践[J].工程建设与设计,2020,No.432(10):67-68.

[35] 中华人民共和国住房和城乡建设部.透水沥青路面技术规程:CJJ/T 190—2012[S].北京:中国建筑工业出版社,2012.

[36] 国家环境保护总局,国家质量监督检验检疫总局.地表水环境质量标准:GB 3838—2002[S].北京:中国环境科学出版社,2002.

[37] 中华人民共和国住房和城乡建设部.海绵城市建设评价标准:GB/T 51345—2018[S].北京:中国建筑工业出版社,2019.

[38] 中华人民共和国住房和城乡建设部.种植屋面工程技术规程:JGJ 155—2013[S].北京:中国建筑工业出版社,2013.

[39] 中华人民共和国住房和城乡建设部.建筑与小区雨水控制及利用工程技术规范:GB 50400—2016[S].北京:中国建筑工业出版社,2017.

[40] 中华人民共和国住房和城乡建设部.海绵型建筑与小区雨水控制及利用:

17S705[S].北京:中国计划出版社,2017.

[41] 中华人民共和国住房和城乡建设部.城镇污水再生利用工程设计规范:GB 50335—2016[S].北京:中国建筑工业出版社,2017.

[42] 国家市场监督管理总局,国家标准化管理委员会.城市污水再生利用 景观环境用水水质:GB/T 18921—2019[S].北京:中国标准出版社,2019.

[43] 中华人民共和国水利部.城市防洪应急预案编制导则:SL 754—2017[S].北京:中国水利水电出版社,2017.

[44] 中华人民共和国住房和城乡建设部.室外给水设计标准:GB 50013—2018[S].北京:中国计划出版社,2019.

[45] 周丹,马洪涛,常胜昆,等.基于问题导向的老城区海绵城市建设系统化方案编制探讨[J].给水排水,2019,55(07):32-38.

[46] 周振民,徐苏容,王学超.海绵城市建设与雨水资源综合利用[M].北京:中国水利水电出版社,2018.

[47] 中华人民共和国住房和城乡建设部.住房城乡建设部关于印发海绵城市专项规划编制暂行规定的通知(建规〔2016〕50 号)[EB/OL].(2016-03-18)〔2023-11-06〕.https://www.mohurd.gov.cn/gongkai/zhengce/zhengcefilelib/201603/20160318_226932.html.

[48] 住房和城乡建设部办公厅.住房和城乡建设部办公厅关于进一步明确海绵城市建设工作有关要求的通知(建办城〔2022〕17 号)[EB/OL].(2022-04-27)〔2023-11-06〕.https://www.mohurd.gov.cn/gongkai/zhengce/zhengcefilelib/202204/20220427_765918.html.

后　　记

　　首先,编制海绵城市系统化方案是十分必要的,一方面可深化海绵专项规划指标落地,另一方面可弥补专项规划的不足,以系统化思维做好顶层设计,支撑上位规划,突出海绵城市建设的片区示范效应;其次,系统化实施方案的编制是可行的,以"水安全、水环境、水资源、水生态、水文化及水景观"等既定目标提出针对性工程方案,随着海绵城市的逐步发展,相关工程措施的建设方面形成了很多可推广、可复制的经验;最后,利用系统化实施方案统筹片区建设,指导建设片区"十四五"海绵城市建设达标,实施方案既是技术文件,又是指导实施文件,确保建设片区达标,可形成做一片达标一片的海绵城市建设格局。

　　针对老城区或高密度建成区海绵城市建设,以问题为导向,同步结合实际实施条件,局部建成区可能存在源头年径流总量控制率难以满足上位规划要求的问题,应作为市级、区级海绵专规进行修编的依据。

　　在资金筹措方面,海绵城市建设需要社会及政府投资共同参与,推进各类项目落地建设,应加强方案实施的资金保障。

　　在项目推进方面,由实施方案确定的管控图则及建设项目清单应派发,分由各街道、各行业主管部门共同推进建设,狠抓项目落实,确保达到海绵城市建设要求。

　　编制海绵城市建设的系统化方案,在深入调研各工程项目的实施条件基础上,以实现目标和解决问题为导向,综合应用多种技术手段,提出适合老城区特点,解决问题的灰色、绿色统筹的工程体系,确保项目目标效果的互补性、完整性,是推进海绵城市系统化建设的基础。

　　在海绵城市系统化建设工程实施过程中,应明晰海绵城市各建设主体的目标与责任,加强规划、建设、水利、园林等多部门的合作和配合。建设单位应细化近、远期建设方案,明确建设时序,以确保海绵建设工程体系的可操作性,工程有序、有效落地。